研究生教学用书

电力电子系统建模及控制

徐德鸿 编著

机械工业出版社

本书重点介绍电力电子系统的动态模型的建立方法和控制系统的设计方法。电力电子系统的建模与控制技术涉及功率变换技术、电工电子技术、自动控制理论等，是一门多学科交叉的应用性技术。本书内容包括：电力电子系统建模方法如状态空间平均、平均开关网络模型和统一电路模型等，电流峰值控制的稳定性问题及改进稳定性的方法，DC/DC变换器反馈控制设计，三相PWM整流器动态模型和三相PWM逆变器的动态模型，三相PWM变流器的解耦控制，三相PWM变流器的空间矢量调制SVM方法，DC/DC变换器并联系统的动态模型及均流控制，逆变器并联系统的动态模型及均流控制。

本书可作为电力电子与电力传动专业及相关专业的研究生教材，也可作为从事电力电子装置、变频器、电子电源等开发、设计工程技术人员的参考书。

图书在版编目（CIP）数据

电力电子系统建模及控制/徐德鸿编著. —北京：机械工业出版社，2005.11（2023.12 重印）

研究生教学用书

ISBN 978-7-111-17765-4

Ⅰ. 电… Ⅱ. 徐… Ⅲ.①电力电子学—系统建模—研究生—教材②电力电子学—自动控制—研究生—教材 Ⅳ. TM1

中国版本图书馆 CIP 数据核字（2005）第 126759 号

机械工业出版社（北京市百万庄大街22号 邮政编码100037）
策划编辑：于苏华 责任编辑：于苏华 路乙达
版式设计：霍永明 责任校对：张晓蓉
封面设计：陈 沛 责任印制：单爱军
北京虎彩文化传播有限公司印刷
2023 年 12 月第 1 版·第 14 次印刷
169mm×239mm·15.5 印张·299 千字
标准书号：ISBN 978－7－111－17765－4
定价：36.00 元

凡购本书，如有缺页、倒页、脱页，由本社发行部调换
电话服务 网络服务
服务咨询热线：010-88379833 机工官网：www.cmpbook.com
读者购书热线：010-88379649 机工官博：weibo.com/cmp1952
教育服务网：www.cmpedu.com
封面无防伪标均为盗版 金书网：www.golden-book.com

前 言

电力电子装置需要满足一定静态指标和动态指标要求，如电源调整率、负载调整率、输出精度、纹波、动态响应时间、变换效率、功率密度、并联模块的不均流度、功率因数和 EMC 等。这些指标可以分成两类，一类与主回路设计相关联，另一类与控制系统的设计相关联。与控制系统的设计相关联的技术指标有电源调整率、负载调整率、输出精度、纹波、动态响应时间、并联模块的不均流度等。要设计出高品质的电力电子装置不仅需要精心设计主回路，也需要有一个良好的系统控制来保证。主回路设计与系统控制的设计就如汽车的左、右轮同等重要。

本书共分 9 章。第 1 章介绍了 DC/DC 变换器的动态建模方法，包括状态平均概念、状态空间平均法、平均开关模型、统一电路模型等内容；第 2 章介绍了电流断续方式（DCM）DC/DC 变换器的动态建模；第 3 章介绍了 DC/DC 变换器的电流峰值控制；第 4 章介绍了 DC/DC 变换器反馈控制设计，系统介绍了 DC/DC 变换器的补偿网络设计方法；第 5 章介绍了三相功率变换器的动态模型，包括三相电压型 PWM 变流器的动态模型、三相电流型 PWM 变流器的动态模型、三相电压型 PWM 整流器的 d、q 解耦控制；第 6 章介绍了三相变流器的空间矢量调制技术，包括电压型变流器的空间矢量调制控制、电流型变流器的空间矢量调制技术、空间矢量 PWM 调制与其他脉宽调制方法比较；第 7 章介绍了逆变器模型，输出电压瞬时值内环和平均值外环控制器参数的设计方法；第 8 章介绍了 DC/DC 变换器模块并联供电系统的均流方法和 DC/DC 变换器模块并联供电系统的动态模型；第 9 章介绍了并联逆变器系统瞬时电流均流法和功率均流法，介绍了采用瞬时电流均流法的并联逆变器系统动态模型和稳定性设计问题。

本书可作为电力电子与电力传动专业研究生教材，也可作为从事电力电子装置、变频器、电源等开发、设计工程技术人员的参考书。希望本书的出版能对国内广大从事电力电子、电源技术的科研人员了解电力电子系统的设计和系统分析有所帮助，在促进我国电力电子产品和电源产品性能的提高方面发挥一点作用。

本书由徐德鸿教授撰写。浙江大学程肇基教授详细、认真地审阅了全部书稿，提出了许多宝贵的建议，谨致以衷心的谢意。本书中引用了美国佛吉尼亚理工大学李泽元教授、Dushan Boroyevich 教授、美国科罗拉多大学 Robert W. Erickson 教授等的重要文献，在此表示衷心的感谢。在本书的编写过程中，孙丽萍、王文倩、于玮同志参与了本书大量插图绘制和文字录入工作，在此一并表示衷心的感谢。

由于作者水平有限，参阅资料有限，书中难免有疏漏和不妥之处，恳切希望读者批评指正。

徐德鸿
于浙江大学

目　　录

绪　　论

20 世纪人类最伟大的 20 项科技成果有：电气化、汽车、飞机、自来水供水系统、电子技术、无线电与电视、农业机械化、计算机、电话、空调与制冷、高速公路、航天、互联网、成像技术、家用电器、保健科技、石化、激光与光纤、核能利用、新型材料，这些成果几乎不同程度地应用了电力电子技术，电力电子技术已广泛地应用于工业、交通、IT、通信、国防以及日常生活中。电力电子装置的应用范围十分广泛，粗略地可分为（有功）电源、无功电源、传动装置。电源有直流开关电源、逆变电源、不间断电源设备（UPS）、直流输电装置等；无功电源有静止无功补偿装置（SVC）、静止无功发生装置（SVG）、有源电力滤波器、动态电压恢复装置（DVR）等；传动装置有直流调速系统、各种电动机的变频调速系统等。

20 世纪功率器件经历从结型控制器件，如晶闸管、功率 GTR、GTO，到场控器件，如功率 MOSFET、IGBT、IGCT 的发展历程，高频化、低功耗、场控化成为功率器件发展的主要特征。功率器件发展历程也是向理想电子开关逐步逼近的过程，功率器件性能日益提高，使得应用更加方便。另外功率变换电路结构也通过时间的考验以及人们认识水平的提高，拓扑结构总体上逐渐走向稳定。器件和电路的日趋成熟，使得人们自然地将注意力转向电力电子装置的整体性能的优化问题，电力电子系统的问题比以往更加受到重视。电力电子系统问题包括控制系统设计、并联冗余设计、功率集成、热设计、电磁兼容设计等。

电力电子装置需要满足静态指标和动态指标的要求。如直流开关电源、逆变电源、UPS 等通常需要满足如下指标要求：电源调整率、负载调整率、输出电压的精度、纹波、动态性能、变换效率、功率密度、并联模块的不均流度、功率因数和 EMC。这些技术指标可以分成两类，分别与主回路设计或系统控制的设计关联。变换效率、功率密度、纹波等技术指标主要与主回路设计有关，如主回路拓扑、磁设计、热设计、功率元件驱动等。电源调整率、负载调整率、输出电压的精度、动态性能、并联模块的不均流度等指标主要与系统控制的设计有关。主回路设计与系统控制的设计就如汽车的左、右轮同等重要。要设计出高品质的电源，不仅需要精心设计主回路，还需要有一个良好系统控制的设计。电源系统典型的指标为输出调整率，分为电源调整率和负载调整率。电源调整率是指电网输入电压波动对电源输出的影响；负载调整率是指负载变化对电源输出的影响。

图 0-1 表示一个通信基础电源的系统框图，由前级功率因数校正 AC/DC 变

换器（PFC）和 DC/DC 变换器构成。前级功率因数校正 AC/DC 变换器实现输入的功率因数校正，后级 DC/DC 变换器实现电隔离，同时实现高精度的输出。这里分别对前级功率因数校正 AC/DC 变换器和后级 DC/DC 变换器引入了反馈控制。功率因数校正单元包含一个电压环和一个电流环，外环为电压环，内环为电流环。电压环用于保证功率因数校正单元输出直流电压的稳定，即为后级 DC/DC 变换器提供稳定的电压输入；电流环用于保证功率因数校正单元输入电流跟踪输入电网电压变化，使输入电流近似为一个正弦波，以实现通信基础电源输入功率因数为 1 的目标。DC/DC 变换器也由一个电压外环和一个电流内环组成。电压外环用于稳定输出电压，电流内环具有限制输出电流和改善动态性能的作用。另外引入反馈控制有利于抑制电网输入电压波动对直流开关电源输出的影响，即反馈控制可以提高电源调整率；引入反馈控制也有利于抑制负载变化对直流开关电源输出的影响，即反馈控制可以提高负载调整率。

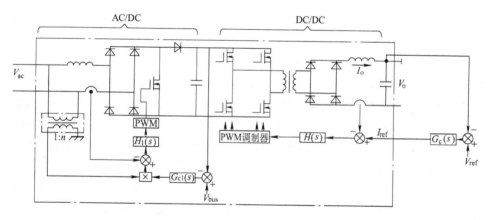

图 0-1　通信基础电源的系统框图

为了使电力电子系统达到所需的静态和动态指标，一般需要引入反馈控制。自动控制理论是我们进行反馈控制设计的有效工具。自动控制理论中关于控制器或补偿网络设计的主要工具有频域法和根轨迹法，但它们只适用于线性系统。由于电力电子系统中包含功率开关器件或二极管等非线性元件，因此电力电子系统是一个非线性系统。但是当电力电子系统运行在某一稳态工作点附近，电路状态变量的小信号扰动量之间的关系呈现线性系统的特性。尽管电力电子系统为非线性电路，但在研究它在某一稳态工作点附近的动态特性时，仍可以把它当作线性系统来近似。为了进行控制器或补偿网络设计，需要建立电力电子系统的线性化动态模型。

图 0-2 为 Buck DC/DC 变换器反馈控制系统，由 Buck DC/DC 变换器电路、

PWM 调制器、功率器件驱动器、反馈控制单元构成。图中，Buck DC/DC 变换器电路和 PWM 调制器为非线性，利用本书将要介绍的电力电子系统的线性化动态模型方法，可以导出 Buck DC/DC 变换器电路和 PWM 调制器的线性化动态模型。图 0-3 表示线性化处理后的 Buck DC/DC 变换器系统框图，图中点划线框部分为 Buck DC/DC 变换器电路的线性化模型，放大系数等于 $1/V_M$ 的方框为 PWM 调制器的线性化模型。

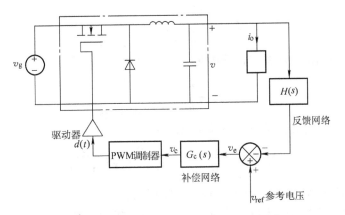

图 0-2　Buck DC/DC 变换器反馈控制系统

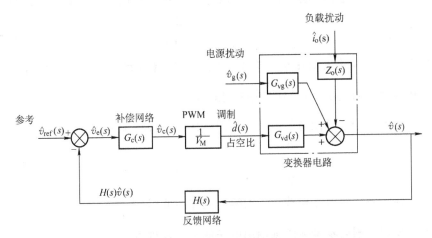

图 0-3　线性化处理后的 Buck DC/DC 变换器系统框图

　　Buck DC/DC 变换器电路的线性化模型可以表示为传递函数
$$\hat{v}(s) = G_{vd}(s)\hat{d}(s) + G_{vg}(s)\hat{v}_g(s) + Z_o(s)\hat{i}_o(s) \qquad (0-1)$$
式中，$\hat{v}(s)$ 为 Buck 变换器的输出电压；$\hat{d}(s)$ 为 PWM 调制器的占空比；$\hat{v}_g(s)$ 为 Buck 变换器的输入电压；$\hat{i}_o(s)$ 为 Buck 变换器的输出负载电流。

　　由上式可以求出没有引入反馈控制时，输入电压扰动对输出电压的影响、输出负荷变化对输出电压的影响、PWM 调制器的占空比到输出电压的传递函数。输入电压扰动对输出电压的影响为

$$G_{vg}(s) = \frac{\hat{v}(s)}{\hat{v}_g(s)}\bigg|_{\hat{d}(s)=0,\,\hat{i}_o(s)=0} \tag{0-2}$$

　　输出负荷变化对输出电压的影响为

$$Z_o(s) = \frac{\hat{v}(s)}{\hat{i}_o(s)}\bigg|_{\hat{v}_g(s)=0,\,\hat{d}(s)=0} \tag{0-3}$$

　　占空比到输出电压的传递函数为

$$G_{vd}(s) = \frac{\hat{v}(s)}{\hat{d}(s)}\bigg|_{\hat{v}_g(s)=0,\,\hat{i}_o(s)=0} \tag{0-4}$$

　　引入反馈控制后，可以导出输出电压为

$$\hat{v}(s) = \hat{v}_{ref}\frac{1}{H}\frac{T}{1+T} + \hat{v}_g\frac{G_{vg}}{1+T} + \hat{i}_o\frac{Z_o}{1+T} \tag{0-5}$$

式中，T 为回路增益，$T = H(s)G_c(s)G_{vd}(s)/V_M$。

　　由上式可以求出引入反馈控制后，输入电压扰动对输出扰动，负荷变化对输出电压的扰动，占空比到输出的传递函数。输入电压扰动对输出电压的影响为

$$\frac{\hat{v}(s)}{\hat{v}_g(s)}\bigg|_{\hat{d}(s)=0,\,\hat{i}_o(s)=0} = \frac{G_{vg}(s)}{1+T} \tag{0-6}$$

如果回路增益 T 在输入电压扰动频率范围内设计得很大，引入反馈控制后可以将输入电压扰动对输出的作用抑制 $\frac{1}{1+T}$ 倍。

　　引入反馈控制后输出负荷变化对输出电压的影响减少为

$$\frac{\hat{v}(s)}{\hat{i}_o(s)}\bigg|_{\hat{v}_g(s)=0,\,\hat{d}(s)=0} = \frac{Z_o(s)}{1+T} \tag{0-7}$$

即引入反馈控制后可以将负载扰动对输出的作用抑制 $\frac{1}{1+T}$ 倍。

　　引入反馈控制后参考电压到输出电压的传递函数为

$$\frac{\hat{v}(s)}{\hat{v}_{ref}(s)}\bigg|_{\hat{v}_g(s)=0,\,\hat{i}_o(s)=0} = \frac{1}{H}\frac{T}{1+T} \tag{0-8}$$

如果回路增益 T 在低频范围内设计得很大，于是上式可以近似为

$$\frac{\hat{v}(s)}{\hat{v}_{ref}(s)}\bigg|_{\hat{v}_g(s)=0,\,\hat{i}_o(s)=0} \approx \frac{1}{H} \tag{0-9}$$

上式表明，直流及低频输出的精确度主要由反馈系数 H 决定，而与系统中其他部分参数的漂移和变化关系很小。

由此可见，通过引入反馈控制有利于抑制输入电压扰动、负荷扰动对输出的影响，提高了输出的精确度，而且使输出的精确度基本不受电力电子系统中参数的漂移和变化的影响。

从上面的简单介绍可以看出，一个良好控制系统的设计可以显著地提高电力电子装置性能和品质。电力电子系统建模和控制器的设计是电力电子系统设计的重要基础。

第1章　DC/DC 变换器的动态建模

电力电子系统一般由电力电子变换器、PWM 调制器、驱动电路、反馈控制单元构成，如图 1-1 所示。由控制理论的知识，电力电子系统的静态和动态性能的好坏与反馈控制设计密切相关。要进行反馈控制设计，首先要了解被控对象的动态模型。图 1-1 中，在进行反馈控制设计前，首先要获得电力电子变换器和 PWM 调制器的动态模型。在经典自动控制理论中，需获得电力电子变换器和 PWM 调制器的传递函数。一旦获得被控对象的传递函数，就可以用频率特性法或根轨迹图法来设计反馈控制网络。本章重点介绍 DC/DC 变换器的动态模型的求解方法，即所谓的动态建模。

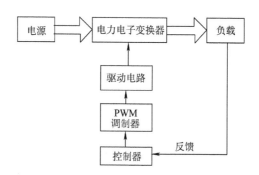

图 1-1　电力电子系统结构

1.1　状态平均的概念

由于 DC/DC 变换器中包含功率开关器件或二极管等非线性元件，因此是一个非线性系统。但是当 DC/DC 变换器运行在某一稳态工作点附近，电路状态变量的小信号扰动量之间的关系呈现线性的特性。因此，尽管 DC/DC 变换器为非线性电路，但在研究它在某一稳态工作点附近的动态特性时，仍可以把它当作线性系统来近似，这就要用到状态空间平均的概念。

图 1-2 所示为 DC/DC 变换器的反馈控制系统，由 Buck DC/DC 变换器、PWM 调制器、功率器件驱动器、补偿网络等单元构成。设 DC/DC 变换器的占空比为 $d(t)$，在某一稳态工作点的占空比为 D；又设占空比 $d(t)$ 在 D 附近有一个

小的扰动，即

$$d(t) = D + D_{\mathrm{m}}\sin\omega_{\mathrm{m}}t \qquad\qquad (1-1)$$

式中，D 和 D_{m} 均为常数，且 $|D_{\mathrm{m}}| \ll D$；调制频率 ω_{m} 远低于变换器的开关频率 $\omega_{\mathrm{s}} = 2\pi f_{\mathrm{s}}$。占空比扰动使占空比 $d(t)$ 在恒定值 D 上叠加了一个小幅度低频正弦波信号 $D_{\mathrm{m}}\sin\omega_{\mathrm{m}}t$，于是驱动开关器件开通或关断的 PWM 脉冲序列的宽度被低频正弦信号所调制，如图 1-3a 所示。

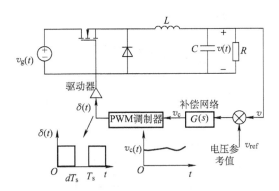

图 1-2　DC/DC 变换器反馈控制系统

占空比 $d(t)$ 经低频调制后，Buck DC/DC 变换器的输出电压也被低频调制，如图 1-3b 所示，即输出低频调制频率电压分量的幅度与 D_{m} 成正比，频率与占空比扰动信号调制频率 ω_{m} 相同，这就是线性电路的特征。实际上，Buck DC/DC 变换器的输出电压中除直流和低频调制频率电压分量外，还包含开关频率及其边频带、开关频率谐波及其边频带。当开关频率及其谐波分量幅度较小的情况，开关频率谐波与其边带可以忽略，这时小信号的扰动量的关系近似为线性关系，于是就可以用传递函数来描述 DC/DC 变换器的特性。

DC/DC 变换器的动态建模中，通常会忽略一些次要的因素，保留系统的主要行为，以简化模型。忽略开关频率谐波与其边频带等就是为了简化模型，一般情况，这种简化又是合理的。

本书中电力电子系统动态建模方法都基于忽略开关频率分量和开关频率谐波分量及其边频带分量，建立占空比、输入电压的低频扰动对变换器中的电压、电流影响的小信号线性化模型。这里所谓的占空比、输入电压的"低频"扰动，是相对于电力电子系统的开关频率来讲的。一般认为在开关频率的 1/2 ~ 1/5 以下就认为是低频了。

为简化模型，需要忽略开关频率及其边频带、开关频率谐波与其边带，于是引入开关周期平均算子的定义

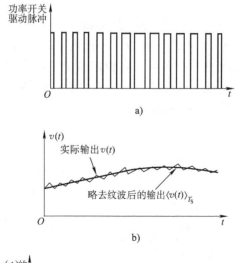

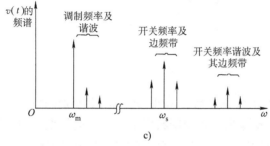

图 1 - 3   占空比宽度低频调制的作用

a) 占空比宽度低频调制 b) 输出电压 c) 输出电压的频谱

$$\langle x(t) \rangle_{T_s} = \frac{1}{T_s} \int_t^{t+T_s} x(\tau) \mathrm{d}\tau \qquad (1-2)$$

式中，$x(t)$ 是 DC/DC 变换器中某电量；T_s 为开关周期，$T_s = 1/f_s$。对电压、电流等电量进行开关周期平均运算，将保留原信号的低频部分，而滤除开关频率分量、开关频率谐波分量及其边频分量。下面将开关周期平均运算应用于电感元件或电容元件。

描述电感元件的特性方程式为

$$L \frac{\mathrm{d}i(t)}{\mathrm{d}t} = v_L(t) \qquad (1-3)$$

写成微分形式

$$L \mathrm{d}i(t) = v_L(t) \mathrm{d}t$$

上式两边同除以 L 并在一个开关周期中积分，得到

$$\int_t^{t+T_s} \mathrm{d}i = \frac{1}{L} \int_t^{t+T_s} v_L(\tau) \mathrm{d}\tau \qquad (1-4)$$

上式左边表示在一个开关周期中电感电流的变化，右边与电感电压的开关周期平

均值成正比；上式右边应用开关周期平均算子符号，得到

$$i(t + T_s) - i(t) = \frac{1}{L} T_s \langle v_L(t) \rangle_{T_s} \qquad (1-5)$$

上式表明，一个开关周期中电感电流的变化量与一个开关周期电感电压平均值成正比。经整理，得到

$$L \frac{i(t + T_s) - i(t)}{T_s} = \langle v_L(t) \rangle_{T_s} \qquad (1-6)$$

另外，由

$$\frac{d \langle i(t) \rangle_{T_s}}{dt} = \frac{d}{dt} \left[\frac{1}{T_s} \int_t^{t+T_s} i(t) d\tau \right]$$

$$= \frac{1}{T_s} \frac{d}{dt} \left[\int_t^0 i(\tau) d\tau + \int_0^{t+T_s} i(\tau) d\tau \right] = \frac{i(t + T_s) - i(t)}{T_s} \qquad (1-7)$$

上式称为欧拉公式。

将式 (1-7) 代入式 (1-6)，得到

$$L \frac{d \langle i(t) \rangle_{T_s}}{dt} = \langle v_L(t) \rangle_{T_s} \qquad (1-8)$$

由上式可知，电感的电流和电感两端的电压经过开关周期平均算子作用后仍然满足法拉第电磁感应定律，即电感元件特性方程中的电压、电流分别用它们各自的开关周期平均值代替后，方程仍然成立。

当电路达到稳态时，根据电感电压的伏秒平衡原理：电感电压的平均值等于零，于是 $\langle v_L(t) \rangle_{T_s} = 0$。由式 (1-8) 得到 $L \frac{d \langle i(t) \rangle_{T_s}}{dt} = 0$，表明电感电流的开关周期平均值 $\langle i(t) \rangle_{T_s}$ 等于常数，但并不表明电感电流的瞬时值在一个开关周期中保持恒定。实际上在 DC/DC 变换器中，一个开关周期中电感电流的瞬时值波形一般近似为三角波。

类似地也可推得经开关周期平均算子作用后描述电容的方程为

$$C \frac{d \langle v_C(t) \rangle_{T_s}}{dt} = \langle i_C(t) \rangle_{T_s} \qquad (1-9)$$

上式表明电容元件特性方程中的电压、电流分别用它们各自的开关周期平均值代替后，方程仍然成立。

当电路达到稳态时，根据电容电荷平衡原理：电容电流的平均值等于零，于是 $\langle i_C(t) \rangle_{T_s} = 0$。由式 (1-9) 得到 $C \frac{d \langle v_C(t) \rangle_{T_s}}{dt} = 0$，表明电容电压的开关周期平均值 $\langle v_C(t) \rangle_{T_s}$ 等于常数，但并不表明电容电压的瞬时值在一个开关周期中保持恒定。实际上在 DC/DC 变换器中，一个开关周期中电容电压的瞬时值波形

一般也近似为三角波。

1.2　Buck – Boost 变换器的交流模型

　　Buck – Boost 变换器是一种典型的 DC/DC 变换器，具有升压和降压功能，其输出电压的极性与输入电压相反，见图 1 – 4a。当电感 L 的电流 $i(t)$ 连续时，一个开关周期可以分为两个阶段。在阶段 1，开关在位置 1 时，即 $[t, t + DT_s]$，电感处于充磁阶段，等效电路见图 1 – 4b；在阶段 2，开关在位置 2 时，即 $[t + DT_s, t + T_s]$，电感处于放磁阶段，等效电路见图 1 – 4c。当 $D < 0.5$ 时，Buck – Boost 变换器工作在降压方式；当 $D > 0.5$ 时，Buck – Boost 变换器工作在升压方式。

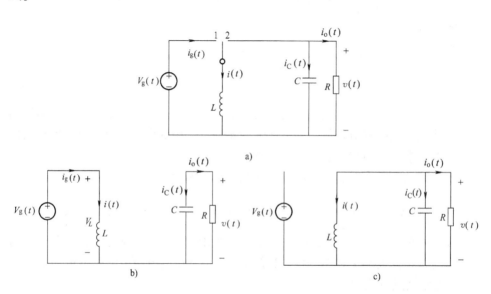

图 1 – 4　Buck – Boost 变换器及其工作状态分析

a) Buck – Boost 变换器　b) 开关在位置 1 $[t, t + DT_s]$　c) 开关在位置 2 $[t + DT_s, t + T_s]$

由式 (1 – 6) 得到

$$\langle v_L(t) \rangle_{T_s} = L \frac{i(t + T_s) - i(t)}{T_s} \qquad (1-10)$$

　　当 Buck – Boost 变换器电路达到稳态时，电感电流的瞬时值间隔一个周期是相同的，即 $i(t + T_s) = i(t)$，于是

$$\langle v_L(t) \rangle_{T_s} = 0 \qquad (1-11)$$

上式表明，电感两端电压一个开关周期的平均值等于零，即所谓伏秒平衡。这样

可以得到

$$\langle v_{\mathrm{L}}(t)\rangle_{T_{\mathrm{s}}} = \frac{1}{T_{\mathrm{s}}} \int_t^{t+T_{\mathrm{s}}} v_{\mathrm{L}}(t)\,\mathrm{d}t = \frac{1}{T_{\mathrm{s}}} \Big[\int_t^{t+DT_{\mathrm{s}}} v_{\mathrm{L}}(t)\,\mathrm{d}t + \int_{t+DT_{\mathrm{s}}}^{t+T_{\mathrm{s}}} v_{\mathrm{L}}(t)\,\mathrm{d}t \Big] \qquad (1-12)$$

在阶段 1，即 $[t,\ t+DT_{\mathrm{s}}]$，电感两端的电压 $v_{\mathrm{L}}(t) = V_{\mathrm{g}}$；在阶段 2，即 $[t+DT_{\mathrm{s}},\ t+T_{\mathrm{s}}]$，电感两端的电压 $v_{\mathrm{L}}(t) = V$。代入式（1-12）得到

$$\langle v_{\mathrm{L}}(t)\rangle_{T_{\mathrm{s}}} = \frac{1}{T_{\mathrm{s}}} \Big[\int_t^{t+DT_{\mathrm{s}}} v_{\mathrm{L}}(t)\,\mathrm{d}t + \int_{t+DT_{\mathrm{s}}}^{t+T_{\mathrm{s}}} v_{\mathrm{L}}(t)\,\mathrm{d}t \Big] = V_{\mathrm{g}}D + V(1-D)$$

$$(1-13)$$

结合式（1-11），得到 Buck-Boost 变换器稳态电压传输比

$$\frac{V}{V_{\mathrm{g}}} = -\frac{D}{1-D} = -\frac{D}{D'} \qquad (1-14)$$

式中，$D' = 1-D$。

若略去开关元件上的损耗，根据 Buck-Boost 变换器输入输出功率平衡原理：输入功率等于在负荷上消耗的功率，即

$$V_{\mathrm{g}}I_{\mathrm{g}} = VI_{\mathrm{o}} \qquad (1-15)$$

式（1-14）代入式（1-15），得

$$I_{\mathrm{g}} = -\frac{D}{D'}I_{\mathrm{o}} \qquad (1-16)$$

1.2.1　大信号模型

在阶段 1，即 $[t,\ t+\mathrm{d}T_{\mathrm{s}}]$，开关在位置 1 时，电感两端电压为

$$v_{\mathrm{L}}(t) = L\frac{\mathrm{d}i(t)}{\mathrm{d}t} = v_{\mathrm{g}}(t) \qquad (1-17)$$

通过电容的电流为

$$i_{\mathrm{C}}(t) = C\frac{\mathrm{d}v(t)}{\mathrm{d}t} = -\frac{v(t)}{R} \qquad (1-18)$$

在阶段 2，即 $[t+\mathrm{d}T_{\mathrm{s}},\ t+T_{\mathrm{s}}]$，开关在位置 2 时，电感两端电压为

$$v_{\mathrm{L}}(t) = L\frac{\mathrm{d}i(t)}{\mathrm{d}t} = v(t) \qquad (1-19)$$

通过电容的电流为

$$i_{\mathrm{C}}(t) = C\frac{\mathrm{d}v(t)}{\mathrm{d}t} = -i(t) - \frac{v(t)}{R} \qquad (1-20)$$

图 1-5 为电感两端电压和通过电感的电流波形，电感电压在一个开关周期的平均值为

$$\langle v_{\mathrm{L}}(t)\rangle_{T_{\mathrm{s}}} = \frac{1}{T_{\mathrm{s}}} \int_t^{t+T_{\mathrm{s}}} v_{\mathrm{L}}(\tau)\,\mathrm{d}\tau = \frac{1}{T_{\mathrm{s}}} \Big[\int_t^{t+dT_{\mathrm{s}}} v_{\mathrm{L}}(\tau)\,\mathrm{d}\tau + \int_{t+dT_{\mathrm{s}}}^{t+T_{\mathrm{s}}} v_{\mathrm{L}}(\tau)\,\mathrm{d}\tau \Big]$$

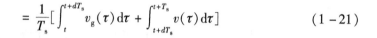

$$= \frac{1}{T_s}\Big[\int_t^{t+dT_s} v_g(\tau)\,d\tau + \int_{t+dT_s}^{t+T_s} v(\tau)\,d\tau\Big] \tag{1-21}$$

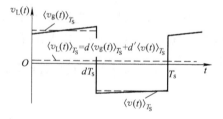

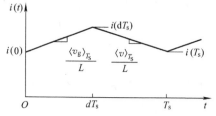

图 1 - 5　电感两端电压和通过电流的波形

如果输入电压 $v_g(t)$ 连续，而且在一个开关周期中变化很小，于是 $v_g(t)$ 在 $[t,t+dT_s]$ 区间的值可以近似用开关周期的平均值 $\langle v_g(t)\rangle_{T_s}$ 表示，这样

$$\int_t^{t+dT_s} v_g(\tau)\,d\tau \approx \int_t^{t+dT_s} \langle v_g(\tau)\rangle_{T_s}\,dt = \langle v_g(t)\rangle_{T_s} dT_s \tag{1-22}$$

类似地，由于输出电压 $v(t)$ 连续，另外 $v(t)$ 在一个开关周期中变化很小，于是 $v(t)$ 在 $[t+dT_s, t+T_s]$ 区间可以近似用开关周期的平均值 $\langle v(t)\rangle_{T_s}$ 表示，这样

$$\int_{t+dT_s}^{t+T_s} v(\tau)\,d\tau \approx \int_{t+dT_s}^{t+T_s} \langle v(\tau)\rangle_{T_s}\,d\tau = \langle v(t)\rangle_{T_s}(1-d)T_s \tag{1-23}$$

将式 (1 - 22) 和式 (1 - 23) 代入式 (1 - 21)，得到

$$\langle v_L(t)\rangle_{T_s} \approx \frac{1}{T_s}\big[\langle v_g(t)\rangle_{T_s} dT_s + \langle v(t)\rangle_{T_s}(1-d)T_s\big]$$

$$= d(t)\langle v_g(t)\rangle_{T_s} + d'(t)\langle v(t)\rangle_{T_s} \tag{1-24}$$

式中，$d'(t) = 1 - d(t)$。

根据电感特性方程经过开关周期平均算子作用后形式不变性原理

$$L\frac{d\langle i(t)\rangle_{T_s}}{dt} = \langle v_L(t)\rangle_{T_s} \tag{1-25}$$

上式表明，电感电压的开关周期平均值决定电感电流开关周期平均值的变化率，即电感电压的开关周期平均值决定电感电流的净增长。将表示电感电压的开

关周期平均值的式 (1-24) 代入式 (1-25)，得到

$$L\frac{d\langle i(t)\rangle_{T_s}}{dt} = d(t)\langle v_g(t)\rangle_{T_s} + d'(t)\langle v(t)\rangle_{T_s} \tag{1-26}$$

上式表明，通过占空比 $d(t)$ 的变化可以达到对电感电流开关周期平均值的控制。另外输入电压和输出电压也会对电感电流产生影响，输入电压对电路的影响将决定电源调整率，而输出对电路的影响将决定负载调整率。一般通过闭环控制提高变换器的电源调整率和负载调整率。在稳态时，电感电压的开关周期平均值为 0，但电感电流的瞬时值并不保持恒定，而是等于开关周期 T_s 的周期函数，近似为三角波，$i_L(t+T_s) = i_L(t)$。在一个开关周期中电感电流没有净变化。然后，在动态过程中，由于电感电压的开关周期平均值非零，因此电感电流存在净变化。显然，在动态过程中电感电流的瞬时值不再是周期函数，$i_L(t+T_s) \neq i_L(t)$。

下面我们将电感电流波形作直线近似，推导关于电感电流的方程。如图 1-6 所示，当开关在位置 1 时

$$i(dT_s) = i(0) + (dT_s)\left[\frac{\langle v_g(t)\rangle_{T_s}}{L}\right] \tag{1-27}$$

当开关在位置 2 时

$$i(T_s) = i(dT_s) + (d'T_s)\left[\frac{\langle v(t)\rangle_{T_s}}{L}\right] \tag{1-28}$$

将式 (1-27) 代入式 (1-28) 以消去 $i(dT_s)$，求出 $i(T_s)$

$$i(T_s) = i(0) + \frac{T_s}{L}\left[d(t)\langle v_g(t)\rangle_{T_s} + d'(t)\langle v(t)\rangle_{T_s}\right] \tag{1-29}$$

上式表明，终值 $i(T_s)$ 等于初值 $i(0)$ 加上 T_s 乘以平均斜率 $\langle v_L\rangle_{T_s}/L$。应用欧拉公式，得到

$$L\frac{d\langle i(t)\rangle_{T_s}}{dt} = d(t)\langle v_g(t)\rangle_{T_s} + d'(t)\langle v(t)\rangle_{T_s} \tag{1-30}$$

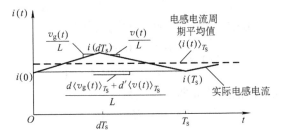

图 1-6　电感电压开关周期平均值非零引起电感电流净增长

可见，用电感电流直线近似方法，也可推导出电感电流开关周期平均值的状态方程式。

图1-7为通过电容的电流和它两端的电压，参考电感电压开关周期平均值的求法，可以得到电容电流开关周期平均值

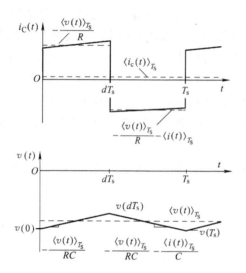

图1-7　用分段直线近似电容电压波形

$$\langle i_C(t) \rangle_{T_s} = d(t) \left[-\frac{\langle v(t) \rangle_{T_s}}{R} \right] + d'(t) \left[-\langle i(t) \rangle_{T_s} - \frac{\langle v(t) \rangle_{T_s}}{R} \right] \qquad (1-31)$$

由电容特性方程

$$C \frac{\mathrm{d}\langle v(t) \rangle_{T_s}}{\mathrm{d}t} = \langle i_C(t) \rangle_{T_s} \qquad (1-32)$$

将式（1-31）代入式（1-32），得到关于电容电压开关周期值的状态方程

$$C \frac{\mathrm{d}\langle v(t) \rangle_{T_s}}{\mathrm{d}t} = -d'(t)\langle i(t) \rangle_{T_s} - \frac{\langle v(t) \rangle_{T_s}}{R} \qquad (1-33)$$

如图1-8所示，Buck-Boost变换器的输入电流为

$$i_g(t) = \begin{cases} i(t) & 0 < t < dT_s \\ 0 & dT_s < t < T_s \end{cases} \qquad (1-34)$$

于是可以求出输入电流的开关周期平均值为

$$\langle i_g(t) \rangle_{T_s} \approx d(t)\langle i(t) \rangle_{T_s} \qquad (1-35)$$

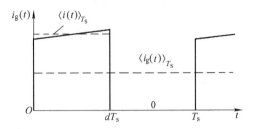

图 1 - 8　Buck - Boost 变换器的输入电流

由式（1 - 30）和式（1 - 33），得到 Buck - Boost 变换器的状态空间变量开关周期平均值的方程

$$\begin{cases} L \dfrac{\mathrm{d}\langle i(t)\rangle_{T_s}}{\mathrm{d}t} = d(t)\langle v_g(t)\rangle_{T_s} + d'(t)\langle v(t)\rangle_{T_s} \\ C \dfrac{\mathrm{d}\langle v(t)\rangle_{T_s}}{\mathrm{d}t} = -d'(t)\langle i(t)\rangle_{T_s} - \dfrac{\langle v(t)\rangle_{T_s}}{R} \end{cases} \quad (1-36)$$

上述状态空间变量的开关周期平均值方程简称为状态空间平均方程。

式（1 - 35）的输入电流开关周期平均值方程

$$\langle i_g(t)\rangle_{T_s} = d(t)\langle i(t)\rangle_{T_s} \quad (1-37)$$

在控制理论中，将表示状态空间变量以外的变量与状态空间变量之间关系的代数方程，称为输出方程。

无论状态空间平均方程还是输出方程，均存在变量 $d(t)$ 或 $d'(t)$ 与状态变量 $i(t)$ 或 $v(t)$ 的乘积项，因此它们均为非线性方程。而非线性方程描述的系统无法采用经典控制理论的一套成熟的反馈设计理论，使用不方便。下面将介绍状态空间平均方程和输出方程的线性化方法。

1.2.2　线性化

若 Buck - Boost 变换器工作在某一静态工作点，稳态占空比 $d(t) = D$，稳态输入电压 $\langle v_g(t)\rangle_{T_s} = V_g$，电感电流、电容电压和输入电流 $\langle i(t)\rangle_{T_s}$、$\langle v(t)\rangle_{T_s}$、$\langle i_g(t)\rangle_{T_s}$ 的稳态值分别为 I、V 和 V_g。

由电感电流方程式：

$$L \frac{\mathrm{d}\langle i(t)\rangle_{T_s}}{\mathrm{d}t} = d(t)\langle v_g(t)\rangle_{T_s} + d'(t)\langle v(t)\rangle_{T_s} \quad (1-38)$$

当电路达到稳态时，应用电感电压的伏秒平衡原理 $\langle v_L(t)\rangle_{T_s} = L \dfrac{\mathrm{d}\langle i(t)\rangle_{T_s}}{\mathrm{d}t} = 0$，并代入占空比 $d(t) = D$ 和各电量的稳态值，由式（1 - 38）得到

$$DV_g + D'V = 0 \tag{1-39}$$

于是得到 $V = -\dfrac{D}{D'}V_g$。

由电容电压方程式

$$C\frac{\mathrm{d}\langle v(t)\rangle_{T_s}}{\mathrm{d}t} = -d'(t)\langle i(t)\rangle_{T_s} - \frac{\langle v(t)\rangle_{T_s}}{R} \tag{1-40}$$

当电路达到稳态时，应用电容电荷平衡原理 $\langle i_C(t)\rangle_{T_s} = C\dfrac{\mathrm{d}\langle v(t)\rangle_{T_s}}{\mathrm{d}t} = 0$，并代入占空比 $d(t) = D$ 和各电量的稳态值，由式（1-40）得到

$$-D'I - \frac{V}{R} = 0 \tag{1-41}$$

于是得到 $I = -\dfrac{V}{D'R}$。

输入电流开关周期平均值方程

$$\langle i_g(t)\rangle_{T_s} = d(t)\langle i(t)\rangle_{T_s} \tag{1-42}$$

代入占空比 $d(t) = D$ 和各电量的稳态值，得到

$$I_g = DI \tag{1-43}$$

汇总上面推得稳定量的关系式：$V = -\dfrac{D}{D'}V_g$，$I = -\dfrac{V}{D'R}$，$I_g = DI$。

下面用扰动法求解小信号动态模型。如果对输入电压 $\langle v_g(t)\rangle_{T_s}$ 和占空比 $d(t)$ 在直流工作点附近作微小扰动，即

$$\langle v_g(t)\rangle_{T_s} = V_g + \hat{v}_g(t) \tag{1-44}$$

$$d(t) = D + \hat{d}(t) \tag{1-45}$$

于是将引起 Buck-Boost 变换器电路中各状态变量和输入电流量的微小扰动，也即

$$\langle i(t)\rangle_{T_s} = I + \hat{i}(t) \tag{1-46}$$

$$\langle v(t)\rangle_{T_s} = V + \hat{v}(t) \tag{1-47}$$

$$\langle i_g(t)\rangle_{T_s} = I_g + \hat{i}_g(t) \tag{1-48}$$

将式（1-44）至式（1-48）代入式（1-38）的电感电流的状态空间平均方程，得到扰动后关于电感电流状态空间平均方程式

$$L\frac{\mathrm{d}[I + \hat{i}(t)]}{\mathrm{d}t} = [D + \hat{d}(t)][V_g + \hat{v}_g(t)] + [D' - \hat{d}(t)][V + \hat{v}(t)] \tag{1-49}$$

注意，$d'(t) = 1 - d(t) = 1 - [D + \hat{d}(t)] = D' - \hat{d}(t)$，其中 $D' = 1 - D$。

经整理

$$L\left[\frac{\mathrm{d}I}{\mathrm{d}t} + \frac{\mathrm{d}\hat{i}(t)}{\mathrm{d}t}\right] = \underbrace{(DV_\mathrm{g} + D'V)}_{\text{直流项}}$$

$$+ \underbrace{[D\hat{v}_\mathrm{g}(t) + D'\hat{v}(t) + (V_\mathrm{g} - V)\hat{d}(t)]}_{\text{一阶交流项(线性)}} + \underbrace{\hat{d}(t)[\hat{v}_\mathrm{g}(t) - \hat{v}(t)]}_{\text{二阶交流项(非线性)}} \qquad (1-50)$$

上式左边中，由于电感电流的稳态值 I 为常数，因此其导数 $\dfrac{\mathrm{d}I}{\mathrm{d}t}$ 为 0。上式右边包含三项：直流项、一阶交流项、二阶交流项。其中一阶交流项为线性项，二阶交流项为非线性项。由稳态关系式（1-39）知道，上式右边的直流项（DV_g $+ D'V$）等于零，可从式中去掉。如果扰动量比直流工作点小得多，即 $|\hat{v}_\mathrm{g}(t)| \ll$ $|V_\mathrm{g}|, |\hat{d}(t)| \ll |D|, |\hat{i}(t)| \ll |I|, |\hat{v}(t)| \ll |V|, |\hat{i}_\mathrm{g}(t)| \ll |I_\mathrm{g}|$，则二阶交流项 $\hat{d}$ $(t)(\hat{v}_\mathrm{g}(t) - \hat{v}(t))$ 将远小于一阶交流项 $[D\hat{v}_\mathrm{g}(t) + D'\hat{v}(t) + (V_\mathrm{g} - V)\hat{d}(t)]$，于是二阶交流项可忽略。应用稳态关系式，同时略去二阶项，式（1-50）可以简化为

$$L\frac{\mathrm{d}\hat{i}(t)}{\mathrm{d}t} = D\hat{v}_\mathrm{g}(t) + D'\hat{v}(t) + (V_\mathrm{g} - V)\hat{d}(t) \qquad (1-51)$$

这里认为静态量 D、D'、V、V_g 为常数，因此上式为线性常微分方程。

将式（1-44）~式（1-48）代入式（1-40）的电容电压的状态空间平均方程，得到扰动后关于电容电压的状态空间平均方程式

$$C\frac{\mathrm{d}[V + \hat{v}(t)]}{\mathrm{d}t} = -[D' - \hat{d}(t)][I + \hat{i}(t)] - \frac{V + \hat{v}(t)}{R} \qquad (1-52)$$

经整理

$$C\left[\frac{\mathrm{d}V}{\mathrm{d}t} + \frac{\mathrm{d}\hat{v}(t)}{\mathrm{d}t}\right] = \underbrace{\left(-D'I - \frac{V}{R}\right)}_{\text{直流项}}$$

$$+ \underbrace{\left[-D'\hat{i}(t) - \frac{\hat{v}(t)}{R} + I\hat{d}(t)\right]}_{\text{一阶交流项(线性)}} + \underbrace{\hat{d}(t)\hat{i}(t)}_{\text{二阶交流项(非线性)}} \qquad (1-53)$$

上式左边中，由于电容电压的稳态值 V 为常数，因此其导数 $\dfrac{\mathrm{d}V}{\mathrm{d}t}$ 为 0。上式右边也包含三项：直流项、一阶交流项、二阶交流项。其中一阶交流项为线性项，二阶交流项为非线性项。由稳态关系式（1-41）知道，上式右边的直流项 $\left(-D'I - \dfrac{V}{R}\right)$ 等于零，可从式中去掉。如果扰动量比直流工作点小得多，即 $|\hat{v}_\mathrm{g}(t)| \ll |V_\mathrm{g}|, |\hat{d}(t)| \ll |D|, |\hat{i}(t)| \ll |I|, |\hat{v}(t)| \ll |V|, |\hat{i}_\mathrm{g}(t)| \ll |I_\mathrm{g}|$，则二阶交流项 $\hat{d}(t)\hat{i}(t)$ 将远小于一阶交流项 $\left[-D'\hat{i}(t) - \dfrac{\hat{v}(t)}{R} + I\hat{d}(t)\right]$，于是二阶交流项可忽略。应用稳态关系式，同时略去二阶项，式（1-53）可以简化为

$$C\frac{\mathrm{d}\hat{v}(t)}{\mathrm{d}t} = -D'\hat{i}(t) - \frac{\hat{v}(t)}{R} + I\hat{d}(t) \qquad (1-54)$$

这里认为静态量 D'、I 为常数，因此上式也是线性常微分方程。

将式（1 – 44）～式（1 – 48）代入式（1 – 42）的输入电流方程，得到扰动后关于输入电流方程式

$$I_g + \hat{i}_g(t) = [D + \hat{d}(t)][I + \hat{i}(t)] \qquad (1-55)$$

经整理得到

$$\underbrace{I_g}_{\text{直流项}} + \underbrace{\hat{i}_g(t)}_{\text{一阶交流项}} = \underbrace{(DI)}_{\text{直流项}} + \underbrace{[D\hat{i}(t) + I\hat{d}(t)]}_{\text{一阶交流项（线性）}} + \underbrace{\hat{d}(t)\hat{i}(t)}_{\text{二阶交流项（非线性）}} \qquad (1-56)$$

略去二阶项，同时代入稳态关系式（1 – 43），得到

$$\hat{i}_g(t) = D\hat{i}(t) + I\hat{d}(t) \qquad (1-57)$$

以上为反映输入电流的小信号线性方程。

汇总式（1 – 51）、式（1 – 54）、式（1 – 57），得到 Buck – Boost 变换器线性化小信号交流模型为

$$L\frac{\mathrm{d}\hat{i}(t)}{\mathrm{d}t} = D\hat{v}_g(t) + D'\hat{v}(t) + (V_g - V)\hat{d}(t) \qquad (1-58)$$

$$C\frac{\mathrm{d}\hat{v}(t)}{\mathrm{d}t} = -D'\hat{i}(t) - \frac{\hat{v}(t)}{R} + I\hat{d}(t) \qquad (1-59)$$

$$\hat{i}_g(t) = D\hat{i}(t) + I\hat{d}(t) \qquad (1-60)$$

Buck – Boost 变换器线性化小信号交流模型反映了电路工作在某一稳态工作点附近的动态行为，是反馈控制设计的基础。

1.2.3　小信号交流等效电路

小信号交流模型也可以用等效电路表示，可以增加直观性和便于记忆。用等效电路表示小信号交流模型的方法不是惟一的，一般以简单性和物理意义明确等作为选择等效电路的原则。

仍以 Buck – Boost 变换器线性化小信号交流模型为例加以介绍。分别由三个方程式（1 – 58）～式（1 – 60）得到三个等效电路，如图 1 – 9 所示。如图 1 – 10 所示，重新排列三个子电路的位置，将含电源 $\hat{v}_g(t)$ 的子电路图 1 – 9c 放置在左边，将含输出负载电阻 R 的子电路图 1 – 9b 放置在右边，然后将子电路图 1 – 9a 放置在它们中间。在图 1 – 10 中，由受控电流源 $D\hat{i}(t)$ 和受控电压源 $D\hat{v}_g(t)$ 组成的两端口网络具有理想变压器的特性，可以用 $1/D$ 的理想变压器等效，如图 1 – 11 所示。在图 1 – 10 中，由受控电流源 $D'\hat{v}(t)$ 和受控电压源 $D'\hat{i}(t)$ 组成的两端口网络具有理想变压器的特性，也可以用 $-D':1$ 的理想变压器等效，这样就得到 Buck – Boost 变换器小信号交流等效电路。

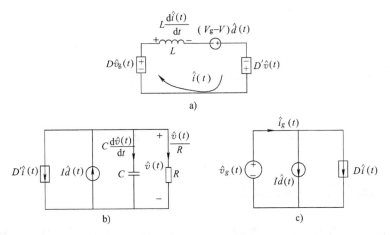

图 1-9　三个等效子电路

a）对应电感方程的子电路　b）对应电容方程的子电路　c）对应输入方程的子电路

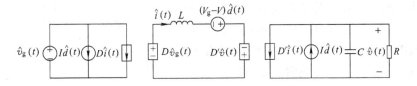

图 1-10　三个子电路组合在一起

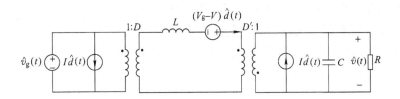

图 1-11　Buck-Boost 变换器小信号交流等效电路

　　类似地可以推得 Buck 变换器和 Boost 变换器的小信号交流等效电路，分别如图 1-12 和图 1-13 所示。

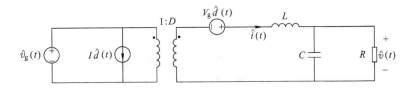

图 1-12　Buck 变换器小信号交流等效电路

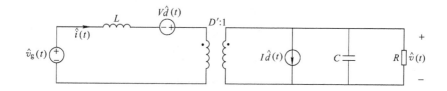

图 1 - 13　Boost 变换器小信号交流等效电路

1.3　反激式变换器的建模

反激式变换器实际是一个带隔离变压器的 Buck - Boost 变换器，如图 1 - 14 所示。由于所用元件少、电路和控制简单，在小功率开关电源中获得广泛的应用。

首先假定采用恒定开关周期、可变占空比控制。功率开关采用功率 MOSFET，功率 MOSFET 的导通电阻为 R_{on}，关断电阻为无穷大。变压器折合到一次侧的励磁电感为 L。

反激式变换器的一个工作周期可以分成两个工作阶段。阶段 1 为功率开关导电阶段，反激式变换器等效电路如图 1 - 15a 所示；阶段 2 为功率开关关断阶段，反激式变换器的等效电

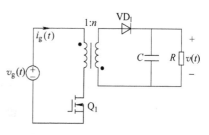

图 1 - 14　反激式变换器原理图

路如图 1 - 15b 所示。电感电压和电流波形如图 1 - 16 所示。电容电流和电压波形如图 1 - 17 所示。

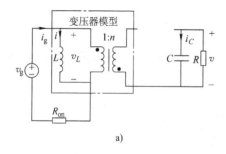

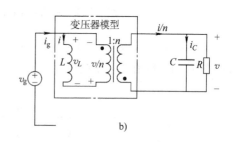

图 1 - 15　反激式变换器等效电路
a) 阶段 1 的等效电路　b) 阶段 2 的等效电路

由图 1 - 15a 阶段 1 的等效电路，可以推得方程

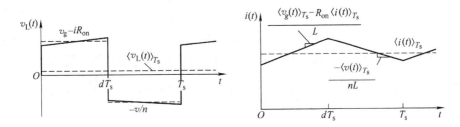

图 1-16 电感电压和电流波形

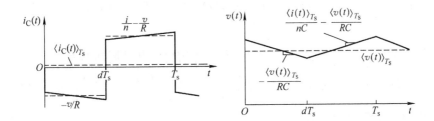

图 1-17 电容电流和电压波形

$$v_{L}(t) = v_{g}(t) - i(t)R_{on} \qquad (1-61)$$

$$i_{C}(t) = -\frac{v(t)}{R} \qquad (1-62)$$

$$i_{g}(t) = i(t) \qquad (1-63)$$

忽略电感电流、电容电压和电源电压在一个开关周期中的纹波,以上各式可表示为

$$v_{L}(t) = \langle v_{g}(t) \rangle_{T_s} - \langle i(t) \rangle_{T_s} R_{on} \qquad (1-64)$$

$$i_{C}(t) = -\frac{\langle v(t) \rangle_{T_s}}{R} \qquad (1-65)$$

$$i_{g}(t) = \langle i(t) \rangle_{T_s} \qquad (1-66)$$

由图 1-15b 阶段 2 的等效电路,可以推得方程

$$v_{L}(t) = -\frac{v(t)}{n} \qquad (1-67)$$

$$i_{C}(t) = \frac{i(t)}{n} - \frac{v(t)}{R} \qquad (1-68)$$

$$i_{g}(t) = 0 \qquad (1-69)$$

忽略电感电流、电容电压在一个开关周期中的纹波,以上各式可表示为

$$v_{L}(t) = -\frac{\langle v(t) \rangle_{T_s}}{n} \qquad (1-70)$$

$$i_C(t) = \frac{\langle i(t) \rangle_{T_s}}{n} - \frac{\langle v(t) \rangle_{T_s}}{R} \qquad (1-71)$$

$$i_g(t) = 0 \qquad (1-72)$$

合并式（1-64）和式（1-70），得到电感电压开关周期的平均值

$$\langle v_L(t) \rangle_{T_s} = d(t)(\langle v_g(t) \rangle_{T_s} - \langle i(t) \rangle_{T_s} R_{on}) + d'(t)\left(\frac{-\langle v(t) \rangle_{T_s}}{n}\right)$$

$$(1-73)$$

再由电感特性方程得到

$$L\frac{d\langle i(t) \rangle_{T_s}}{dt} = d(t)\langle v_g(t) \rangle_{T_s} - d(t)\langle i(t) \rangle_{T_s} R_{on} - d'(t)\frac{\langle v(t) \rangle_{T_s}}{n}$$

$$(1-74)$$

合并式（1-65）和式（1-71），得到电容电流开关周期的平均值

$$\langle i_C(t) \rangle_{T_s} = d(t)\left(\frac{-\langle v(t) \rangle_{T_s}}{R}\right) + d'(t)\left(\frac{\langle i(t) \rangle_{T_s}}{n} - \frac{\langle v(t) \rangle_{T_s}}{R}\right) \quad (1-75)$$

再由电容特性方程得到

$$C\frac{d\langle v(t) \rangle_{T_s}}{dt} = d'(t)\frac{\langle i(t) \rangle_{T_s}}{n} - \frac{\langle v(t) \rangle_{T_s}}{R} \qquad (1-76)$$

输入电流波形如图1-18所示。合并式（1-66）和式（1-72），得到输入电流开关周期的平均值

$$\langle i_g(t) \rangle_{T_s} = d(t)\langle i(t) \rangle_{T_s} \qquad (1-77)$$

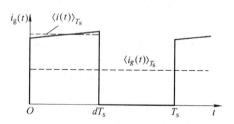

图1-18 输入电流波形

合写式（1-74）、式（1-76）、式（1-77），于是得到反激式变换器状态空间平均方程式：

$$L\frac{d\langle i(t) \rangle_{T_s}}{dt} = d(t)\langle v_g(t) \rangle_{T_s} - d(t)\langle i(t) \rangle_{T_s} R_{on} - d'(t)\frac{\langle v(t) \rangle_{T_s}}{n}$$

$$(1-78)$$

$$C \frac{\mathrm{d}\langle v(t) \rangle_{T_\mathrm{s}}}{\mathrm{d}t} = d'(t) \frac{\langle i(t) \rangle_{T_\mathrm{s}}}{n} - \frac{\langle v(t) \rangle_{T_\mathrm{s}}}{R} \qquad (1-79)$$

$$\langle i_\mathrm{g}(t) \rangle_{T_\mathrm{s}} = d(t) \langle i(t) \rangle_{T_\mathrm{s}} \qquad (1-80)$$

显然以上方程也是非线性方程。同样，采用扰动和线性化处理方法，令 $\langle v_\mathrm{g}(t) \rangle_{T_\mathrm{s}} = V_\mathrm{g} + \hat{v}_\mathrm{g}(t)$，$\langle i(t) \rangle_{T_\mathrm{s}} = I + \hat{i}(t)$，$d(t) = D + \hat{d}(t)$，$\langle v(t) \rangle_{T_\mathrm{s}} = V + \hat{v}(t)$，$\langle i_\mathrm{g}(t) \rangle_{T_\mathrm{s}} = I_\mathrm{g} + \hat{i}_\mathrm{g}(t)$，代入式（1-78），得到扰动后的电感方程

$$L \frac{\mathrm{d}[I + \hat{i}(t)]}{\mathrm{d}t} = [D + \hat{d}(t)][V_\mathrm{g} + \hat{v}_\mathrm{g}(t)]$$

$$- [D + \hat{d}(t)][I + \hat{i}(t)]R_\mathrm{on} - [D' - \hat{d}(t)]\frac{V + \hat{v}(t)}{n}$$

经整理，得到

$$L\left[\frac{\mathrm{d}I}{\mathrm{d}t} + \frac{\mathrm{d}\hat{i}(t)}{\mathrm{d}t}\right] = \underbrace{\left(DV_\mathrm{g} - D'\frac{V}{n} - DR_\mathrm{on}I\right)}_{\text{直流项}}$$

$$+ \underbrace{\left[D\hat{v}_\mathrm{g}(t) - D'\frac{\hat{v}(t)}{n} + \left(V_\mathrm{g} + \frac{V}{n} - IR_\mathrm{on}\right)\hat{d}(t) - DR_\mathrm{on}\hat{i}(t)\right]}_{\text{一阶交流项（线性）}}$$

$$+ \underbrace{\left[\hat{d}(t)\hat{v}_\mathrm{g}(t) + \hat{d}(t)\frac{\hat{v}(t)}{n} - \hat{d}(t)\hat{i}(t)R_\mathrm{on}\right]}_{\text{二阶交流项（非线性）}}$$

消去方程两边直流项，即令 $0 = DV_\mathrm{g} - D'\frac{V}{n} - DR_\mathrm{on}I$。忽略二阶小项，得到关于电感电流的小信号交流方程

$$L \frac{\mathrm{d}\hat{i}(t)}{\mathrm{d}t} = D\hat{v}_\mathrm{g}(t) - D'\frac{\hat{v}(t)}{n} + \left(V_\mathrm{g} + \frac{V}{n} - IR_\mathrm{on}\right)\hat{d}(t) - DR_\mathrm{on}\hat{i}(t)$$

$$(1-81)$$

类似地，将扰动引入式（1-79），得到扰动后的关于电容电压的状态方程

$$C \frac{\mathrm{d}[V + \hat{v}(t)]}{\mathrm{d}t} = [D' - \hat{d}(t)]\frac{I + \hat{i}(t)}{n} - \frac{V + \hat{v}(t)}{R}$$

经整理得到

$$C\left[\frac{\mathrm{d}V}{\mathrm{d}t} + \frac{\mathrm{d}\hat{v}(t)}{\mathrm{d}t}\right] = \underbrace{\left(\frac{D'I}{n} - \frac{V}{R}\right)}_{\text{直流项}} + \underbrace{\left[\frac{D'\hat{i}(t)}{n} - \frac{\hat{v}(t)}{R} - \frac{I\hat{d}(t)}{n}\right]}_{\text{一阶交流项（线性）}} - \underbrace{\frac{\hat{d}(t)\hat{i}(t)}{n}}_{\text{二阶交流项（非线性）}}$$

消去方程两边直流项，即令 $0 = \frac{D'I}{n} - \frac{V}{R}$，再忽略二阶小项，得到关于电容电压的小信号交流方程

$$C \frac{\mathrm{d}\hat{v}(t)}{\mathrm{d}t} = \frac{D'\hat{i}(t)}{n} - \frac{\hat{v}(t)}{R} - \frac{I\hat{d}(t)}{n} \qquad (1-82)$$

将扰动引入式（1-80），得到扰动后的输入电流方程

$$I_g + \hat{\imath}_g(t) = \left[D + \hat{d}(t) \right]\left[I + \hat{\imath}(t) \right]$$

整理后得到

$$\underbrace{I_g}_{\text{直流项}} + \underbrace{\hat{\imath}_g(t)}_{\text{一阶交流项}} = \underbrace{DI}_{\text{直流项}} + \underbrace{\left[D\hat{\imath}(t) + I\hat{d}(t) \right]}_{\text{一阶交流项(线性)}} + \underbrace{\hat{d}(t)\hat{\imath}(t)}_{\text{二阶交流项(非线性)}}$$

消去方程两边的直流项，即令 $I_g = DI$，再忽略二阶小项，得到

$$\hat{\imath}_g(t) = D\hat{\imath}(t) + I\hat{d}(t) \qquad (1-83)$$

通过以上推导，得到了两个方程组，分别是直流稳态工作点方程组和交流小信号方程组。直流稳态工作点方程组为

$$0 = DV_g - D'\frac{V}{n} - DR_{on}I \qquad (1-84)$$

$$0 = \frac{D'I}{n} - \frac{V}{R} \qquad (1-85)$$

$$I_g = DI \qquad (1-86)$$

交流小信号方程组为

$$L\frac{\mathrm{d}\hat{\imath}(t)}{\mathrm{d}t} = D\hat{v}_g(t) - D'\frac{\hat{v}(t)}{n} + \left(V_g + \frac{V}{n} - IR_{on} \right)\hat{d}(t) - DR_{on}\hat{\imath}(t)$$

$$(1-87)$$

$$C\frac{\mathrm{d}\hat{v}(t)}{\mathrm{d}t} = \frac{D'\hat{\imath}(t)}{n} - \frac{\hat{v}(t)}{R} - \frac{I\hat{d}(t)}{n} \qquad (1-88)$$

$$\hat{\imath}_g(t) = D\hat{\imath}(t) + I\hat{d}(t) \qquad (1-89)$$

同样也可以由交流小信号方程构造交流小信号等效电路。分别为式（1-87）~式（1-89）构造三个等效子电路，如图1-19所示。

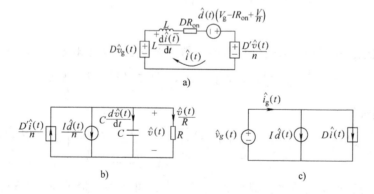

图1-19　反激式变换器的三个等效子电路

a）式（1-87）对应子电路　b）式（1-88）对应子电路　c）式（1-89）对应子电路

然后综合图1-19中的三个子电路，首先重新排列三个子电路的位置，将含电源 $\hat{v}_g(t)$ 的子电路图1-19c放置在最左边，将含输出负载电阻 R 的子电路图1

-19b 放置在最右边，然后将子电路图 1 - 19a 放置在它们的中间，如图 1 - 20 所示。用理想直流变压器代替受控源两端口网络，得到变换器小信号交流等效电路如图 1 - 21 所示。

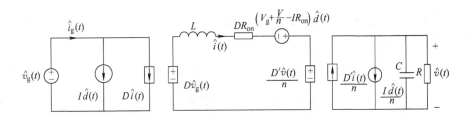

图 1 - 20　重新排列三个子电路的位置

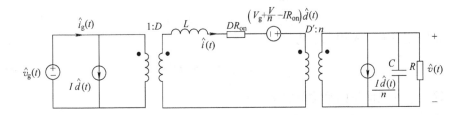

图 1 - 21　反激式变换器小信号交流等效电路

1.4　状态空间平均法

矩阵方程

$$K \frac{\mathrm{d}\boldsymbol{x}(t)}{\mathrm{d}t} = \boldsymbol{A}\boldsymbol{x}(t) + \boldsymbol{B}\boldsymbol{u}(t) \tag{1-90}$$

$$\boldsymbol{y}(t) = \boldsymbol{C}\boldsymbol{x}(t) + \boldsymbol{E}\boldsymbol{u}(t) \tag{1-91}$$

状态变量 $x(t)$ 包含电感电流、电容电压等。

$$\boldsymbol{x}(t) = \begin{bmatrix} x_1(t) \\ x_2(t) \\ \vdots \end{bmatrix}, \quad \frac{\mathrm{d}\boldsymbol{x}(t)}{\mathrm{d}t} = \begin{bmatrix} \dfrac{\mathrm{d}x_1(t)}{\mathrm{d}t} \\ \dfrac{\mathrm{d}x_2(t)}{\mathrm{d}t} \\ \vdots \end{bmatrix} \tag{1-92}$$

$u(t)$ 为输入量，通常为变换器的输入 $v_g(t)$。$\boldsymbol{y}(t)$ 为输出向量。系数矩阵 $\boldsymbol{K}$ 包含电容、电感、互感。输出变量 $y(t)$ 是输入独立电源与状态变量的线性组合。$\boldsymbol{A}$、$\boldsymbol{B}$、$\boldsymbol{C}$ 和 $\boldsymbol{E}$ 为常数矩阵。

　　电力电子电路由于存在开关器件，随着开关状态的切换，电路的拓扑相应地发生变化，总体上说是一个时变非线性电路。但在相邻两次开关状态切换中间，电路又可看作线性电路，因此，在开关状态保持期间，仍可用线性定常状态方程表示。

　　假定变换器工作在 CCM 方式，在阶段 1，开关在位置 1，如图 1 - 4 所示，描述电路的方程为

$$K\frac{\mathrm{d}\boldsymbol{x}(t)}{\mathrm{d}t} = \boldsymbol{A}_1\boldsymbol{x}(t) + \boldsymbol{B}_1\boldsymbol{u}(t) \tag{1-93}$$

$$\boldsymbol{y}(t) = \boldsymbol{C}_1\boldsymbol{x}(t) + \boldsymbol{E}_1\boldsymbol{u}(t) \tag{1-94}$$

在阶段 2，开关在位置 2，描述电路的方程为

$$K\frac{\mathrm{d}\boldsymbol{x}(t)}{\mathrm{d}t} = \boldsymbol{A}_2\boldsymbol{x}(t) + \boldsymbol{B}_2\boldsymbol{u}(t) \tag{1-95}$$

$$\boldsymbol{y}(t) = \boldsymbol{C}_2\boldsymbol{x}(t) + \boldsymbol{E}_2\boldsymbol{u}(t) \tag{1-96}$$

定义状态变量的开关周期平均值为

$$\langle\boldsymbol{x}(t)\rangle_{T_\mathrm{s}} = \frac{1}{T_\mathrm{s}}\int_t^{t+T_\mathrm{s}}\boldsymbol{x}(\tau)\mathrm{d}\tau \tag{1-97}$$

　　输入、输出向量的平均值定义同上。

　　下面推导状态空间平均方程。

　　在阶段 1，由式（1 - 93）知，$\boldsymbol{x}(t)$ 的变化率

$$\frac{\mathrm{d}\boldsymbol{x}(t)}{\mathrm{d}t} = \boldsymbol{K}^{-1}[\boldsymbol{A}_1\boldsymbol{x}(t) + \boldsymbol{B}_1\boldsymbol{u}(t)] \tag{1-98}$$

　　在阶段 1，$\boldsymbol{x}(t)$ 的变化率如图 1 - 22 所示。

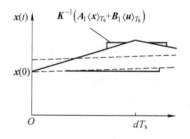

图 1 - 22　状态变量在阶段 1 的变化率

　　假定状态变量 $x(t)$ 和输入 $u(t)$ 在阶段 1 变化很小，因此，状态变量的变化率在阶段 1 可以近似为常数。将式（1 - 98）右侧用开关周期平均值近似，于是得到

$$\frac{\mathrm{d}\boldsymbol{x}(t)}{\mathrm{d}t} \approx \boldsymbol{K}^{-1}[\boldsymbol{A}_1\langle\boldsymbol{x}(t)\rangle_{T_\mathrm{s}} + \boldsymbol{B}_1\langle\boldsymbol{u}(t)\rangle_{T_\mathrm{s}}] \tag{1-99}$$

可以求出在阶段 1 末的状态变量的值为

$$\boldsymbol{x}(dT_\mathrm{s}) = \boldsymbol{x}(0) + (dT_\mathrm{s})\boldsymbol{K}^{-1}\big[\boldsymbol{A}_1\langle\boldsymbol{x}(t)\rangle_{T_\mathrm{s}} + \boldsymbol{B}_1\langle\boldsymbol{u}(t)\rangle_{T_\mathrm{s}}\big] \qquad (1-100)$$

在阶段 2，状态变量的变化率也可近似为

$$\frac{\mathrm{d}\boldsymbol{x}(t)}{\mathrm{d}t} \approx \boldsymbol{K}^{-1}\big[\boldsymbol{A}_2\langle\boldsymbol{x}(t)\rangle_{T_\mathrm{s}} + \boldsymbol{B}_2\langle\boldsymbol{u}(t)\rangle_{T_\mathrm{s}}\big] \qquad (1-101)$$

阶段 2 末，状态变量的值为

$$\boldsymbol{x}(T_\mathrm{s}) = \boldsymbol{x}(dT_\mathrm{s}) + (\boldsymbol{d}'T_\mathrm{s})\boldsymbol{K}^{-1}\big[\boldsymbol{A}_2\langle\boldsymbol{x}(t)\rangle_{T_\mathrm{s}} + \boldsymbol{B}_2\langle\boldsymbol{u}(t)\rangle_{T_\mathrm{s}}\big] \qquad (1-102)$$

将式 (1-100) 代入式 (1-102)，消去 $\boldsymbol{x}$ (dT_s)，得到

$$\begin{aligned}\boldsymbol{x}(T_\mathrm{s}) = {} & \boldsymbol{x}(0) + dT_\mathrm{s}\boldsymbol{K}^{-1}\big[\boldsymbol{A}_1\langle\boldsymbol{x}(t)\rangle_{T_\mathrm{s}} + \boldsymbol{B}_1\langle\boldsymbol{u}(t)\rangle_{T_\mathrm{s}}\big] \\ & + d'T_\mathrm{s}\boldsymbol{K}^{-1}\big[\boldsymbol{A}_2\langle\boldsymbol{x}(t)\rangle_{T_\mathrm{s}} + \boldsymbol{B}_2\langle\boldsymbol{u}(t)\rangle_{T_\mathrm{s}}\big] \end{aligned} \qquad (1-103)$$

经整理

$$\begin{aligned}\boldsymbol{x}(T_\mathrm{s}) = {} & \boldsymbol{x}(0) + T_\mathrm{s}\boldsymbol{K}^{-1}\big[d(t)\boldsymbol{A}_1 + d'(t)\boldsymbol{A}_2\big]\langle\boldsymbol{x}(t)\rangle_{T_\mathrm{s}} \\ & + T_\mathrm{s}\boldsymbol{K}^{-1}\big[d(t)\boldsymbol{B}_1 + d'(t)\boldsymbol{B}_2\big]\langle\boldsymbol{u}(t)\rangle_{T_\mathrm{s}} \end{aligned} \qquad (1-104)$$

再运用欧拉公式

$$\frac{\mathrm{d}\langle\boldsymbol{x}(t)\rangle_{T_\mathrm{s}}}{\mathrm{d}t} = \frac{\boldsymbol{x}(T_\mathrm{s}) - \boldsymbol{x}(0)}{T_\mathrm{s}} \qquad (1-105)$$

得到

$$\begin{aligned}\boldsymbol{K}\frac{\mathrm{d}\langle\boldsymbol{x}(t)\rangle_{T_\mathrm{s}}}{\mathrm{d}t} = {} & \big[d(t)\boldsymbol{A}_1 + d'(t)\boldsymbol{A}_2\big]\langle\boldsymbol{x}(t)\rangle_{T_\mathrm{s}} \\ & + \big[d(t)\boldsymbol{B}_1 + d'(t)\boldsymbol{B}_2\big]\langle\boldsymbol{u}(t)\rangle_{T_\mathrm{s}} \end{aligned} \qquad (1-106)$$

图 1-23 给出在一个开关周期中，$\boldsymbol{x}$ (t) 在阶段 1 的变化率、阶段 2 的变化率与一个开关周期的净变化率之间的关系。

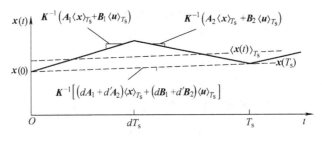

图 1-23　状态变量变化的直线近似

对图 1-24 中的 $y(t)$ 求一个开关周期平均，结合式 (1-94) 和式(1-96)

$$\begin{aligned}\langle\boldsymbol{y}(t)\rangle_{T_\mathrm{s}} = {} & d(t)\big[\boldsymbol{C}_1\langle\boldsymbol{x}(t)\rangle_{T_\mathrm{s}} + \boldsymbol{E}_1\langle\boldsymbol{u}(t)\rangle_{T_\mathrm{s}}\big] \\ & + d'(t)\big[\boldsymbol{C}_2\langle\boldsymbol{x}(t)\rangle_{T_\mathrm{s}} + \boldsymbol{E}_2\langle\boldsymbol{u}(t)\rangle_{T_\mathrm{s}}\big] \end{aligned} \qquad (1-107)$$

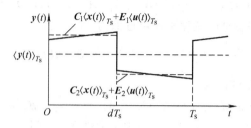

图 1 - 24　输出量的波形

经整理

$$\langle \boldsymbol{y}(t) \rangle_{T_{\mathrm{s}}} = [d(t)\boldsymbol{C}_1 + d'(t)\boldsymbol{C}_2]\langle \boldsymbol{x}(t) \rangle_{T_{\mathrm{s}}} + [d(t)\boldsymbol{E}_1 + d'(t)\boldsymbol{E}_2]\langle \boldsymbol{u}(t) \rangle_{T_{\mathrm{s}}}$$

$$(1-108)$$

合写式（1-106）和式（1-108），得到状态空间平均方程

$$\begin{cases} \boldsymbol{K}\dfrac{\mathrm{d}\langle \boldsymbol{x}(t) \rangle_{T_{\mathrm{s}}}}{\mathrm{d}t} = [d(t)\boldsymbol{A}_1 + d'(t)\boldsymbol{A}_2]\langle \boldsymbol{x}(t) \rangle_{T_{\mathrm{s}}} + [d(t)\boldsymbol{B}_1 + d'(t)\boldsymbol{B}_2]\langle \boldsymbol{u}(t) \rangle_{T_{\mathrm{s}}} \\ \langle \boldsymbol{y}(t) \rangle_{T_{\mathrm{s}}} = [d(t)\boldsymbol{C}_1 + d'(t)\boldsymbol{C}_2]\langle \boldsymbol{x}(t) \rangle_{T_{\mathrm{s}}} + [d(t)\boldsymbol{E}_1 + d'(t)\boldsymbol{E}_2]\langle \boldsymbol{u}(t) \rangle_{T_{\mathrm{s}}} \end{cases}$$

$$(1-109)$$

令 $\langle \boldsymbol{x}(t) \rangle_{T_{\mathrm{s}}}$ 的导数为零，得到静态工作点方程如下：

$$\boldsymbol{0} = \boldsymbol{AX} + \boldsymbol{BU} \qquad (1-110)$$

$$\boldsymbol{Y} = \boldsymbol{CX} + \boldsymbol{EU} \qquad (1-111)$$

式中

$$\boldsymbol{A} = D\boldsymbol{A}_1 + D'\boldsymbol{A}_2$$

$$\boldsymbol{B} = D\boldsymbol{B}_1 + D'\boldsymbol{B}_2$$

$$\boldsymbol{C} = D\boldsymbol{C}_1 + D'\boldsymbol{C}_2$$

$$\boldsymbol{E} = D\boldsymbol{E}_1 + D'\boldsymbol{E}_2$$

$\boldsymbol{X}$、$\boldsymbol{U}$、$\boldsymbol{Y}$ 为静态工作点的矢量。

通过解静态工作点方程式（1-110）和式（1-111）得到

$$\boldsymbol{X} = -\boldsymbol{A}^{-1}\boldsymbol{BU} \qquad (1-112)$$

$$\boldsymbol{Y} = (-\boldsymbol{CA}^{-1}\boldsymbol{B} + \boldsymbol{E})\boldsymbol{U} \qquad (1-113)$$

上述状态空间平均方程式（1-109）为非线性方程，仍需要用扰动法求解小信号线性动态模型。对状态矢量 $\langle \boldsymbol{x}(t) \rangle_{T_{\mathrm{s}}}$、输入矢量 $\langle \boldsymbol{u}(t) \rangle_{T_{\mathrm{s}}}$、输出矢量 $\langle \boldsymbol{y}(t) \rangle_{T_{\mathrm{s}}}$、占空比 $d(t)$ 均引入扰动，即令

$$\langle \boldsymbol{x}(t) \rangle_{T_{\mathrm{s}}} = \boldsymbol{X} + \hat{\boldsymbol{x}}(t)$$

$$\langle \boldsymbol{u}(t) \rangle_{T_{\mathrm{s}}} = \boldsymbol{U} + \hat{\boldsymbol{u}}(t)$$

$$\langle y(t) \rangle_{T_s} = Y + \hat{y}(t)$$

$$d(t) = D + \hat{d}(t)$$

式中　　　　　　　　　　　$\| U \| \gg \| \hat{u}(t) \|$

$$D \gg | \hat{d}(t) |$$

$$\| X \| \gg \| \hat{x}(t) \|$$

$$\| Y \| \gg \| \hat{y}(t) \|$$

代入状态空间平均方程式（1 - 109），得到

$$\begin{cases} K \dfrac{\mathrm{d}[X + \hat{x}(t)]}{\mathrm{d}t} = \{[D + \hat{d}(t)]A_1 + [D' - \hat{d}(t)]A_2\}[X + \hat{x}(t)] \\ \qquad\qquad + \{[D + \hat{d}(t)]B_1 + [D' - \hat{d}(t)]B_2\}[U + \hat{u}(t)] \\ Y + \hat{y}(t) = \{[D + \hat{d}(t)]C_1 + [D' - \hat{d}(t)]C_2\}[X + \hat{x}(t)] \\ \qquad\qquad + \{[D + \hat{d}(t)]E_1 + [D' - \hat{d}(t)]E_2\}[U + \hat{u}(t)] \end{cases} \quad (1-114)$$

经整理得到

$$\begin{cases} K \dfrac{\mathrm{d}\hat{x}(t)}{\mathrm{d}t} = (AX + BU) + A\hat{x}(t) + B\hat{u}(t) + [(A_1 - A_2)X + (B_1 - B_2)U]\hat{d}(t) \\ \qquad\qquad + (A_1 - A_2)\hat{x}(t)\hat{d}(t) + (B_1 - B_2)\hat{u}(t)\hat{d}(t) \\ Y + \hat{y}(t) = (CX + EU) + C\hat{x}(t) + E\hat{u}(t) + [(C_1 - C_2)X \\ \qquad\qquad + (E_1 - E_2)U]\hat{d}(t) + (C_1 - C_2)\hat{x}(t)\hat{d}(t) + (E_1 - E_2)\hat{u}(t)\hat{d}(t) \end{cases}$$

$$(1-115)$$

忽略二阶交流小项，代入静态工作点方程 $0 = AX + BU$ 和 $Y = CX + EU$，得到小信号交流模型

$$\begin{cases} K \dfrac{\mathrm{d}\hat{x}(t)}{\mathrm{d}t} = A\hat{x}(t) + B\hat{u}(t) + [(A_1 - A_2)X + (B_1 - B_2)U]\hat{d}(t) \\ \hat{y}(t) = C\hat{x}(t) + E\hat{u}(t) + [(C_1 - C_2)X + (E_1 - E_2)U]\hat{d}(t) \end{cases} \quad (1-116)$$

下面将应用状态空间平均法求解 Buck - Boost 变换器的动态模型。

如图 1 - 25 所示，设 MOSFET 导通电阻为 R_{on}，二极管正向压降为 V_D。设

状态变量　　　　　　　　　　$x(t) = \begin{bmatrix} i(t) \\ v(t) \end{bmatrix}$

输入矢量　　　　　　　　　　$u(t) = \begin{bmatrix} v_{\mathrm{g}}(t) \\ V_D \end{bmatrix}$

输出矢量　　　　　　　　　　$y(t) = [i_{\mathrm{g}}(t)]$

在阶段 1，MOSFET 导通，等效电路如图 1 - 26 所示，可得到如下状态方程：

$$L \frac{\mathrm{d}i(t)}{\mathrm{d}t} = v_{\mathrm{g}}(t) - i(t)R_{\mathrm{on}} \quad (1-117)$$

$$C \frac{\mathrm{d}v(t)}{\mathrm{d}t} = -\frac{v(t)}{R} \qquad (1-118)$$

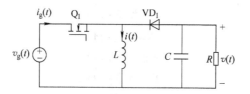

图 1 - 25　Buck - Boost 变换器

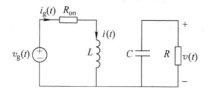

图 1 - 26　Buck - Boost 变换器在阶段 1 的等效电路

$$i_{\mathrm{g}}(t) = i(t) \qquad (1-119)$$

将上述方程写成矩阵形式

$$\begin{bmatrix} L & 0 \\ 0 & C \end{bmatrix} \frac{\mathrm{d}}{\mathrm{d}t} \begin{bmatrix} i(t) \\ v(t) \end{bmatrix} = \begin{bmatrix} -R_{\mathrm{on}} & 0 \\ 0 & -\frac{1}{R} \end{bmatrix} \begin{bmatrix} i(t) \\ v(t) \end{bmatrix} + \begin{bmatrix} 1 & 0 \\ 0 & 0 \end{bmatrix} \begin{bmatrix} v_{\mathrm{g}}(t) \\ V_{\mathrm{D}} \end{bmatrix} \qquad (1-120)$$

$$\begin{bmatrix} i_{\mathrm{g}}(t) \end{bmatrix} = \begin{bmatrix} 1 & 0 \end{bmatrix} \begin{bmatrix} i(t) \\ v(t) \end{bmatrix} + \begin{bmatrix} 0 & 0 \end{bmatrix} \begin{bmatrix} v_{\mathrm{g}}(t) \\ V_{\mathrm{D}} \end{bmatrix} \qquad (1-121)$$

在阶段 2，MOSFET 关断，等效电路如图 1 - 27 所示，可得到如下状态方程：

$$L \frac{\mathrm{d}i(t)}{\mathrm{d}t} = v(t) - V_{\mathrm{D}} \qquad (1-122)$$

$$C \frac{\mathrm{d}v(t)}{\mathrm{d}t} = -\frac{v(t)}{R} - i(t) \qquad (1-123)$$

$$i_{\mathrm{g}}(t) = 0 \qquad (1-124)$$

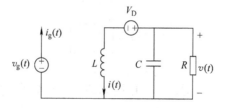

图 1 - 27　Buck - Boost 变换器在阶段 2 的等效电路

也将上述方程写成矩阵形式

$$\begin{bmatrix} L & 0 \\ 0 & C \end{bmatrix} \frac{\mathrm{d}}{\mathrm{d}t} \begin{bmatrix} i(t) \\ v(t) \end{bmatrix} = \begin{bmatrix} 0 & 1 \\ -1 & -\dfrac{1}{R} \end{bmatrix} \begin{bmatrix} i(t) \\ v(t) \end{bmatrix} + \begin{bmatrix} 0 & -1 \\ 0 & 0 \end{bmatrix} \begin{bmatrix} v_{\mathrm{g}}(t) \\ V_{\mathrm{D}} \end{bmatrix} \quad (1-125)$$

$$[i_{\mathrm{g}}(t)] = [0 \quad 0] \begin{bmatrix} i(t) \\ v(t) \end{bmatrix} + [0 \quad 0] \begin{bmatrix} v_{\mathrm{g}}(t) \\ V_{\mathrm{D}} \end{bmatrix} \quad (1-126)$$

求状态平均系数矩阵

$$\boldsymbol{A} = D\boldsymbol{A}_1 + D'\boldsymbol{A}_2 = D \begin{bmatrix} -R_{\mathrm{on}} & 0 \\ 0 & -\dfrac{1}{R} \end{bmatrix} + D' \begin{bmatrix} 0 & 1 \\ -1 & -\dfrac{1}{R} \end{bmatrix} = \begin{bmatrix} -DR_{\mathrm{on}} & D' \\ -D' & -\dfrac{1}{R} \end{bmatrix}$$

$$\boldsymbol{B} = D\boldsymbol{B}_1 + D'\boldsymbol{B}_2 = \begin{bmatrix} D & -D' \\ 0 & 0 \end{bmatrix}$$

$$\boldsymbol{C} = D\boldsymbol{C}_1 + D'\boldsymbol{C}_2 = [D \quad 0]$$

$$\boldsymbol{E} = D\boldsymbol{E}_1 + D'\boldsymbol{E}_2 = [0 \quad 0]$$

代入静态工作点状态方程 $0 = \boldsymbol{AX} + \boldsymbol{BU}$，得到

$$\begin{bmatrix} 0 \\ 0 \end{bmatrix} = \begin{bmatrix} -DR_{\mathrm{on}} & D' \\ -D' & -\dfrac{1}{R} \end{bmatrix} \begin{bmatrix} I \\ V \end{bmatrix} + \begin{bmatrix} D & -D' \\ 0 & 0 \end{bmatrix} \begin{bmatrix} V_{\mathrm{g}} \\ V_{\mathrm{D}} \end{bmatrix} \quad (1-127)$$

代入静态工作点输出方程 $\boldsymbol{Y} = \boldsymbol{CX} + \boldsymbol{EU}$，得到

$$[I_{\mathrm{g}}] = [D \quad 0] \begin{bmatrix} I \\ V \end{bmatrix} + [0 \quad 0] \begin{bmatrix} V_{\mathrm{g}} \\ V_{\mathrm{D}} \end{bmatrix} \quad (1-128)$$

由式 (1-127)，解得静态工作点

$$\begin{bmatrix} I \\ V \end{bmatrix} = \left(\frac{1}{1 + \dfrac{D}{D'^2} \dfrac{R_{\mathrm{on}}}{R}} \right) \begin{bmatrix} \dfrac{D}{D'^2 R} & \dfrac{1}{D'R} \\ -\dfrac{D}{D'} & 1 \end{bmatrix} \begin{bmatrix} V_{\mathrm{g}} \\ V_{\mathrm{D}} \end{bmatrix} \quad (1-129)$$

上式代入式 (1-128)，化简

$$[I_{\mathrm{g}}] = \left(\frac{1}{1 + \dfrac{D}{D'^2} \dfrac{R_{\mathrm{on}}}{R}} \right) \begin{bmatrix} \dfrac{D^2}{D'^2 R} & \dfrac{D}{D'R} \end{bmatrix} \begin{bmatrix} V_{\mathrm{g}} \\ V_{\mathrm{D}} \end{bmatrix} \quad (1-130)$$

计算小信号模型中系数矩阵

$$(\boldsymbol{A}_1 - \boldsymbol{A}_2)\boldsymbol{X} + (\boldsymbol{B}_1 - \boldsymbol{B}_2)\boldsymbol{U} = \begin{bmatrix} -V \\ I \end{bmatrix} + \begin{bmatrix} V_{\mathrm{g}} - IR_{\mathrm{on}} + V_{\mathrm{D}} \\ 0 \end{bmatrix} = \begin{bmatrix} V_{\mathrm{g}} - V - IR_{\mathrm{on}} + V_{\mathrm{D}} \\ I \end{bmatrix}$$

$$(1-131)$$

$$(\boldsymbol{C}_1 - \boldsymbol{C}_2)\boldsymbol{X} + (\boldsymbol{E}_1 - \boldsymbol{E}_2)\boldsymbol{U} = [I] \quad (1-132)$$

得小信号交流状态方程

$$\begin{bmatrix} L & 0 \\ 0 & C \end{bmatrix} \frac{\mathrm{d}}{\mathrm{d}t} \begin{bmatrix} \hat{i}(t) \\ \hat{v}(t) \end{bmatrix} = \begin{bmatrix} -DR_{\mathrm{on}} & D' \\ -D' & -\frac{1}{R} \end{bmatrix} \begin{bmatrix} \hat{i}(t) \\ \hat{v}(t) \end{bmatrix} + \begin{bmatrix} D & -D' \\ 0 & 0 \end{bmatrix}$$

$$\cdot \begin{bmatrix} \hat{v}_{\mathrm{g}}(t) \\ \hat{v}_{\mathrm{D}}(t) \end{bmatrix} + \begin{bmatrix} V_{\mathrm{g}} - V - IR_{\mathrm{on}} + V_{\mathrm{D}} \\ I \end{bmatrix} \hat{d}(t) \qquad (1-133)$$

$$[\hat{i}_{\mathrm{g}}(t)] = [D \quad 0] \begin{bmatrix} \hat{i}(t) \\ \hat{v}(t) \end{bmatrix} + [0 \quad 0] \begin{bmatrix} \hat{v}_{\mathrm{g}}(t) \\ \hat{v}_{\mathrm{D}}(t) \end{bmatrix} + [I] \hat{d}(t) \qquad (1-134)$$

改写成标量形式的状态方程

$$L \frac{\mathrm{d}\hat{i}(t)}{\mathrm{d}t} = D'\hat{v}(t) - DR_{\mathrm{on}}\hat{i}(t) + D\hat{v}_{\mathrm{g}}(t) + (V_{\mathrm{g}} - V - IR_{\mathrm{on}} + V_{\mathrm{D}})\hat{d}(t)$$

$$(1-135)$$

$$C \frac{\mathrm{d}\hat{v}(t)}{\mathrm{d}t} = -D'\hat{i}(t) - \frac{\hat{v}(t)}{R} + I\hat{d}(t) \qquad (1-136)$$

$$\hat{i}_{\mathrm{g}}(t) = D\hat{i}(t) + I\hat{d}(t) \qquad (1-137)$$

这里假定 $\hat{v}_{\mathrm{D}}(t) = 0$。

　　首先为以上三个方程分别画出三个等效子电路，如图 1-28 所示。将三个等效子电路组装在一起，用变压器代替受控源，即可得到 Buck-Boost 变换器小信号交流模型，如图 1-29 所示。

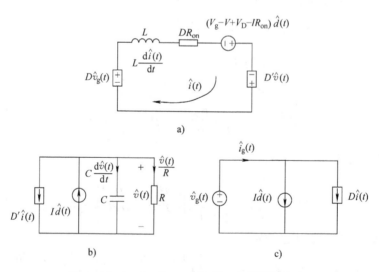

图 1-28　Buck-Boost 变换器三个等效子电路

a) 电感方程　b) 电容方程　c) 输入方程

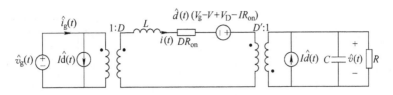

图 1 - 29　Buck - Boost 变换器小信号交流模型

1.5　平均开关模型

基于数学方法的状态空间平均方法计算复杂，而且不直观。如果能通过电路变换，求得小信号交流模型，将更直观，使用更方便，这就是平均开关模型方法的出发点。平均开关模型不仅可应用于 PWM DC/DC 变换器，也可应用于谐振变换器、三相 PWM 变换器。

任一 DC/DC 变换器可分割成两个子电路，一个子电路为定常线性子电路，另一个为开关网络，如图 1 - 30 所示。定常线性子电路无需进行处理，关键是如何通过电路变换将非线性的开关网络子电路变换成线性定常电路。

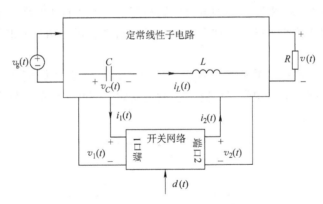

图 1 - 30　变换器分割成定常线性子电路和开关网络

下面以 Boost 变换器为例加以介绍。图 1 - 31 给出 Boost 变换器电路和它的开关网络子电路。开关网络子电路可用两端口网络表示，端口变量为 $v_1(t)$、$i_1(t)$、$v_2(t)$ 和 $i_2(t)$。

在 Boost 变换器中，端口变量 $i_1(t)$ 和 $v_2(t)$ 刚好分别为电感电流和电容电压，这里将它们定义为开关网络的输入变量。$v_1(t)$ 和 $i_2(t)$ 为开关网络的输出变量。用受控源等效开关网络子电路，如图 1 - 32 所示。

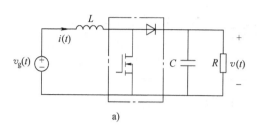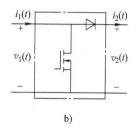

图 1-31　Boost 变换器与开关网络

a）Boost 变换器　b）开关网络

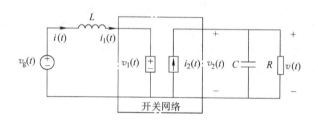

图 1-32　受控源代替开关网络

为保证图 1-32 中受控源两端口网络与图 1-31 中的开关网络完全等效，受控源两端口网络的两个端口的波形必须与开关网络的两个端口波形相同，如图 1-33 所示。

应用开关周期平均的概念，对图 1-30 中的各电量作周期平均得到图 1-34。作开关周期平均，定常子电路不会发生变化，但开关网络会发生变化。

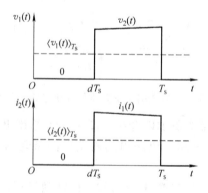

图 1-33　受控源的两端口网络两个端口的波形

现在仍以 Boost 电路为例。图 1-32 中的二端口网络作开关周期平均运算之后，受控电压源 $v_1(t)$ 的开关周期平均值为

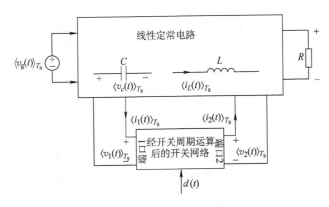

图 1 - 34　分别对线性定常网络和开关网络求平均

$$\langle v_1(t)\rangle_{T_s} \approx d'(t)\langle v_2(t)\rangle_{T_s} \tag{1 - 138}$$

上式根据图 1 - 33 中 $v_1(t)$ 的波形求得。

受控电流源 $i_2(t)$ 的开关周期平均值为

$$\langle i_2(t)\rangle_{T_s} \approx d'(t)\langle i_1(t)\rangle_{T_s} \tag{1 - 139}$$

图 1 - 35 为经开关周期平均变换后 Boost 变换器的等效电路,它仍是一个非线性电路,为求出小信号交流模型,同样需应用扰动法。

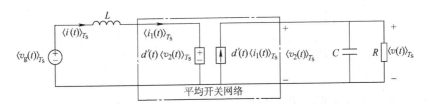

图 1 - 35　经开关周期平均变换后的 Boost 变换器

对电路作小信号扰动,即令

$$\langle v_g(t)\rangle_{T_s} = V_g + \hat{v}_g(t)$$

$$d(t) = D + \hat{d}(t) \Rightarrow d'(t) = D' - \hat{d}(t)$$

$$\langle i(t)\rangle_{T_s} = \langle i_1(t)\rangle_{T_s} = I + \hat{i}(t)$$

$$\langle v(t)\rangle_{T_s} = \langle v_2(t)\rangle_{T_s} = V + \hat{v}(t)$$

$$\langle v_1(t)\rangle_{T_s} = V_1 + \hat{v}_1(t)$$

$$\langle i_2(t)\rangle_{T_s} = I_2 + \hat{i}_2(t)$$

将扰动引入电路,得到作小信号扰动后的电路,如图 1 - 36 所示。

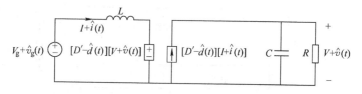

图 1 - 36　　电路作小信号扰动

受控电压源的电压：$\left[\ D' - \hat{d}(t)\ \right]\left[\ V + \hat{v}(t)\ \right] = D'\left[\ V + \hat{v}(t)\ \right] - V\hat{d}(t) - \hat{v}(t)\hat{d}(t)$，若略去二阶交流项，可得到经线性化处理后的受控电压源如图 1 - 37 所示。同样，受控电流源的电流

$$\left[\ D' - \hat{d}(t)\ \right]\left[\ I + \hat{i}(t)\ \right] = D'\left[\ I + \hat{i}(t)\ \right] - I\hat{d}(t) - \hat{i}(t)\hat{d}(t)$$

若略去二阶交流项，可得到经线性化处理后的受控电流源如图 1 - 38 所示。将图 1 - 37 和图 1 - 38 分别替代图 1 - 36 受控电压源和受控电流源，得到 Boost 变换器线性小信号等效电路如图 1 - 39a 所示，再用变压器代替受控源得到图 1 - 39b。

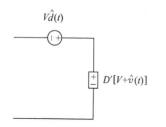

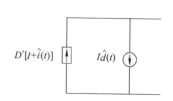

图 1 - 37　线性化处理后受控电压源　　　　图 1 - 38　线性化处理后受控电流源

将开关网络等效为受控电压源和电流源，通过将变换器的各波形用一个开关周期的平均值代替，消去了开关频率分量及其谐波分量的贡献。最后通过扰动和线性化处理，得到小信号等效电路，显然获得小信号等效电路是一个定常的线性电路。整个推导过程基本通过电路的变换来完成。

从上面的小信号等效电路推导过程发现，通过电路平均、扰动和线性化处理后，开关网络等效成有理想变压器、线性电压源和线性电流源组成的两端口网络，如图 1 - 40 所示。

图 1 - 41 为 Buck 变换器的开关网络，也可用二端口网络来描述。为获得平均开关模型，将其中两个端口电量，如 $\langle v_2 \rangle_{T_s}$ 和 $\langle i_1 \rangle_{T_s}$ 表示成 $\langle v_1 \rangle_{T_s}$、$\langle i_2 \rangle_{T_s}$、占空比 d 的函数。

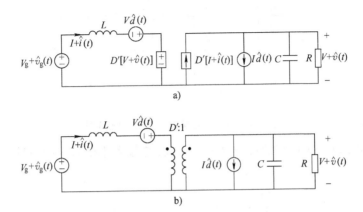

图 1-39　用开关平均模型导出的 Boost 变换器小信号等效电路

a) 受控源表示的小信号等效电路　b) 用理想变压器表示的小信号等效电路

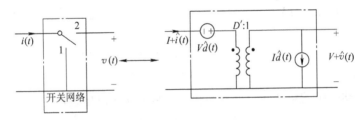

图 1-40　开关网络等效成理想变压器与电源组成的网络

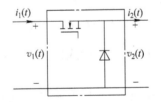

图 1-41　Buck 变换器开关网络

$$\langle i_1(t) \rangle_{T_s} = d(t) \langle i_2(t) \rangle_{T_s} \tag{1-140}$$

$$\langle v_2(t) \rangle_{T_s} = d(t) \langle v_1(t) \rangle_{T_s} \tag{1-141}$$

作小信号扰动，忽略二阶交流项，线性化处理后，类似地可推得 Buck 变换器等效小信号交流模型，如图 1-42 所示。

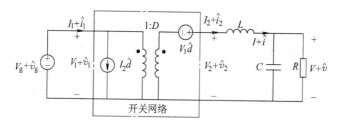

图 1 - 42　Buck 变换器小信号交流模型

例：用平均开关网络法推导 Buck - Boost 变换器小信号等效电路，如图 1 - 43 所示。

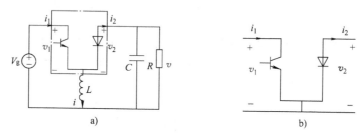

图 1 - 43　Buck - Boost 变换器及开关网络
a）Buck - Boost 变换器　b）开关网络

首先，将开关网络的端口变量用状态变量或输入电压表示。

$$\langle i_1 \rangle_{T_s} = d(t)\langle i \rangle_{T_s}$$

$$\langle i_2 \rangle_{T_s} = -d'(t)\langle i \rangle_{T_s}$$

$$\langle v_1 \rangle_{T_s} = d'(t)(\langle v_g \rangle_{T_s} - \langle v \rangle_{T_s})$$

$$\langle v_2 \rangle_{T_s} = d(t)(\langle v \rangle_{T_s} - \langle v_g \rangle_{T_s})$$

分别用 i_1 和 v_2 表示 i_2 和 v_1，由以上四式推得受控电流源：$\langle i_2 \rangle_{T_s} = -\dfrac{d'}{d}\langle i_1 \rangle_{T_s}$，受控电压源：$\langle v_1 \rangle_{T_s} = -\dfrac{d'}{d}\langle v_2 \rangle_{T_s}$。用受控电流源和受控电压源替代开关网络后的等效电路如图 1 - 44 所示。

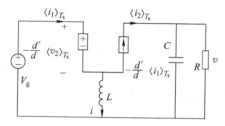

图 1 - 44　Buck - Boost 变换器的等效电路

对受控电流源:$\langle i_2 \rangle_{T_s} = -\dfrac{d'}{d}\langle i_1 \rangle_{T_s}$ 关于 $\langle i_1 \rangle_{T_s}$ 和 d 求微分得到小信号线性化受

控电流源:$\hat{i}_2 = \dfrac{I_1}{D^2}\hat{d} - \dfrac{D'}{D}\hat{i}_1$。由 Buck-Boost 变换器静态工作点关系式 $I_1 = -\dfrac{D}{D'}I_2$,小

信号线性化受控电流源可化简为:$\hat{i}_2 = -\dfrac{D}{D'}\dfrac{I_2}{D^2}\hat{d} - \dfrac{D'}{D}\hat{i}_1 = -\dfrac{I_2}{DD'}\hat{d} - \dfrac{D'}{D}\hat{i}_1$。

同样,对受控电压源:$\langle v_1 \rangle_{T_s} = -\dfrac{d'}{d}\langle v_2 \rangle_{T_s}$ 关于 $\langle v_2 \rangle_{T_s}$ 和 d 求微分得到小信

号线性化受控电压源:$\hat{v}_1 = \dfrac{V_2}{D^2}\hat{d} - \dfrac{D'}{D}\hat{v}_2$。由 Buck-Boost 变换器静态工作点关系式

$V_2 = -\dfrac{D}{D'}V_1$,小信号线性化受控电压源可化简为:$\hat{v}_1 = -\dfrac{V_1}{DD'}\hat{d} - \dfrac{D'}{D}\hat{v}_2$。

画出 Buck-Boost 变换器开关网络的小信号交流模型,如图 1-45 所示。

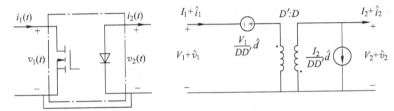

图 1-45 Buck-Boost 变换器开关网络的小信号交流平均开关模型

基本 DC/DC 变换器开关网络的小信号交流平均开关模型汇总在图 1-46 中。

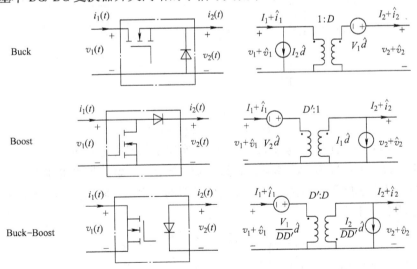

图 1-46 基本变换器开关网络的小信号交流平均开关模型

1.6　统一电路模型

　　用不同方法推出的小信号交流模型的形式可能不同，另外，推导过程比较复杂，为使用方便，前人通过总结，表明基本 DC/DC 变换器的小信号交流模型可以统一成一种标准形式，称为统一电路模型，如图 1-47 所示。有了统一电路模型适用于基本 DC/DC 变换器拓扑，只需代入某一变换器的参数即可得到小信号交流等效电路，因此使用十分便利。

　　由以上统一模型可以方便地求出输入至输出的传递函数

$$G_{vg}(s)\mid_{d(s)=0} = \frac{\hat{v}(s)}{\hat{v}_g(s)} = M(D)H_e(s) \tag{1-142}$$

式中，$M(D)$ 为基本 DC/DC 变换器输入输出电压传输比；$H_e(s)$ 为统一电路模型中等效低通滤波器的传递函数，$H_e(s) = \dfrac{v(s)}{v_t(s)}$。

求出控制至输出的传递函数

$$G_{vd}(s)\mid_{v_g(s)=0} = \frac{\hat{v}(s)}{\hat{d}(s)} = e(s)M(D)H_e(s) \tag{1-143}$$

式中，$e(s)$ 为统一电路模型中受控电压源 $e(s)\hat{d}(s)$ 的系数，如图 1-47 所示。

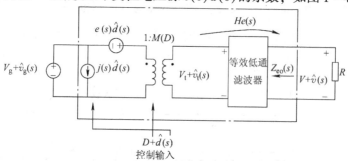

图 1-47　统一电路模型

　　图 1-48 是前面推导的 Buck-Boost 变换器小信号交流模型，它与统一电路模型不一致。下面以 Buck-Boost 变换器为例介绍统一电路模型的推导方法。电路变换的基本思路是：将独立电源移至变压器的一次侧，将电感移至输出侧，最后组合两个变压器。

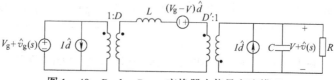

图 1-48　Buck-Boost 变换器小信号交流模型

　　将电压源移至 1 : D 变压器的一次侧，将电流源移至 D' : 1 变压器的一次侧，得到图 1 – 49a。

　　切开电流源的接地端，连接至 A，然后在 A 点与地之间安装同样的电流源，由于各节点的方程式相同，因此电路等效，如图 1 – 49b 所示。

　　根据戴维南定理，电流源与电感并联可等效为电压源与电感串联，如图 1 – 49c 所示。

　　将电流源移至 1 : D 变压器的一次侧。并对刚移至 1 : D 变压器一次侧的电流源作前面类似的变换，如图 1 – 49d 所示。

　　将两个变压器中间的电压源移至 1 : D 变压器的左边，电感移至 D' : 1 变压器的右边。再将两个变压器组合成一个变压器，见图 1 – 49e。这里等效低通滤波器的传递函数为 $H_e(s) = \dfrac{1}{L_e C s^2 + s \dfrac{L_e}{R} + 1}$，其中 $L_e = \dfrac{L}{D'^2}$ 为有效电感。

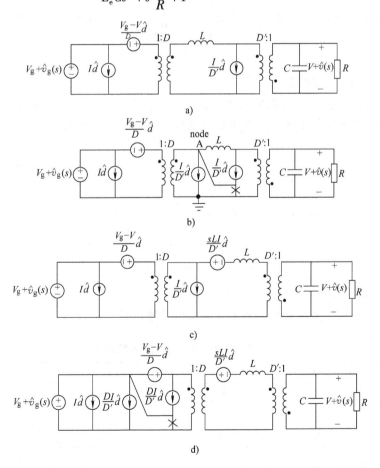

图 1 – 49　统一电路模型形式的 Buck – Boost 变换器小信号交流模型的变换过程

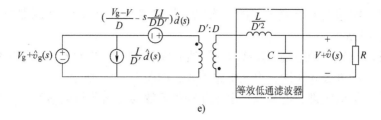

图 1 - 49　统一电路模型形式的 Buck - Boost 变换器小信号交流模型的变换过程（续）

定义电压源的系数

$$e(s) = \frac{V_g - V}{D} - \frac{sLI}{DD'} \qquad (1 - 144)$$

式中，I 为电感电流直流平均值。

根据 Buck - Boost 电路直流关系 $\begin{cases} -(1-D)I = \dfrac{V}{R} \\ V = -\dfrac{D}{D'}V_g \end{cases}$，消去上式中的 I、V_g，得

到 $e(s) = -\dfrac{V}{D^2}\left(1 - \dfrac{sDL}{D'^2 R}\right)$。

可见电压源函数 $e(s)$ 与频率有关。这样就完成了如图 1 - 48 的 Buck - Boost 变换器的小信号系统模型到统一模型形式的转换，如图 1 - 50 所示。

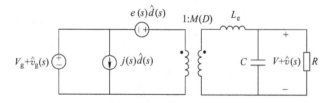

图 1 - 50　统一电路模型

基本 DC/DC 变换器统一电路模型参数见表 1 - 1，由统一模型可以方便地推导出输入至输出的传递函数和控制至输出的传递函数，见表 1 - 2。

表 1 - 1　基本 DC/DC 变换器统一电路模型参数

Converter	$M(D)$	$e(s)$	$j(s)$	L_e	C_e
Buck	D	$\dfrac{V}{D^2}$	$\dfrac{V}{R}$	L	C
Boost	$\dfrac{1}{D'}$	$V\left(1 - \dfrac{sL}{D'^2 R}\right)$	$\dfrac{V}{D'^2 R}$	$\dfrac{L}{D'^2}$	C

（续）

Converter	$M(D)$	$e(s)$	$j(s)$	L_e	C_e
Buck – Boost	$-\dfrac{D}{D'}$	$-\dfrac{V}{D^2}\left(1-\dfrac{sDL}{D'^2R}\right)$	$-\dfrac{V}{D'^2R}$	$\dfrac{L}{D'^2}$	C
Forward	D/n①	$\dfrac{nV}{D^2}$	$\dfrac{V}{nR}$	L	C
flyback	$\dfrac{D}{nD'}$	$\dfrac{nV}{D^2}\left(1-\dfrac{sDL}{n^2D'^2R}\right)$	$\dfrac{V}{nD'^2R}$	$\dfrac{L}{n^2D'^2}$	C
Cuk②	$\dfrac{D}{D'}$	$\dfrac{V}{D^2}\left[1-\dfrac{sL_e}{R}+s^2L_eC_eD'\right]$	$\dfrac{V}{D'^2R}\left[1-sC_eRD'\right]$	$\dfrac{D^2L_1}{D'^2}$	C_1/D^2

① 正激和反激变换器中变压器的变比为 $n:1$。

② Cuk 变换器中 L_1、C_1 为输入电感、电容，L_2、C_2 为输出电感、电容。滤波器由二级构成，第一级滤波器参数为 L_e、C_e，第二级滤波器参数为 L_2、C_2。

表 1 - 2　输入至输出的传递函数和控制至输出的传递函数

Converter	Buck	Boost	Buck – Boost
$\dfrac{v_o(s)}{v_g(s)}\Big|_{d(s)=0}$	$\dfrac{D}{LCs^2+\dfrac{L}{R}s+1}$	$\dfrac{D'}{LCs^2+\dfrac{L}{R}s+D'^2}$	$-\dfrac{DD'}{LCs^2+\dfrac{L}{R}s+D'^2}$
$\dfrac{v_o(s)}{d(s)}\Big|_{v_g(s)=0}$	$\dfrac{V_g}{LCs^2+\dfrac{L}{R}s+1}$	$\dfrac{D'V\left(1-\dfrac{sL}{D'^2R}\right)}{LCs^2+\dfrac{L}{R}s+D'^2}$	$\dfrac{V\left(\dfrac{D'}{D}-\dfrac{sL}{D'R}\right)}{LCs^2+\dfrac{L}{R}s+D'^2}$

1.7　调制器的模型

　　DC/DC 变换器经过对功率器件的开通时间占空比的控制实现功率和输出的控制，如图 1 - 51 所示。因为驱动功率器件门极信号为一个脉冲序列信号，而误差放大器输出信号为连续的信号，因此需要由 PWM 调制器将连续控制量转化为占空比可调的脉冲序列。图 1 - 52a 给出一个典型的 PWM 调制器，它由锯齿波发生器和比较器构成。由锯齿波发生器产生恒定峰值和恒定周期的锯齿波，与控制量 $v_c(t)$ 经比较器比较后输出脉冲序列 $\delta(t)$。

　　调制器将控制电压 $v_c(t)$ 转换成占空比为 $d(t)$ 的脉冲序列。

　　控制电压的开关周期平均值为 $\langle v_c(t)\rangle_{T_s}$，PWM 调制器输出 $\delta(t)$ 的开关周期平均值为 $\langle\delta(t)\rangle_{T_s}$。由图 1 - 52 可以求出 $\langle\delta(t)\rangle_{T_s}$。

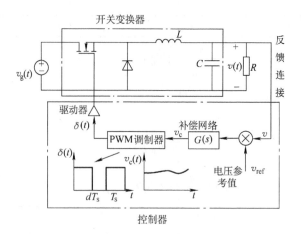

图 1-51　Buck 型直流电源系统

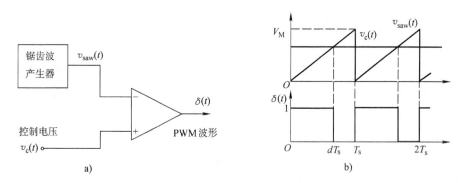

图 1-52　调制器原理

a）PWM 调制器　b）调制信号产生原理

$$\langle \delta(t) \rangle_{T_s} = \frac{1}{T_s} \int_t^{t+T_s} \delta(\tau) \mathrm{d}\tau = d(t) \qquad (1-145)$$

式中，占空比 $d(t) = \dfrac{\langle v_c(t) \rangle_{T_s}}{V_M}, 0 \leqslant v_c(t) \leqslant V_M$。

这里 V_M 是锯齿波的峰值，可见 $d(t)$ 是 $\langle v_c(t) \rangle_{T_s}$ 的线性函数。画出 PWM 调制器的平均开关模型，如图 1-53 所示。

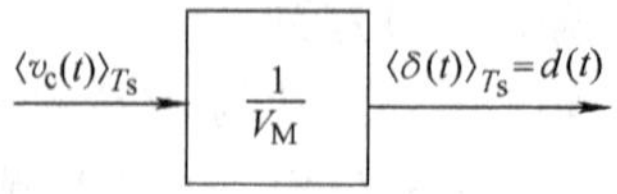

图 1-53　调制器模型

引入扰动

$$\langle v_{\text{c}}(t) \rangle_{T_{\text{s}}} = V_{\text{c}} + \hat{v}_{\text{c}}(t)$$
$$d(t) = D + \hat{d}(t)$$

于是
$$D + \hat{d}(t) = \frac{V_{\text{c}} + \hat{v}(t)}{V_{\text{M}}}$$

得到直流关系式和小信号交流关系式

$$D = \frac{V_{\text{c}}}{V_{\text{M}}}$$

$$\hat{d}(t) = \frac{\hat{v}_{\text{c}}(t)}{V_{\text{M}}} \tag{1-146}$$

由于 PWM 调制器周期平均开关模型为线性，因此图 1-53 同时适合大信号模型和小信号模型。

1.8　本章小结

虽然 DC/DC 变换器为非线性系统，但是通过扰动和线性化，可以获得小信号交流方程。平均开关网络法比状态空间平均方法使用方便，用电路变换代替复杂的数学推导。平均开关网络法的实质是用等效受控源替代开关网络，然后再应用扰动和线性化处理，获得小信号交流模型电路。统一电路模型适合于基本 DC/DC 变换器。通过查表，代入统一电路模型，即可得到小信号交流模型电路。PWM 调制器可以近似为线性函数，即占空比为输入控制量的线性函数。

第2章 电流断续方式DC/DC变换器的动态建模

DC/DC变换器在轻载时会工作在电感电流断续方式（DCM方式）或有时特意将其设计在DCM方式，而DC/DC变换器在DCM方式时的动态行为与在CCM方式时的动态行为存在较大差异，因此需要探讨DC/DC变换器在DCM时小信号交流模型，以便掌握在DCM方式时DC/DC变换器的动态特性和控制器的设计方法。

2.1 DCM方式DC/DC变换器的平均模型

下面以Buck-Boost变换器为例加以介绍。图2-1为Buck-Boost变换器及电感电压、电流波形。图2-1a中点划线框部分构成一个二端口开关网络。其中v_1、i_1为输入端口变量，v_2、i_2为输出端口变量。在$(0, d_1 T_s)$期间，MOSFET开通，二极管VD截止，输入电源电压v_g加在电感L上，于是电感电流i_L线性上升，同时输出滤波电容C对负载电阻R放电；在$(d_1 T_s, T_s)$期间，MOSFET关断，二极管VD导通，电感L向输出电容和电阻释放能量。若输出滤波电容C较大，在一个开关周期中输出滤波电容的电压变化很小，则电感电流i_L开始线性下降。若电感的储能有限，于是在没有达到本开关周期的末尾时刻$t = T_s$之前电感电流i_L已下降至零，即电感电流发生断续，之后电感电流保持为零，直到下一周期开始。如图2-1b所示，在$(0, d_1 T_s)$期间，电感电流i_L线性上升；在$[d_1 T_s, (d_1 + d_2) T_s]$期间，电感电流$i_L$线性下降；在$[(d_1 + d_2) T_s, T_s]$期间，$i_L$为零。显然有

$$d_1 + d_2 + d_3 = 1 \tag{2-1}$$

定义开关网络的端口变量为v_1、i_1、v_2、i_2，接着，要建立端口变量开关周期平均值$\langle v_1 \rangle_{T_s}$、$\langle i_1 \rangle_{T_s}$、$\langle v_2 \rangle_{T_s}$、$\langle i_2 \rangle_{T_s}$之间的关系。

电感L的电流峰值为

$$i_{pk} = \frac{v_g}{L} d_1 T_s \approx \frac{\langle v_g \rangle_{T_s}}{L} d_1 T_s \tag{2-2}$$

如图2-1b所示，电感电压开关周期的平均值为

$$\langle v_L(t) \rangle_{T_s} = d_1 \langle v_g(t) \rangle_{T_s} + d_2 \langle v(t) \rangle_{T_s} + d_3 \cdot 0 \tag{2-3}$$

另外

$$\langle v_{\mathrm{L}}(t)\rangle_{T_s} = \frac{1}{T_s}\int_t^{t+T_s} v_{\mathrm{L}}\mathrm{d}\tau = \frac{1}{T_s}\int_t^{t+T_s} L\frac{\mathrm{d}i}{\mathrm{d}\tau}\mathrm{d}\tau = \frac{L}{T_s}[i(t+T_s)-i(t)] \qquad (2-4)$$

在 DCM 方式时，在 $[(d_1+d_2)T_s, T_s]$ 期间，电感电流 i_{L} 为零，因此存在 $i_{\mathrm{L}}(t) = i_{\mathrm{L}}(t+T_s) = 0$，结合式（2-4），推得电感电压开关周期平均值为 0。在 DCM 方式时，即使在暂态过程中电感电压在一个开关周期中的平均值也为 0。由式（2-3）和式（2-4）得到

$$\langle v_{\mathrm{L}}(t)\rangle_{T_s} = d_1(t)\langle v_{\mathrm{g}}(t)\rangle_{T_s} + d_2(t)\langle v(t)\rangle_{T_s} = 0 \qquad (2-5)$$

由上式，得到

$$d_2(t) = -d_1(t)\frac{\langle v_{\mathrm{g}}(t)\rangle_{T_s}}{\langle v(t)\rangle_{T_s}} \qquad (2-6)$$

由图 2-2 中 $v_1(t)$ 的波形，得到输入端口电压 $v_1(t)$ 的平均值

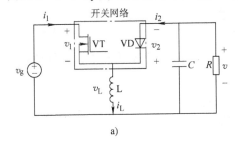

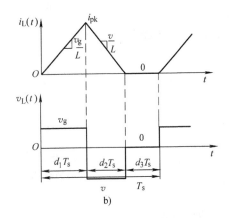

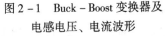

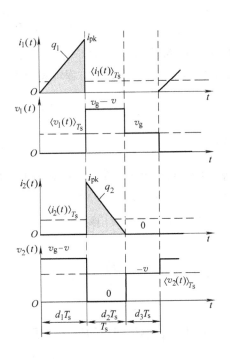

图 2-1 Buck-Boost 变换器及
电感电压、电流波形

图 2-2 开关网络两端口的电压、电流

$$\langle v_1(t)\rangle_{T_s} = d_1(t)\cdot 0 + d_2(t)(\langle v_{\mathrm{g}}(t)\rangle_{T_s} - \langle v(t)\rangle_{T_s}) + d_3(t)\langle v_{\mathrm{g}}(t)\rangle_{T_s} \qquad (2-7)$$

利用式（2-1）、式（2-6）消去上式中 d_2 和 d_3 得到

$$\langle v_1(t)\rangle_{T_s} = \langle v_g(t)\rangle_{T_s} \tag{2-8}$$

上式说明，二端口开关网络的输入电压的平均值等于输入电源电压的平均值。

由图 2-2 中 v_2 的波形可以得到开关网络输出端口 v_2 (t) 的开关周期平均值 $\langle v_2(t)\rangle_{T_s}$

$$\begin{aligned}\langle v_2(t)\rangle_{T_s} &= d_1(t)(\langle v_g(t)\rangle_{T_s} - \langle v(t)\rangle_{T_s}) + d_2(t)\cdot 0 + d_3(t)(-\langle v(t)\rangle_{T_s})\\ &= -\langle v(t)\rangle_{T_s}\end{aligned} \tag{2-9}$$

开关网络输入端口电流 $i_1(t)$ 的平均值为

$$\langle i_1(t)\rangle_{T_s} = \frac{1}{T_s}\int_t^{t+T_s} i_1(t)\,\mathrm{d}t = \frac{1}{2}d_1 i_{pk} \tag{2-10}$$

将式（2-2）代入式（2-10）消去 i_{pk}，并结合式（2-8），求得输入端口的方程

$$\langle i_1(t)\rangle_{T_s} = \frac{d_1^2(t)T_s}{2L}\langle v_1(t)\rangle_{T_s} \tag{2-11}$$

可见在 DCM 方式下，$\langle i_1(t)\rangle_{T_s}$ 不等于 $d\langle i_L(t)\rangle_{T_s}$；而在 CCM 方式下，$\langle i_1(t)\rangle_{T_s} = d\langle i_L(t)\rangle_{T_s}$。输入端口的方程可表示成

$$\langle i_1(t)\rangle_{T_s} = \frac{\langle v_1(t)\rangle_{T_s}}{R_e(d_1)} \tag{2-12}$$

式中

$$R_e(d_1) = \frac{2L}{d_1^2 T_s} \tag{2-13}$$

$R_e(d_1)$ 可看作输入端口的等效电阻。于是可以画出输入端口的等效电路如图 2-3 所示。

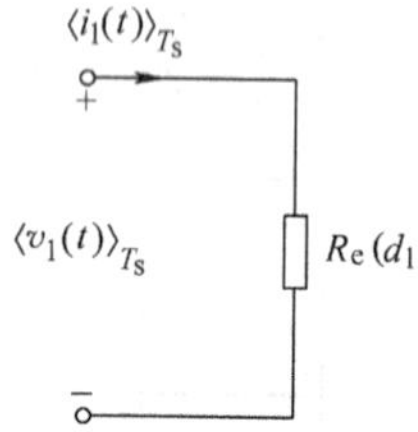

图 2-3　输入端口的等效电路

类似地可求出输出端口的电流 $i_2(t)$ 的开关周期平均值

$$\begin{aligned}\langle i_2(t)\rangle_{T_s} &= \frac{d_1^2(t)T_s}{2L}\frac{\langle v_1(t)\rangle_{T_s}^2}{\langle v_2(t)\rangle_{T_s}} = \frac{\langle v_1(t)\rangle_{T_s}^2}{R_e(d_1)\langle v_2(t)\rangle_{T_s}}\\ &= f_i(\langle v_1\rangle_{T_s}, \langle v_2\rangle_{T_s})\end{aligned} \tag{2-14}$$

由上式，输出端口的输出功率可以表示为

$$\langle i_2(t)\rangle_{T_s}\langle v_2(t)\rangle_{T_s} = \frac{\langle v_1(t)\rangle_{T_s}^2}{R_e(d_1)} \tag{2-15}$$

可见输出端口的输出功率等于输入端口的输入功率。输出端口可以等效一个电流源，该电流源受输入和输出电压控制，如图 2-4 所示。而二端口开关网络没有功率损耗，输入端口与输出端口保持功率平衡。

DCM 方式时的平均开关网络模型可用一个无损二端口网络表示，如图 2-5

所示。输入端口符合欧姆定律，但仅表示 $\langle i_1(t)\rangle_{T_s}$ 与 $\langle v_1(t)\rangle_{T_s}$ 的数量关系，并没有实际在 $R_e(d_1)$ 中消耗能量。实质上，输入功率无损地从输入端口传送至输出端口。

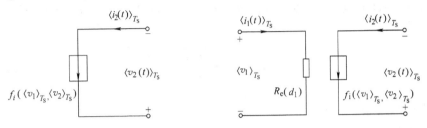

图 2-4 输出端口的等效电路   图 2-5 DCM 时的平均开关网络模型

用图 2-5DCM 时平均开关网络模型替代图 2-1a 中的 Buck - Boost 变换器中的开关网络，得到 DCM 方式的 Buck - Boost 变换器的平均模型如图 2-6 所示。

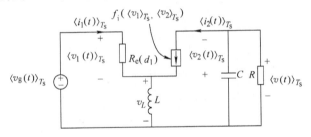

图 2-6 DCM Buck - Boost 变换器平均模型

下面利用图 2-6 的 DCM Buck - Boost 变换器直流平均模型求解 DCM Buck - Boost 变换器直流增益。首先，将电感元件用短路替代，电容元件用开路替代，得到 Buck - Boost 变换器直流平均模型如图 2-7 所示。

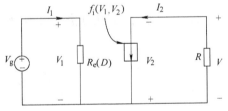

图 2-7 Buck - Boost 变换器直流平均模型

二端口网络的输入功率为

$$P = \frac{V_g^2}{R_e} \tag{2-16}$$

二端口网络的输出功率为

$$P = \frac{V^2}{R} \tag{2-17}$$

根据二端口网络功率平衡原理得到

$$P = \frac{V_g^2}{R_e} = \frac{V^2}{R} \tag{2-18}$$

于是

$$\frac{V}{V_g} = -\sqrt{\frac{R}{R_e}} \tag{2-19}$$

因为 Buck - Boost 变换器输入与输出电压极性相反，所以上式应取负号。

DCM Buck – Boost 变换器二端口网络输入端口直流阻抗为

$$R_{\mathrm{e}}(D) = \frac{2L}{D^2 T_{\mathrm{s}}} \qquad (2-20)$$

将式（2-20）代入式（2-19）消去 R_{e}，得到 DCM Buck – Boost 变换器的直流增益为

$$\frac{V}{V_{\mathrm{g}}} = -\sqrt{\frac{D^2 T_{\mathrm{s}} R}{2L}} = -\frac{D}{\sqrt{K}} \qquad (2-21)$$

式中，$K = \dfrac{2L}{T_{\mathrm{s}} R}$。

类似地，可以推导出在 DCM 方式工作的其他 DC/DC 变换器的平均模型。图 2-8 所示为 DCM 方式 Buck 变换器的平均模型，其中 $R_{\mathrm{e}} = \dfrac{2L}{d^2 T_{\mathrm{s}}}$。

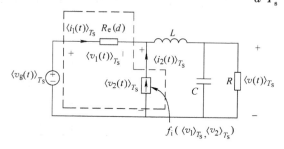

图 2-8　DCM 工作方式 Buck 变换器平均模型

图 2-9 所示为 DCM 方式 Boost 变换器平均模型，其中 $R_{\mathrm{e}} = \dfrac{2L}{d^2 T_{\mathrm{s}}}$。

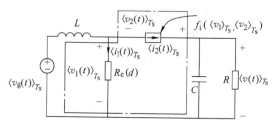

图 2-9　DCM 工作方式 Boost 变换器平均模型

图 2-10 所示为 DCM 方式 Cuk 变换器平均模型，图 2-11 所示为 DCM 方式 Sepic 变换器平均模型。在图 2-10 和图 2-11 中，$R_{\mathrm{e}} = \dfrac{2(L_1 /\!/ L_2)}{d^2 T_{\mathrm{s}}}$。

将 DCM 方式 DC/DC 变换器平均模型中的电感短路和电容开路，可以得到 DCM 方式 Buck、Boost、Cuk、Sepic 变换器的直流稳态等效电路。

下面以 DCM 方式 Boost 变换器为例，推导输入输出增益。图 2-12 为 DCM

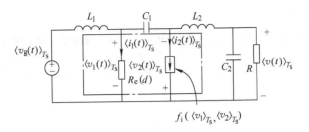

图 2 - 10　DCM 工作方式 Cuk 变换器平均模型

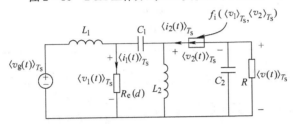

图 2 - 11　DCM 工作方式 Sepic 变换器平均模型

方式 Boost 变换器的直流稳态等效电路。

由式 (2 - 14)，电流源的电流为

$$I_2 = \frac{1}{R_e} \frac{V_1^2}{V_2} \qquad (2 - 22)$$

代入 $V_1 = V_g$、$V_2 = V - V_g$，得到

$$I_2 = \frac{1}{R_e} \frac{V_g^2}{V - V_g} \qquad (2 - 23)$$

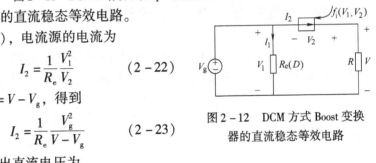

图 2 - 12　DCM 方式 Boost 变换
器的直流稳态等效电路

Boost 变换器的输出直流电压为

$$V = I_2 R \qquad (2 - 24)$$

将式 (2 - 24) 代入式 (2 - 23)，得到 $\left(\dfrac{V}{V_g} \right)^2 - \dfrac{V}{V_g} - \dfrac{R}{R_e} = 0$，解得 DCM Boost
变换器的输入输出直流电压增益

$$\frac{V}{V_g} = \frac{1 + \sqrt{1 + \dfrac{4R}{R_e}}}{2} \qquad (2 - 25)$$

由于 Boost 变换器输出与输入同极性，于是上式中只有取 " + " 有意义，因此电
压增益为

$$M = \frac{1 + \sqrt{1 + \dfrac{4R}{R_e}}}{2} \qquad (2 - 26)$$

表 2 - 1 分别列出了在 CCM 方式和 DCM 方式时几种 DC/DC 变换器的输入、

输出直流电压增益。

表 2 − 1　CCM 方式和 DCM 方式时 DC/DC 变换器的输入、输出直流电压增益

Converter	CCM	DCM
Buck	D	$\dfrac{2}{1 + \sqrt{1 + 4R_e/R}}$
Boost	$\dfrac{1}{1 - D}$	$\dfrac{1 + \sqrt{1 + 4R/R_e}}{2}$
Buck − Boost, Cuk	$\dfrac{-D}{1 - D}$	$-\sqrt{\dfrac{R}{R_e}}$
Sepic	$\dfrac{D}{1 - D}$	$\sqrt{\dfrac{R}{R_e}}$

DC/DC 变换器当电感电流 $I > I_{crit}$ 时，工作在 CCM 方式；当电感电流 $I < I_{crit}$ 时，工作在 DCM 方式，其中临界电流 $I_{crit} = \dfrac{1 - D}{D} \dfrac{V_g}{R_e(D)}$。

2.2　DCM 变换器小信号交流模型

下面以 Buck − Boost 变换器为例，介绍 DCM 工作时小信号交流模型的推导方法。DCM 方式 Buck − Boost 变换器平均模型中输入端口的方程为

$$\langle i_1(t) \rangle_{T_s} = \frac{d_1^2(t) T_s}{2L} \langle v_1(t) \rangle_{T_s} \qquad (2 - 27)$$

输出端口方程为

$$\langle i_2(t) \rangle_{T_s} = f_i(\langle v_1 \rangle_{T_s}, \langle v_2 \rangle_{T_s}) = \frac{d_1^2(t) T_s}{2L} \frac{\langle v_1(t) \rangle_{T_s}^2}{\langle v_2(t) \rangle_{T_s}} \qquad (2 - 28)$$

首先引入扰动，即令

$$d(t) = D + \hat{d}(t)$$
$$\langle v_1(t) \rangle_{T_s} = V_1 + \hat{v}_1(t)$$
$$\langle i_1(t) \rangle_{T_s} = I_1 + \hat{i}_1(t)$$
$$\langle v_2(t) \rangle_{T_s} = V_2 + \hat{v}_2(t)$$
$$\langle i_2(t) \rangle_{T_s} = I_2 + \hat{i}_2(t)$$

式中，D、V_1、I_1、V_2、I_2 为静态工作点；$\hat{d}(t)$、$\hat{v}_1(t)$、$\hat{i}_1(t)$、$\hat{v}_2(t)$、$\hat{i}_2(t)$ 为扰动量。平均模型的输入端口方程为非线性方程

$$\langle i_1(t) \rangle_{T_s} = \frac{\langle v_1(t) \rangle_{T_s}}{R_e(d(t))} = f_1(\langle v_1(t) \rangle_{T_s}, \langle v_2(t) \rangle_{T_s}, d(t)) \qquad (2 - 29)$$

将上式在静态工作点附近作泰勒级数展开得到

$$I_1 + \hat{i}_1(t) = f_1(V_1, V_2, D) + \hat{v}_1(t) \frac{\mathrm{d}f_1(v_1, V_2, D)}{\mathrm{d}v_1}\bigg|_{v_1 = V_1} + \hat{v}_2(t) \frac{\mathrm{d}f_1(V_1, v_2, D)}{\mathrm{d}v_2}\bigg|_{v_2 = V_2}$$

$$+ \hat{d}(t) \frac{\mathrm{d}f_1(V_1, V_2, d)}{\mathrm{d}d}\bigg|_{d = D} + \cdots \tag{2-30}$$

忽略泰勒级数展开式中的高阶项，于是得到

直流项 $$I_1 = f_1(V_1, V_2, D) = \frac{V_1}{R_e(D)} \tag{2-31}$$

交流项 $$\hat{i}_1(t) = \hat{v}_1(t) \frac{1}{r_1} + \hat{v}_2(t) g_1 + \hat{d}(t) j_1 \tag{2-32}$$

式中，$$\frac{1}{r_1} = \frac{\mathrm{d}f_1(v_1, V_2, D)}{\mathrm{d}v_1}\bigg|_{v_1 = V_1} = \frac{1}{R_e(D)}$$

$$g_1 = \frac{\mathrm{d}f_1(V_1, v_2, D)}{\mathrm{d}v_2}\bigg|_{v_2 = V_2} = 0$$

$$j_1 = \frac{\mathrm{d}f_1(V_1, V_2, d)}{\mathrm{d}d}\bigg|_{d = D} = \frac{2V_1}{DR_e(D)}$$

类似地对于输出端口方程作同样处理，输出端口方程为

$$\langle i_2(t) \rangle_{T_s} = \frac{\langle v_1(t) \rangle_{T_s}^2}{R_e(d(t)) \langle v_2(t) \rangle_{T_s}} = f_2(\langle v_1(t) \rangle_{T_s}, \langle v_2(t) \rangle_{T_s}, d(t))$$

$$\tag{2-33}$$

引入扰动处理后得到

直流项 $$I_2 = f_2(V_1, V_2, D) = \frac{V_1^2}{R_e(D) V_2} \tag{2-34}$$

交流项 $$\hat{i}_2(t) = \hat{v}_2(t) \left(-\frac{1}{r_2} \right) + \hat{v}_1(t) g_2 + \hat{d}(t) j_2 \tag{2-35}$$

式中，$$\frac{1}{r_2} = -\frac{\mathrm{d}f_2(V_1, v_2, D)}{\mathrm{d}v_2}\bigg|_{v_2 = V_2} = \frac{1}{M^2 R_e(D)}$$

$$g_2 = \frac{\mathrm{d}f_2(v_1, V_2, D)}{\mathrm{d}v_1}\bigg|_{v_1 = V_1} = \frac{2}{MR_e}$$

$$j_2 = \frac{\mathrm{d}f_2(V_1, V_2, d)}{\mathrm{d}d}\bigg|_{d = D} = \frac{2V_1}{DMR_e}$$

于是根据上式，可画出 DCM 方式时 Buck - Boost 变换器二端口开关网络的小信号交流模型，如图 2 - 13 所示。将它替代 Buck - Boost 变换器电路的开关网络，就可得到 DCM Buck - Boost 变换器小信号交流模型，如图 2 - 14 所示。

为了使 DCM 方式时小信号交流模型的形式统一，这里采用的 Buck 开关网络和 Boost 开关网络与上一节的定义不同。

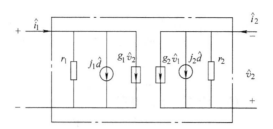

图 2 - 13 DCM 方式时 Buck - Boost 变换器
的开关网络的小信号交流模型

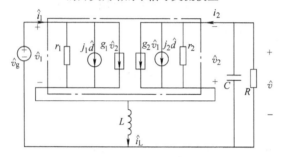

图 2 - 14 DCM Buck - Boost 变换器小信号交流模型

可以推导图 2 - 15 所示 Buck 开关网络和 Boost 开关网络的小信号交流模型，形式与图 2 - 13 相同，但参数不同。将它替代 DCM Buck、DCM Boost 变换器中的开关网络，就可以得到 DCM Buck、DCM Boost 变换器小信号交流模型，如图 2 - 16 和图 2 - 17 所示。

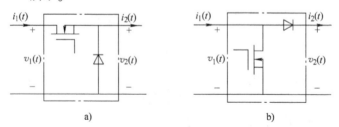

图 2 - 15 其他开关网络
a) Buck 开关网络 b) Boost 开关网络

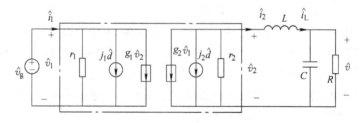

图 2 - 16 DCM 方式时 Buck 变换器小信号交流模型

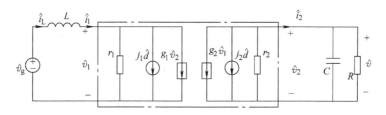

图 2 - 17　DCM 方式时 Boost 变换器小信号交流模型

DCM Boost 变换器和 Buck – Boost 变换器有两个极点和一个右半平面的零点。但由于在 DCM 时一般电感 L 相对较小，所以右半平面的零点远离原点，通常比开关频率高得多。另外，由电感决定的极点远离原点，通常接近或比开关频率更高，因此，DCM Buck、Boost、Buck – Boost 变换器可近似为具有单极点的系统。

当电感 L 近似为零时，DCM 方式 Buck、Boost 和 Buck – Boost 变换器均可用统一小信号交流模型描述，如图 2 - 18 所示。

表 2 - 2 给出 DCM 方式下 Buck、Boost、Buck – Boost 变换器对应开关网络的小信号交流模型的参数。

表 2 - 2　DCM 开关网络模型的小信号交流模型的参数

变换器类型	g_1	j_1	r_1	g_2	j_2	r_2
Buck	$\dfrac{1}{R_e}$	$\dfrac{2(1-M)V_1}{DR_e}$	R_e	$\dfrac{2-M}{MR_e}$	$\dfrac{2(1-M)V_1}{DMR_e}$	M^2R_e
Boost	$-\dfrac{1}{(M-1)^2R_e}$	$\dfrac{2MV_1}{D(M-1)R_e}$	$\dfrac{(M-1)^2}{M}R_e$	$\dfrac{2M-1}{(M-1)^2R_e}$	$\dfrac{2V_1}{D(M-1)R_e}$	$(M-1)^2R_e$
Buck – Boost	0	$\dfrac{2V_1}{DR_e}$	R_e	$\dfrac{2}{MR_e}$	$\dfrac{2V_1}{DMR_e}$	M^2R_e

由图 2 - 18 可以求出控制至输出传递函数可以简化为

$$G_{vd}(s) = \frac{\hat{v}(s)}{\hat{d}(s)}\bigg|_{\hat{v}_g(s)=0} = \frac{G_{d0}}{1+\dfrac{s}{\omega_p}} \tag{2-36}$$

输入至输出传递函数简化为

$$G_{vg}(s) = \frac{\hat{v}(s)}{\hat{v}_g(s)}\bigg|_{\hat{d}(s)=0} = \frac{G_{g0}}{1+\dfrac{s}{\omega_p}} \tag{2-37}$$

式中 $G_{d0} = j_2(R /\!/ r_2)$；$\omega_p = \dfrac{1}{(R /\!/ r_2)C}$；$G_{g0} = g_2(R /\!/ r_2) = M$。

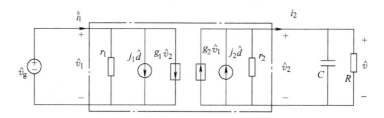

图 2-18 当电感 L 近似为零 DCM 方式时小信号交流模型

表 2-3 列出了 DCM 方式时基本变换器传递函数的主要参数。

表 2-3 DCM 方式的基本变换器传递函数中的主要参数

Converter	G_{d0}	G_{g0}	ω_p
Buck	$\dfrac{2V}{D}\dfrac{1-M}{2-M}$	M	$\dfrac{2-M}{(1-M)RC}$
Boost	$\dfrac{2V}{D}\dfrac{M-1}{2M-1}$	M	$\dfrac{2M-1}{(M-1)RC}$
Buck-Boost	$\dfrac{V}{D}$	M	$\dfrac{2}{RC}$

以 DCM 方式 Boost 变换器为例,试求传递函数 $G_{vd}(s)$。设负载电阻 $R = 48\Omega$,Boost 电感值 $L = 1\mu H$,输出滤波电容 $C = 470\mu F$,开关频率 $f_s = 100kHz$。静态工作点:输入电压 $V_g = 12V$,输出电流 $I = 1A$ 和输出电压 $V = 48V$。

如图 2-12 所示,开关网络输出端口的功率为

$$P = V_2 I_2 = I(V - V_g) = 1A \times (48V - 12V) = 36W$$

输入端口等效电阻 $R_e = \dfrac{V_g^2}{P} = \dfrac{(12V)^2}{36W} = 4\Omega$

静态工作点 $D = \sqrt{\dfrac{2L}{R_e T_s}} = \sqrt{\dfrac{2 \times 1\mu H}{4\Omega \times 10\mu s}} = 0.224$

控制至输出的直流增益 $G_{d0} = \dfrac{2V}{D}\dfrac{M-1}{2M-1} = \dfrac{2 \times 48V}{0.224} \times \dfrac{\dfrac{48V}{12V}-1}{2 \times \dfrac{48V}{12V}-1} = 184V \Rightarrow 45.3dBV$

控制至输出频率特性的转折频率为

$$f_p = \dfrac{\omega_p}{2\pi} = \dfrac{2M-1}{2\pi(M-1)RC} = \dfrac{2 \times \dfrac{48V}{12V}-1}{2\pi \times \left(\dfrac{48V}{12V}-1\right) \times 48\Omega \times 470\mu F} = 16.46Hz$$

于是可画出控制至输出传递函数的波特图,如图 2-19 所示。

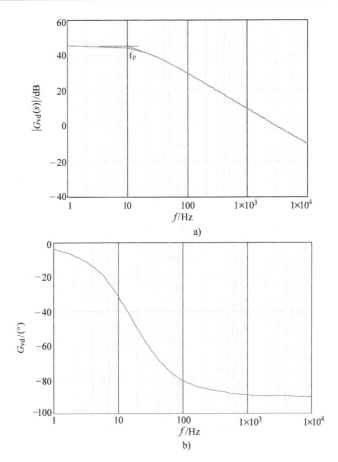

图 2 - 19 控制至输出传递函数的波特图

a) 幅频特性 b) 相频特性

2.3 开关网络平均方法

通常变换器电路可以分解成两个子网络，其中一个为线性网络，另一个为开关网络，如图 2 - 20 所示。如果求出开关网络部分的小信号交流模型，然后将其替代原变换器中的开关网络，就可得到变换器电路的小信号交流模型。

为求解小信号交流模型，首先需要求得变换器的开关周期平均模型，其中线性网络的平均模型就是它本身。因此重点是求开关网络的开关周期平均模型，如图 2 - 21 所示。

以 Buck 变换器为例加以介绍。图 2 - 22a 为 Buck 变换器电路，图 2 - 22b 为 DCM 方式时 Buck 变换器的开关周期平均模型。

定义开关网络独立变量

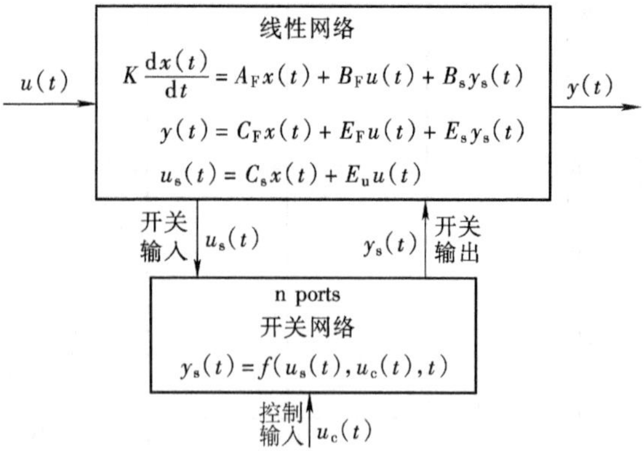

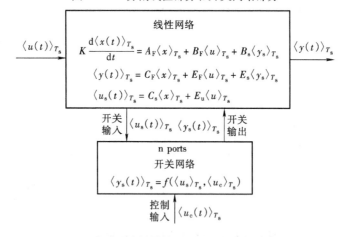

图 2-20 分割线性部分和开关网络部分

图 2-21 分别对线性部分和开关网络部分求周期平均

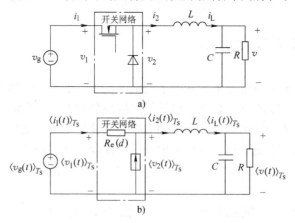

图 2-22 Buck 变换器及其大信号平均模型

a) Buck 变换器 b) DCM 方式 Buck 电路的平均模型变换器

$$u_s(t) = \begin{bmatrix} v_1(t) \\ i_2(t) \end{bmatrix}$$

定义控制量　　　　　　　$$u_c(t) = \begin{bmatrix} d(t) \end{bmatrix}$$

开关网络的非独立变量（输出变量）

$$y_s(t) = \begin{bmatrix} v_2(t) \\ i_1(t) \end{bmatrix}$$

Buck 变换器二端口网络满足功率平衡条件

$$\langle v_1(t) \rangle_{T_s} \langle i_1(t) \rangle_{T_s} = \langle v_2(t) \rangle_{T_s} \langle i_2(t) \rangle_{T_s} \qquad (2-38)$$

也即

$$\frac{\langle v_2(t) \rangle_{T_s}}{\langle v_1(t) \rangle_{T_s}} = \frac{\langle i_1(t) \rangle_{T_s}}{\langle i_2(t) \rangle_{T_s}} \qquad (2-39)$$

上式不仅适合于 CCM，也适合于 DCM。这是
一个适合开关网络的一般公式。

令

$$\frac{\langle v_2(t) \rangle_{T_s}}{\langle v_1(t) \rangle_{T_s}} = \frac{\langle i_1(t) \rangle_{T_s}}{\langle i_2(t) \rangle_{T_s}} = \mu(t)$$

$$(2-40)$$

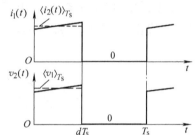

图 2-23　CCM Buck 变换器
电压电流波形

在 CCM 方式时，Buck 变换器电压电流
波形如图2-23 所示。二端口开关网络的输出
变量在阶段 1 与阶段 2 时分别为

$$y_{s1}(t) = \begin{bmatrix} \langle v_1(t) \rangle_{T_s} \\ \langle i_2(t) \rangle_{T_s} \end{bmatrix}, y_{s2}(t) = \begin{bmatrix} 0 \\ 0 \end{bmatrix}$$

应用式（2-40），得到

$$\begin{bmatrix} \langle v_2(t) \rangle_{T_s} \\ \langle i_1(t) \rangle_{T_s} \end{bmatrix} = \mu(t) \begin{bmatrix} \langle v_1(t) \rangle_{T_s} \\ \langle i_2(t) \rangle_{T_s} \end{bmatrix} + \begin{bmatrix} 1 - \mu(t) \end{bmatrix} \begin{bmatrix} 0 \\ 0 \end{bmatrix} \qquad (2-41)$$

于是

$$\langle y_s(t) \rangle_{T_s} = \mu(t) y_{s1}(t) + \mu'(t) y_{s2}(t) \qquad (2-42)$$

式中，$\mu' = 1 - \mu$。对 CCM 方式，$\mu = d$，μ 称为有效占空比。

下面求 DCM 方式时 Buck 变换器的有效占空比 $\mu(t)$。由图 2-22b 得到

$$\langle v_2(t) \rangle_{T_s} = \langle v_1(t) \rangle_{T_s} - \langle i_1(t) \rangle_{T_s} R_e(d) \qquad (2-43)$$

上式两边同除以 $\langle v_2(t) \rangle_{T_s}$

$$1 = \frac{\langle v_1(t) \rangle_{T_s}}{\langle v_2(t) \rangle_{T_s}} - \frac{\langle i_1(t) \rangle_{T_s} R_e(d)}{\langle v_2(t) \rangle_{T_e}} = \frac{1}{\mu} - \frac{\langle i_1(t) \rangle_{T_s} R_e(d)}{\langle v_2(t) \rangle_{T_s}} \qquad (2-44)$$

解得

$$\mu = \frac{1}{1 + R_e(d)\dfrac{\langle i_1(t)\rangle_{T_s}}{\langle v_2(t)\rangle_{T_s}}} \qquad (2-45)$$

另外，根据功率平衡关系式（2-38），得到

$$\mu(\langle v_1(t)\rangle_{T_s},\langle i_2(t)\rangle_{T_s},d) = \frac{1}{1 + R_e(d)\dfrac{\langle i_2(t)\rangle_{T_s}}{\langle v_1(t)\rangle_{T_s}}} \qquad (2-46)$$

在 DCM 方式，有效占空比系数不仅依赖于 d，还与端口变量 i_2 和 v_1 有关。

将 μ 替代 CCM 时的状态空间平均方程式中的占空比 d，然后补充关于 μ（t）的公式，得到 DCM 时状态空间平均方程组。由此也可以从 CCM 方式 Buck 小信号模型得出 DCM 方式 Buck 小信号模型。如图 2-24 所示，其中 $\hat{d}$ 用 $\hat{\mu}$ 代替，D 用 μ_0 代替。下面求解 $\hat{\mu}$ 和 μ_0。

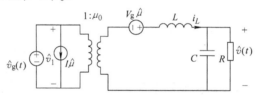

图 2-24 从 CCM 方式 Buck 小信号模型得出的 DCM 方式 Buck 小信号模型

为求小信号交流模型，做扰动与线性化处理

$$\mu(t) = \mu_0 + \hat{\mu}(t)$$
$$\langle i_2(t)\rangle_{T_s} = I_2 + \hat{i}_2(t)$$
$$\langle v_1(t)\rangle_{T_s} = V_1 + \hat{v}_1(t)$$
$$d(t) = D + \hat{d}(t)$$

稳态分量

$$\mu_0 = \mu(V_1,I_2,D) \qquad (2-47)$$

以 Buck 为例，在 CCM 时，等效占空比为

$$\mu_0 = D = \frac{V}{V_g} \qquad (2-48)$$

由式（2-45）得到在 DCM 时有效占空比为

$$\mu_0 = \frac{1}{1 + R_e(D)\dfrac{I_2}{V_1}} \qquad (2-49)$$

式中，$R_e(D) = \dfrac{V_1 - V_2}{I_1}$。

由式（2-40），得到 $\mu_0 = V_2/V_1$，而 $V_2 = V$，$V_1 = V_g$，所以 $\mu_0 = V/V_g$。因

此 μ_0 为 DCM Buck 变换器的直流增益。

有效占空比的扰动量可表示为占空比扰动量、开关网络独立变量扰动量的线性组合。对式（2 - 46）进行扰动和线性化处理得到

$$\hat{\mu}(t) = \frac{\hat{v}_1(t)}{V_s} - \frac{\hat{i}_2(t)}{I_s} + k_s \hat{d}(t) \tag{2-50}$$

上式中各系数可通过对式（2 - 46）求在直流工作点的偏导得到

$$\frac{1}{V_s} = \frac{\mathrm{d}\mu(v_1, I_2, D)}{\mathrm{d}v_1} \bigg|_{v_1 = V_1} = \frac{\mu_0^2 I_2 R_e(D)}{V_1^2}$$

$$\frac{1}{I_s} = -\frac{\mathrm{d}\mu(V_1, i_2, D)}{\mathrm{d}i_2} \bigg|_{i_2 = I_2} = \frac{\mu_0^2 R_e(D)}{V_1}$$

$$k_s = \frac{\mathrm{d}\mu(V_1, I_2, d)}{\mathrm{d}d} \bigg|_{d = D} = \frac{2\mu_0^2 I_2 R_e(D)}{DV_1}$$

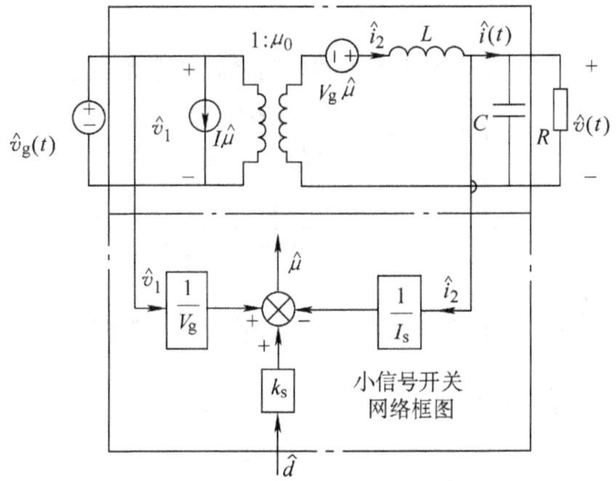

图 2 - 25　DCM Buck 变换器小信号模型

结合图 2 - 24，可以得 DCM Buck 变换器小信号模型如图 2 - 25 所示。令 $\hat{v}_g(s) = 0$，图 2 - 25 可以简化为图 2 - 26。可写出控制至输出的传递函数

$$G_{vd}(s) = \frac{\hat{v}(s)}{\hat{d}(s)} \bigg|_{\hat{v}_g(s) = 0} = k_s \frac{\hat{i}_2}{\hat{w}} \left(R \mathbin{/\!/} \frac{1}{sC} \right) \tag{2-51}$$

回路传递函数为

$$T_i(s) = \frac{V_g}{I_s Z_{ei}(s)} \tag{2-52}$$

式中，$Z_{ei}(s) = sL + \left(R \mathbin{/\!/} \frac{1}{sC} \right)$。

$$\frac{\hat{i}_2(s)}{\hat{w}(s)} = \frac{T_i(s) I_s}{1 + T_i(s)} \tag{2-53}$$

将上式代入式（2-51），得到

$$G_{vd}(s) = G_{vd\infty}(s) \frac{T_i(s)}{1 + T_i(s)} \qquad (2-54)$$

式中，$G_{vd\infty}(s) = k_s I_s \left(R /\!/ \frac{1}{sC} \right)$。

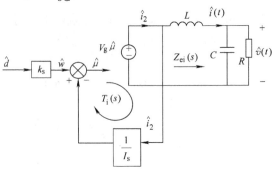

图 2-26　Buck 变换器控制至输出的动态模型

$$T_i(s) = \frac{V_g}{I_s} \frac{sRC + 1}{s^2 LRC + sL + R} \qquad (2-55)$$

$T_i(s)$ 的直流增益 $T_0 = \frac{V_g}{I_s R}$，零点 $f_z = \frac{\omega_z}{2\pi} = \frac{1}{2\pi RC}$，极点 $f_0 = \frac{1}{2\pi \sqrt{LC}}$。

$\| T_i \|$ 和 $\left\| \dfrac{T_i}{1 + T_i} \right\|$ 的频率特性表示在图 2-27 波特图中。

当 $f \gg f_0$，$T_i(s)$ 可以近似为

$$T_i(s) \approx \frac{V_g}{I_s} \frac{1}{sL} \qquad (2-56)$$

设 $T_i(j2\pi f)$ 的穿越频率为 f_c，于是

$$T_i(j2\pi f_c) = 1 \qquad (2-57)$$

结合式（2-56）和式（2-57），得到 $f_c = \dfrac{V_g}{I_s} \dfrac{1}{2\pi L}$，也可改写成 $f_c = \left(\dfrac{\mu_0}{D} \right)^2 \dfrac{f_s}{\pi}$。

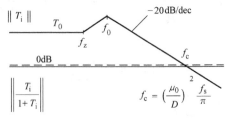

图 2-27　$\| T_i \|$ 和 $\left\| \dfrac{T_i}{1 + T_i} \right\|$ 的波特图

下面介绍 DCM 时平均开关模型法的一般性推导方法。首先需将 DC/DC 变换器

的电路分割成线性部分和开关网络部分，如图 2 - 20 所示。线性网络部分的方程为

$$K \frac{\mathrm{d}x(t)}{\mathrm{d}t} = A_F x(t) + B_F u(t) + B_s y_s(t) \qquad (2-58)$$

$$y(t) = C_F x(t) + E_F u(t) + E_s y_s(t) \qquad (2-59)$$

开关网络的输入变量为

$$u_s(t) = C_s x(t) + E_u u(t) \qquad (2-60)$$

开关网络的输出变量为

$$y_s(t) = f(u_s(t), u_c(t), t) \qquad (2-61)$$

求平均

$$K \frac{\mathrm{d}\langle x(t) \rangle_{T_s}}{\mathrm{d}t} = A_F \langle x(t) \rangle_{T_s} + B_F \langle u(t) \rangle_{T_s} + B_s \langle y_s(t) \rangle_{T_s} \qquad (2-62)$$

$$\langle y(t) \rangle_{T_s} = C_F \langle x(t) \rangle_{T_s} + E_F \langle u(t) \rangle_{T_s} + E_s \langle y_s(t) \rangle_{T_s} \qquad (2-63)$$

$$\langle u_s(t) \rangle_{T_s} = C_s \langle x(t) \rangle_{T_s} + E_u \langle u(t) \rangle_{T_s} \qquad (2-64)$$

$$\langle y_s(t) \rangle_{T_s} = f(\langle u_s(t) \rangle_{T_s}, \langle u_c(t) \rangle_{T_s}) \qquad (2-65)$$

假设开关网络输出向量可表示成

$$\langle y_s(t) \rangle_{T_s} = \mu(t) y_{s1}(t) + \mu'(t) y_{s2}(t) \qquad (2-66)$$

式中，$y_{s1}(t)$ 是对应 CCM 变换器在阶段 1 时的 $y_s(t)$；$y_{s2}(t)$ 是对应 **CCM** 变换在阶段 2 时的 $y_s(t)$；μ 为有效占空比，μ 通常不是独立变量，一般为变换器中电压、电流的函数，$\mu' = 1 - \mu$。

将式 (2 - 66) 分别代入式 (2 - 62) 和式 (2 - 63)

$$K \frac{\mathrm{d}\langle x(t) \rangle_{T_s}}{\mathrm{d}t} = A_F \langle x(t) \rangle_{T_s} + B_F \langle u(t) \rangle_{T_s} + \mu B_s y_{s1}(t) + \mu' B_s y_{s2}(t)$$

$$(2-67)$$

$$\langle y(t) \rangle_{T_s} = C_F \langle x(t) \rangle_{T_s} + E_F \langle u(t) \rangle_{T_s} + \mu E_s y_{s1}(t) + \mu' E_s y_{s2}(t) \quad (2-68)$$

采用常规状态方程列写方法得到阶段 1 的状态方程

$$K \frac{\mathrm{d}x(t)}{\mathrm{d}t} = A_1 x(t) + B_1 u(t) \qquad (2-69)$$

$$y(t) = C_1 x(t) + E_1 u(t) \qquad (2-70)$$

用平均开关模型方法获得在阶段 1 的状态方程，而由式 (2 - 58) 和式 (2 - 59) 得到

$$K \frac{\mathrm{d}x(t)}{\mathrm{d}t} = A_F x(t) + B_F u(t) + B_s y_{s1}(t) \qquad (2-71)$$

$$y(t) = C_F x(t) + E_F u(t) + E_s y_{s1}(t) \qquad (2-72)$$

将以上两种方法获得的状态方程相等，结合方程式 (2 - 69) 与式 (2 - 71)

$$K \frac{\mathrm{d}x(t)}{\mathrm{d}t} = A_1 x(t) + B_1 u(t) = A_F x(t) + B_F u(t) + B_s y_{s1}(t) \quad (2-73)$$

结合方程式 (2-70) 与式 (2-72)

$$y(t) = C_1 x(t) + E_1 u(t) = C_F x(t) + E_F u(t) + E_s y_{s1}(t) \quad (2-74)$$

解 $B_s y_{s1}$ 和 $E_s y_{s1}$

$$B_s y_{s1}(t) = (A_1 - A_F) x(t) + (B_1 - B_F) u(t) \quad (2-75)$$

$$E_s y_{s1}(t) = (C_1 - C_F) x(t) + (E_1 - E_F) u(t) \quad (2-76)$$

在阶段 2，可解出 $B_s y_{s2}(t)$ 和 $E_s y_{s2}(t)$。

$$B_s y_{s2}(t) = (A_2 - A_F) x(t) + (B_2 - B_F) u(t) \quad (2-77)$$

$$E_s y_{s2}(t) = (C_2 - C_F) x(t) + (E_2 - E_F) u(t) \quad (2-78)$$

将式 (2-75) ~式 (2-78) 代入平均方程式 (2-67) 和式 (2-68)

$$K \frac{\mathrm{d}\langle x(t) \rangle_{T_s}}{\mathrm{d}t} = A_F \langle x(t) \rangle_{T_s} + B_F \langle u(t) \rangle_{T_s}$$

$$+ \mu [(A_1 - A_F) \langle x(t) \rangle_{T_s} + (B_1 - B_F) \langle u(t) \rangle_{T_s}]$$

$$+ \mu' [(A_2 - A_F) \langle x(t) \rangle_{T_s} + (B_2 - B_F) \langle u(t) \rangle_{T_s}] \quad (2-79)$$

$$\langle y(t) \rangle_{T_s} = C_F \langle x(t) \rangle_{T_s} + E_F \langle u(t) \rangle_{T_s}$$

$$+ \mu [(C_1 - C_F) \langle x(t) \rangle_{T_s} + (E_1 - E_F) \langle u(t) \rangle_{T_s}]$$

$$+ \mu' [(C_2 - C_F) \langle x(t) \rangle_{T_s} + (E_2 - E_F) \langle u(t) \rangle_{T_s}]$$

$$(2-80)$$

化简

$$K \frac{\mathrm{d}\langle x(t) \rangle_{T_s}}{\mathrm{d}t} = (\mu A_1 + \mu' A_2) \langle x(t) \rangle_{T_s} + (\mu B_1 + \mu' B_2) \langle u(t) \rangle_{T_s} \quad (2-81)$$

$$\langle y(t) \rangle_{T_s} = (\mu C_1 + \mu' C_2) \langle x(t) \rangle_{T_s} + (\mu E_1 + \mu' E_2) \langle u(t) \rangle_{T_s} \quad (2-82)$$

以上形式与 CCM 变换器大信号状态空间平均方程相类似，区别是 d 被 μ 取代。

令

$$\langle x(t) \rangle_{T_s} = X + \hat{x}(t)$$

$$\langle u(t) \rangle_{T_s} = U + \hat{u}(t)$$

$$\langle y(t) \rangle_{T_s} = Y + \hat{y}(t)$$

$$\mu(t) = \mu_0 + \hat{\mu}(t)$$

$$\langle u_s(t) \rangle_{T_s} = U_s + \hat{u}_s(t)$$

$$\langle u_c(t) \rangle_{T_s} = U_c + \hat{u}_c(t)$$

由式 (2-81) 和式 (2-82) 得到直流模型，令 $\frac{\mathrm{d}\langle x(t) \rangle_{T_s}}{\mathrm{d}t} = 0$

$$0 = AX + BU \quad (2-83)$$

$$Y = CX + EU \qquad (2-84)$$

式中

$$
\begin{aligned}
A &= \left[\mu_0 A_1 + \mu'_0 A_2\right] \\
B &= \left[\mu_0 B_1 + \mu'_0 B_2\right] \\
C &= \left[\mu_0 C_1 + \mu'_0 C_2\right] \\
E &= \left[\mu_0 E_1 + \mu'_0 E_2\right]
\end{aligned}
$$

小信号交流模型

$$K\frac{\mathrm{d}\hat{\boldsymbol{x}}(t)}{\mathrm{d}t} = A\hat{\boldsymbol{x}}(t) + B\hat{\boldsymbol{u}}(t) + \left[(A_1 - A_2)X + (B_1 - B_2)U\right]\hat{\mu}(t) \qquad (2-85)$$

$$\hat{\boldsymbol{y}}(t) = C\hat{\boldsymbol{x}}(t) + E\hat{\boldsymbol{u}}(t) + \left[(C_1 - C_2)x + (E_1 - E_2)U\right]\hat{\mu}(t) \qquad (2-86)$$

以上形式与 CCM 变换器小信号线性化状态空间方程相类似，区别是 d 被 μ 取代。

有效占空比可以表示为 $\mu(t) = \mu(\langle u_s(t)\rangle_{T_s}, \langle u_c(t)\rangle_{T_s})$。求微分可得

$$\hat{\mu}(t) = \boldsymbol{k}_s^{\mathrm{T}}\hat{\boldsymbol{u}}_s(t) + \boldsymbol{k}_c^{\mathrm{T}}\hat{\boldsymbol{u}}_c(t) \qquad (2-87)$$

式中

$$\boldsymbol{k}_s^{\mathrm{T}} = \left.\frac{\mathrm{d}\mu(\langle \boldsymbol{u}_s(t)\rangle_{T_s}, \langle \boldsymbol{u}_c(t)\rangle_{T_s})}{\mathrm{d}\langle \boldsymbol{u}_s(t)\rangle_{T_s}}\right|_{\substack{\langle u_s(t)\rangle_{T_s}=U_s \\ \langle u_c(t)\rangle_{T_s}=U_c}}$$

$$\boldsymbol{k}_c^{\mathrm{T}} = \left.\frac{\mathrm{d}\mu(\langle \boldsymbol{u}_s(t)\rangle_{T_s}, \langle \boldsymbol{u}_c(t)\rangle_{T_s})}{\mathrm{d}\langle \boldsymbol{u}_c(t)\rangle_{T_s}}\right|_{\substack{\langle u_s(t)\rangle_{T_s}=U_s \\ \langle u_c(t)\rangle_{T_s}=U_c}}$$

DCM 方式 DC/DC 变换器的小信号电路结构如图 2-28 所示。

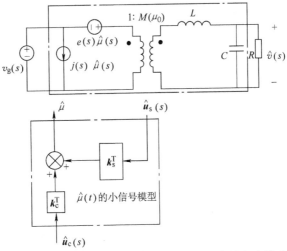

图 2-28 DCM 方式 DC/DC 变换器的小信号交流模型

2.4　本章小结

在 DCM 方式 DC/DC 变换器中，开关网络可以表示成二端口网络。在二端口开关网络平均模型中，输入端口服从欧姆定律，输出端口为受控电流源，并且输入与输出端口满足功率平衡关系。DCM 变换器的小信号交流模型的形式与 CCM 变换器的小信号交流模型形式相似，区别在于 DCM 变换器的小信号状态空间平均方程中 $\hat{d}$ 被 $\hat{\mu}$ 取代，另外，要增加一个有效占空比 $\hat{\mu}$ 的代数式。

第3章　DC/DC 变换器的电流峰值控制

3.1　电流峰值控制的概念

　　在 DC/DC 变换器中，一般控制功率开关占空比的 PWM 信号是由调制信号与锯齿波载波信号比较获得的，而在电流峰值控制（CPM）中，用通过功率开关的电流波形替代普通 PWM 调制电路中的载波信号，与调制信号进行比较，以获得 PWM 调制信号。

　　图 3-1 给出 Buck 变换器采用电流峰值控制的原理图。图中，参考电压 V_{ref} 与变换器输出电压 $v(t)$ 相减所得的误差信号经补偿网络放大作为 PWM 调制器的调制信号，而将流过开关器件 Q_1 的电流取样信号 $i_s(t)R_f$ 作为载波信号。每个开关周期之初，由时钟脉冲置位 RS 触发器，于是开关器件 Q_1 导通，之后电感电流逐渐增加，如图 3-2 所示。当检测到的电流信号 $i_s(t)R_f$ 大于调制信号 i_c

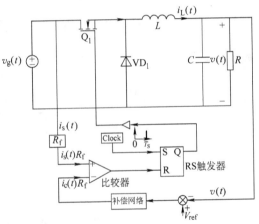

图 3-1　电流峰值控制方框图

$(t)R_f$ 时，比较器反转并复位 RS 触发器，这样功率开关被关断，电感 L 中的电流 $i_L(t)$ 通过 VD_1 续流。

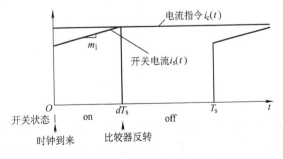

图 3-2　电流峰值控制原理

电流峰值控制的突出优点是具备限流保护功能，提高了可靠性。另外，可防止在推挽式、桥式电路中变压器磁心饱和问题。电流峰值控制的缺点是对电路噪声较敏感。

另外，当占空比 $D > 0.5$ 时，电流峰值控制本质上是不稳定的，与电路拓扑无关。一般通过加上一个锯齿波补偿信号，使电流控制稳定。本节首先讨论电流控制的稳定性问题和锯齿波信号补偿方法。

3.1.1　电流控制的稳定性问题

对于基本 DC/DC 变换器，电感电流波形如图 3-3 所示，电流上升率 m_1、下降率 $-m_2$ 与电路的类型有关。对于 Buck 变换器，电感电流的上升率 $m_1 = \dfrac{v_g - v}{L}$，下降率 $-m_2 = -\dfrac{v}{L}$。对于 Boost 变换器，电感电流的上升率 $m_1 = \dfrac{v_g}{L}$，下降率 $-m_2 = \dfrac{v - v_g}{L}$。对于 Buck-Boost 变换器，电感电流的上升率 $m_1 = \dfrac{v_g}{L}$，下降率 $-m_2 = \dfrac{v}{L}$。

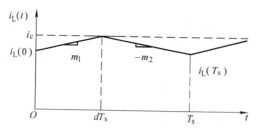

图 3-3　CCM 时电感电流波形

下面以图 3-4 所示的 Boost 变换器为例，分析当采用电流峰值控制时，一个开关周期电感电流的变化情况。

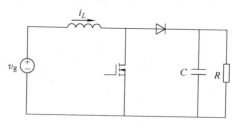

图 3-4　Boost 变换器

在阶段 1，时间区间 $[0, dT_s]$，开关器件导通，二极管关断，电感电流线性增加，如图 3-3 所示。当 $t = dT_s$，电感电流 $i_L(dT_s)$ 达到电流指令值 i_c

$$i_L(dT_s) = i_c = i_L(0) + m_1 dT_s \tag{3-1}$$

在阶段 2，时间区间 $[dT_s,\ T_s]$，开关器件关断，二极管导通，电感电流通过二极管续流，电感电流线性下降。当 $t = T_s$，电感电流 $i_L(T_s)$ 为

$$i_L(T_s) = i_L(dT_s) - m_2 d' T_s \tag{3-2}$$

将式 (3-1) 代入上式，得到

$$i_L(T_s) = i_L(0) + m_1 d T_s - m_2 d' T_s \tag{3-3}$$

一旦电流峰值控制达到稳态时，一个开关周期初时的电感电流值应等于开关周期末时的电感电流值

$$i_L(T_s) = i_L(0) \tag{3-4}$$

结合式 (3-3) 和式 (3-4)，得到

$$m_1 d T_s - m_2 d' T_s = 0 \tag{3-5}$$

另外，当达到稳态时，占空比 d 为 D，d' 为 D'，于是由式 (3-5)，得到

$$\frac{m_2}{m_1} = \frac{D}{D'} \tag{3-6}$$

下面分析扰动前、后电感电流的变化。如图 3-5 所示，在没有扰动前，电感电流在开关周期开始的初始值 $i_L(0) = I_{L0}$；在 $t = DT_s$，电感电流 $i_L(DT_s)$ 达到电流指令值 i_c；当 $t = T_s$，电感电流下降到 $i_L(T_s)$，$i_L(T_s) = i_L(0) = I_{L0}$。由图 3-5a 中扰动前的电感电流波形，可得电流指令值 i_c 与电感电流初始值 $i_L(0) = I_{L0}$ 和占空比 D 的关系

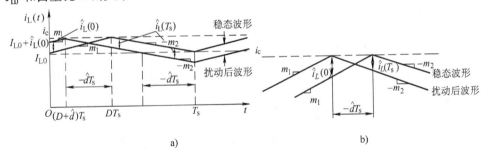

图 3-5　电感电流扰动波形
a) 电感电流扰动波形　b) 电流扰动细部图

$$i_c = I_{L0} + m_1 D T_s \tag{3-7}$$

假设在 $t = 0$ 时刻电感电流有一扰动，其值变为 $i_L(0) = I_{L0} + \hat{i}_L(0)$，于是造成占空比从稳态时的 D 扰动为 $D + \hat{d}$。在 $t = (D + \hat{d})T_s$，电感电流 $i_L[(D + \hat{d})T_s]$ 达到电流指令值 i_c；当 $t = T_s$，电感电流下降到 $i_L(T_s) + \hat{i}_L(T_s)$。这时电路进入暂态过程，电感电流在一个开关周期初的值不等于开关周期末的值。由图 3-5a 中扰动后的电感电流波形，可得电流指令值 i_c 与扰动后电感电流初始值 $i_L(0) = I_{L0} + \hat{i}_L(0)$ 和占空比 $(D + \hat{d})$ 的关系

$$i_c = I_{L0} + \hat{i}_L(0) + m_1(D + \hat{d})T_s \tag{3-8}$$

式（3-8）减去式（3-7）

$$\hat{i}_L(0) = -m_1\hat{d}T_s \tag{3-9}$$

类似可推得

$$\hat{i}_L(T_s) = m_2\hat{d}T_s \tag{3-10}$$

结合式（3-9）和式（3-10）

$$\hat{i}_L(T_s) = \hat{i}_L(0)\left(-\frac{m_2}{m_1}\right) \tag{3-11}$$

上式表示一个开关周期末时的电感电流的扰动量 $\hat{i}_L(T_s)$ 等于开关周期初的电感电流的扰动量 $\hat{i}_L(0)$ 与因子 $\left(-\dfrac{m_2}{m_1}\right)$ 的乘积。

类似地可推得

$$\hat{i}_L(2T_s) = \hat{i}_L(T_s)\left(-\frac{m_2}{m_1}\right) \tag{3-12}$$

将式（3-11）代入上式

$$\hat{i}_L(2T_s) = \hat{i}_L(0)\left(-\frac{m_2}{m_1}\right)^2 \tag{3-13}$$

一般可以推得

$$\hat{i}_L(nT_s) = \hat{i}_L((n-1)T_s)\left(-\frac{m_2}{m_1}\right) = \hat{i}_L(0)\left(-\frac{m_2}{m_1}\right)^n \tag{3-14}$$

通过 n 个周期以后电感电流的扰动量 $\hat{i}_L(nT_s)$ 等于开关周期初的电感电流的扰动量 $\hat{i}_L(0)$ 与因子 $\left(-\dfrac{m_2}{m_1}\right)^n$ 的乘积。

由式（3-14），当 $n\to\infty$ 时，通过 n 个周期以后电感电流的扰动量

$$|\hat{i}_L(nT_s)| = \begin{cases} 0 & \left|\dfrac{m_2}{m_1}\right| < 1 \\[2mm] \infty & \left|\dfrac{m_2}{m_1}\right| > 1 \end{cases} \tag{3-15}$$

上式表明，为使电流峰值控制满足稳定性条件，必须满足

$$\left|\frac{m_2}{m_1}\right| < 1 \tag{3-16}$$

对峰值电流控制 Boost 变换器，结合式（3-6）和式（3-16），得到峰值电流控制的稳定性条件

$$\frac{D}{D'} < 1 \tag{3-17}$$

化简得到峰值电流控制 Boost 变换器为实现稳定控制对占空比 D 的要求：

$$D < 0.5 \qquad\qquad (3-18)$$

图 3-6 为峰值电流控制 Boost 变换器的 $D = 0.6$ 的情况，此时 $D/D' = 0.6/0.4 = 1.5 > 1$，不满足峰值电流控制 Boost 变换器稳定控制条件式（3-17），因此电感电流不收敛，如图 3-6 所示。

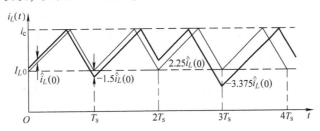

图 3-6 　$D = 0.6$ 时，电感电流变成不稳定

图 3-7 给出的情况为 $D = 1/3$，此时 $D/D' = \dfrac{1/3}{2/3} = 0.5 < 1$，满足峰值电流控制 Boost 变换器稳定控制条件式（3-17），因此电感电流收敛到稳定值，如图 3-7 所示。

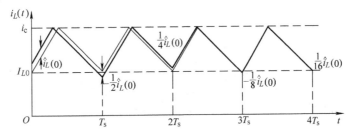

图 3-7 　$D = 1/3$ 时，电感电流稳定

一般，为了实现稳定的电流峰值控制，占空比 D 要限制在 0.5 以下。而从功率变换电路主电路优化的角度，通常希望占空比要设计得大于 0.5，有利于提高功率器件的利用率和功率变换的效率，减少输出纹波。这样电流峰值控制稳定性条件与功率变换电路主电路优化设计之间发生了矛盾。锯齿波电流补偿技术就是为解决这一矛盾而提出的。

3.1.2　锯齿波补偿稳定电流控制的稳定性分析

图 3-8a 为具有电流补偿的电流峰值控制电路，补偿信号为 $i_a(t)R_f$，对应锯齿波补偿电流为 $i_a(t)$，如图 3-8b 所示。引入锯齿波电流补偿信号是为了拓展占空比的工作范围，实现峰值电流稳定控制。

控制信号 $v_c = i_c R_f$ 与功率开关电流信号 $i_s(t)R_f$ 与补偿信号 $i_a(t)R_f$ 之和进行比较，如图 3-9 所示。加入锯齿波补偿信号后，比较器反转的条件发生变化，

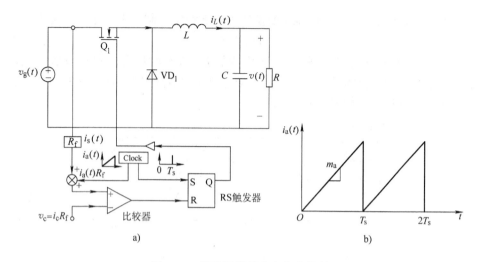

图 3 - 8　锯齿波补偿稳定电流控制

a）锯齿波补偿原理图　b）锯齿波补偿信号

即功率开关器件 Q_1 关断的条件变为

$$i_a(dT_s) + i_L(dT_s) = i_c \qquad (3-19)$$

即

$$i_L(dT_s) = i_c - i_a(dT_s) \qquad (3-20)$$

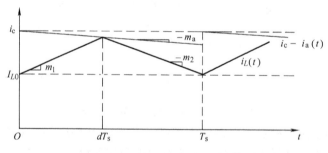

图 3 - 9　锯齿波补偿后峰值电流控制原理

　　如图 3 - 9 所示，加入锯齿波补偿后，电流指令值从恒定的 i_c 变成脉动的修正电流指令值 $i'_c = i_c - i_a(dT_s)$。下面分析为什么加入锯齿波补偿可以扩展电流峰值控制时的占空比 D 的工作范围。

　　由图 3 - 10 中扰动前的电感电流波形，可得修正后电流指令值 i'_c 与电感电流初始值 $i_L(0) = I_{L0}$ 和占空比 D 的关系

$$i'_c(DT_s) = I_{L0} + m_1 DT_s \qquad (3-21)$$

由图 3 - 10 中扰动后的电感电流波形，可得电流指令值 i'_c 与扰动后电感电流初始值 $i_L(0) = I_{L0} + \hat{i}_L(0)$ 和扰动后的占空比 $(D + \hat{d})$ 的关系

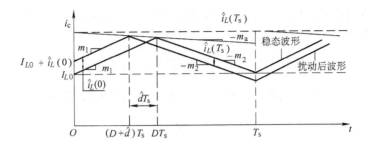

图 3 - 10　锯齿波补偿后峰值电流控制的扰动情况

$$i'_{\mathrm{c}}[(D+\hat{d})T_{\mathrm{s}}] = I_{L0} + \hat{i}_{\mathrm{L}}(0) + m_1(D+\hat{d})T_{\mathrm{s}} \qquad (3-22)$$

式 (3-22) 减去式 (3-21)

$$i'_{\mathrm{c}}[(D+\hat{d})T_{\mathrm{s}}] - i'_{\mathrm{c}}(DT_{\mathrm{s}}) = \hat{i}_{\mathrm{L}}(0) + m_1\hat{d}T_{\mathrm{s}} \qquad (3-23)$$

由图 3-10 得到

$$i'_{\mathrm{c}}[(D+\hat{d})T_{\mathrm{s}}] - i'_{\mathrm{c}}(DT_{\mathrm{s}}) = -m_{\mathrm{a}}\hat{d}T_{\mathrm{s}} \qquad (3-24)$$

结合式 (3-23) 和式 (3-24) 得到

$$\hat{i}_{\mathrm{L}}(0) = -\hat{d}T_{\mathrm{s}}(m_1+m_{\mathrm{a}}) \qquad (3-25)$$

将式 (3-25) 与式 (3-9) 比较，表明加入锯齿波补偿信号后，等效电感电流的上升率增加。

类似可推得一个开关周期末时刻电感电流扰动

$$\hat{i}_{\mathrm{L}}(T_{\mathrm{s}}) = \hat{d}T_{\mathrm{s}}(m_2-m_{\mathrm{a}}) \qquad (3-26)$$

上式与式 (3-10) 比较，表明加入锯齿波补偿信号后，等效电感电流的下降率减少。

结合式 (3-25) 和式 (3-26)，得到

$$\hat{i}_{\mathrm{L}}(T_{\mathrm{s}}) = \hat{i}_{\mathrm{L}}(0)\left(-\frac{m_2-m_{\mathrm{a}}}{m_1+m_{\mathrm{a}}}\right) \qquad (3-27)$$

上式表示一个开关周期末时的电感电流的扰动量 $\hat{i}_{\mathrm{L}}(T_{\mathrm{s}})$ 等于开关周期初的电感电流的扰动量 $\hat{i}_{\mathrm{L}}(0)$ 与因子 $\left(-\dfrac{m_2-m_{\mathrm{a}}}{m_1+m_{\mathrm{a}}}\right)$ 的乘积。

可以推得电感电流的初始扰动经过 n 个周期传递后变为

$$\hat{i}_{\mathrm{L}}(nT_{\mathrm{s}}) = \hat{i}_{\mathrm{L}}[(n-1)T_{\mathrm{s}}]\left(-\frac{m_2-m_{\mathrm{a}}}{m_1+m_{\mathrm{a}}}\right) = \hat{i}_{\mathrm{L}}(0)\left(-\frac{m_2-m_{\mathrm{a}}}{m_1+m_{\mathrm{a}}}\right)^n = \hat{i}_{\mathrm{L}}(0)\alpha^n$$

$$(3-28)$$

其中

$$\alpha = -\frac{m_2-m_{\mathrm{a}}}{m_1+m_{\mathrm{a}}} \qquad (3-29)$$

加入锯齿波补偿后，α 的分母绝对值增加，分子绝对值减小，使得 α 的绝对值减小，有利于电感电流的收敛。

当 $n\rightarrow\infty$ 时，电感电流的扰动量的绝对值 $|i_L(nT_s)|\rightarrow\begin{cases}0 & |\alpha|<1 \\ \infty & |\alpha|>1\end{cases}$

上式表明，为使加入锯齿波补偿后电流峰值控制满足稳定性条件，必须满足

$$|\alpha|=\left|-\frac{m_2-m_a}{m_1+m_a}\right|<1 \qquad (3-30)$$

将式（3-6）代入式（3-29），得到

$$\alpha=-\frac{1-\dfrac{m_a}{m_2}}{\dfrac{D'}{D}+\dfrac{m_a}{m_2}} \qquad (3-31)$$

若选择锯齿波补偿的斜率 $m_a=0.5m_2$，当占空比 $D=1$ 时，则 $\alpha=-1$；而当占空比 $0\leqslant D<1$ 时，则 $|\alpha|<1$。表明电流峰值控制总是稳定的。$m_a=0.5m_2$ 是 m_a 的临界值。

若选择 $m_a=m_2$，则 $\alpha=0$，为 Deadbeat 控制，一个开关周期就可使电感电流进入稳态。

电流峰值控制的 PWM 调制信号的产生方式与一般 PWM 调制器的占空比的产生方式不同，必然会对动态性能产生影响。为研究其动态性能，需为其建立动态模型。

3.2　一阶模型

3.2.1　一阶模型及电流峰值控制小信号模型

为了设计图 3-11 的内环采用电流峰值控制的电源系统外部电压环，需要首先获得采用电流峰值控制的内环的传递函数。本节讨论采用电流峰值控制的内环的动态模型的建立方法。

图 3-12 为 Buck-Boost 变换器以及电感电流波形。

当 DC/DC 变换器工作在电流连续方式（CCM），如果补偿矩齿波信号的幅度较小，则可以忽略其影响。另外，若忽略电感电流纹波，假定电感电流完全跟踪指令电流，认为电感电流等于指令电流值，即 $\langle i_L(t)\rangle_{T_s}=\langle i_c(t)\rangle_{T_s}$，于是

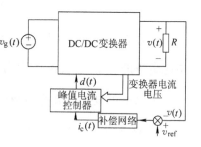

图 3-11　内环采用电流峰值控制的电源系统

$$\hat{i}_L(s) \approx \hat{i}_c(s) \tag{3-32}$$

式中，$\hat{i}_c(s)$ 为电流指令信号。

采用式（3-32）推得的电流峰值控制的内环的传递函数为一阶系统模型，因此称该建模方法为一阶模型方法。

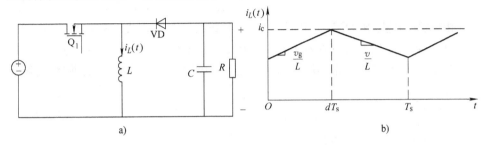

图 3-12　Buck-Boost 变换器及电感电流波形

a）Buck-Boost 变换电路　b）电感电流波形

以 Buck-Boost 变换器为例加以分析。CCM Buck-Boost 变换器的小信号交流模型为

$$L\frac{d\hat{i}_L(t)}{dt} = D\hat{v}_g(t) + D'\hat{v}(t) + (V_g - V)\hat{d}(t) \tag{3-33}$$

$$C\frac{d\hat{v}(t)}{dt} = -D'\hat{i}_L - \frac{\hat{v}(t)}{R} + I_L\hat{d}(t) \tag{3-34}$$

$$\hat{i}_g(t) = D\hat{i}_L + I_L\hat{d}(t) \tag{3-35}$$

以上三个方程经拉氏变换，得到

$$sL\hat{i}_L(s) = D\hat{v}_g(s) + D'\hat{v}(s) + (V_g - V)\hat{d}(s) \tag{3-36}$$

$$sC\hat{v}(s) = -D'\hat{i}_L(s) - \frac{\hat{v}(s)}{R} + I_L\hat{d}(s) \tag{3-37}$$

$$\hat{i}_g(s) = D\hat{i}_L(s) + I_L\hat{d}(s) \tag{3-38}$$

采用电流峰值控制一阶模型，将式（3-32）代入式（3-36），得到

$$sL\hat{i}_c(s) \approx D\hat{v}_g(s) + D'\hat{v}(s) + (V_g - V)\hat{d}(s)$$

解出占空比

$$\hat{d}(s) = \frac{sL\hat{i}_c(s) - D\hat{v}_g(s) - D'\hat{v}(s)}{V_g - V} \tag{3-39}$$

将上式和式（3-32）代入式（3-37）、式（3-38），得到

$$sC\hat{v}(s) = -D'\hat{i}_c(s) - \frac{\hat{v}(s)}{R} + I_L\frac{sL\hat{i}_c(s) - D\hat{v}_g(s) - D'\hat{v}(s)}{V_g - V} \tag{3-40}$$

$$\hat{i}_g(s) = D\hat{i}_c(s) + I_L\frac{sL\hat{i}_c(s) - D\hat{v}_g(s) - D'\hat{v}(s)}{V_g - V} \tag{3-41}$$

应用稳态关系式，化简得到电流峰值控制 Buck - Boost 电路的动态方程

$$sC\hat{v}(s) = \left(\frac{sLD}{D'R} - D'\right)\hat{i}_c(s) - \left(\frac{D}{R} + \frac{1}{R}\right)\hat{v}(s) - \left(\frac{D^2}{D'R}\right)\hat{v}_g(s) \quad (3-42)$$

$$\hat{i}_g(s) = \left(\frac{sLD}{D'R} + D\right)\hat{i}_c(s) - \left(\frac{D}{R}\right)\hat{v}(s) - \left(\frac{D^2}{D'R}\right)\hat{v}_g(s) \quad (3-43)$$

由电流峰值控制（CPM）Buck - Boost 电路的动态方程式（3-42）、式（3-43），可以得到小信号交流等效电路，如图 3-13 所示。由式（3-43），画出图 3-13a 输入部分等效电路；由式（3-42），画出图 3-13b 输出部分等效电路。

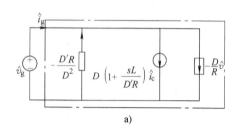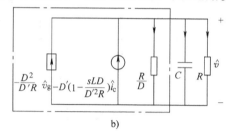

图 3-13　电流峰值控制 Buck - Boost 动态模型的等效电路

a）输入部分等效电路　b）输出部分等效电路

一般，可得到电流峰值控制 DC/DC 变换器的标准模型如图 3-14 所示。标准模型的参数与 DC/DC 变换器的类型有关，如表 3-1 所示。

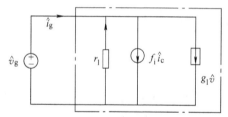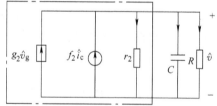

图 3-14　电流峰值控制（CPM）标准模型

表 3-1　电流峰值控制小信号模型

变换器	g_1	f_1	r_1	g_2	f_2	r_2
Buck	$\dfrac{D}{R}$	$D\left(1 + \dfrac{sL}{R}\right)$	$-\dfrac{R}{D^2}$	0	1	∞
Boost	0	1	∞	$\dfrac{1}{D'R}$	$D'\left(1 - \dfrac{sL}{D'^2R}\right)$	R
Buck - Boost	$-\dfrac{D}{R}$	$D\left(1 + \dfrac{sL}{D'R}\right)$	$-\dfrac{D'R}{D^2}$	$-\dfrac{D^2}{D'R}$	$-D'\left(1 - \dfrac{sDL}{D'^2R}\right)$	$\dfrac{R}{D}$

下面介绍如何由电流的峰值控制标准模型求解控制至输出传递函数和输入至

输出传递函数。

为求控制至输出传递函数，令图 3 – 14 电流峰值控制标准模型中 $\hat{v}_g(s) = 0$，于是可求得

$$G_{vc}(s) = \left. \frac{\hat{v}(s)}{\hat{i}_c(s)} \right|_{\hat{v}_g=0} = f_2\left(r_2 \parallel R \parallel \frac{1}{sC}\right) \qquad (3-44)$$

若以 Buck – Boost 电路为例，控制输出传递函数为

$$G_{vc}(s) = -R\frac{D'}{1+D}\frac{\left(1 - s\dfrac{DL}{D'^2R}\right)}{\left(1 + s\dfrac{RC}{1+D}\right)} \qquad (3-45)$$

为求输入输出传递函数，令图 3 – 14 电流峰值控制标准模型中 $\hat{i}_c(s) = 0$，可求得输入至输出的传递函数

$$G_{vg}(s) = \left. \frac{\hat{v}(s)}{\hat{v}_g(s)} \right|_{i_c=0} = g_2\left(r_2 /\!/ R /\!/ \frac{1}{sC}\right) \qquad (3-46)$$

若以 Buck – Boost 电路为例，输入输出传递函数为

$$G_{vg}(s) = -\frac{D^2}{1-D^2}\frac{1}{\left(1 + s\dfrac{RC}{1+D}\right)} \qquad (3-47)$$

求输出阻抗时，令标准模型中 $\hat{v}_g(s) = 0$ 和 $\hat{i}_c(s) = 0$，得到

$$Z_{out}(s) = r_2 /\!/ R /\!/ \frac{1}{sC} \qquad (3-48)$$

Buck – Boost 电路等效输出阻抗为

$$Z_{out}(s) = \frac{R}{1+D}\frac{1}{\left(1 + s\dfrac{RC}{1+D}\right)} \qquad (3-49)$$

3.2.2　平均开关网络模型

我们以 CCM 方式 Buck 变换器为例，如图 3 – 15 所示，讨论用平均开关网络模型方法推导基于一阶模型方法的电流峰值控制变换器动态模型。

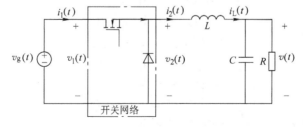

图 3 – 15　开关网络模型

CCM 方式 Buck 变换器端口变量波形平均值为

$$\langle v_2(t)\rangle_{T_s} = d(t)\langle v_1(t)\rangle_{T_s} \tag{3-50}$$

$$\langle i_1(t)\rangle_{T_s} = d(t)\langle i_2(t)\rangle_{T_s} \tag{3-51}$$

另外，由一阶模型

$$\langle i_2(t)\rangle_{T_s} \approx \langle i_c(t)\rangle_{T_s} \tag{3-52}$$

由式（3-50），解出占空比

$$d(t) = \frac{\langle v_2(t)\rangle_{T_s}}{\langle v_1(t)\rangle_{T_s}} \tag{3-53}$$

将式（3-52）和上式代入式（3-51）

$$\langle i_1(t)\rangle_{T_s} = d(t)\langle i_c(t)\rangle_{T_s} = \frac{\langle v_2(t)\rangle_{T_s}}{\langle v_1(t)\rangle_{T_s}}\langle i_c(t)\rangle_{T_s} \tag{3-54}$$

也即 $\qquad \langle i_1(t)\rangle_{T_s}\langle v_1(t)\rangle_{T_s} = \langle i_c(t)\rangle_{T_s}\langle v_2(t)\rangle_{T_s} \tag{3-55}$

上式表明，二端口开关网络满足功率平衡条件。

电流峰值控制 Buck 变换器的平均开关网络模型如图 3-16 所示，输出端口为一个电流源，输入端口为一个受控电流源。图 3-16 为电流峰值控制 Buck 变换器的平均开关网络。

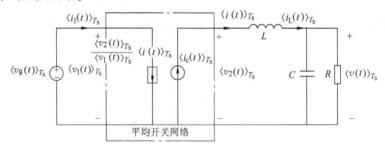

图 3-16　CPM Buck 变换器的平均开关网络

为求小信号系统模型，引入小信号扰动如下：

令 $\qquad\qquad \langle v_1(t)\rangle_{T_s} = V_1 + \hat{v}_1(t) \tag{3-56}$

$$\langle i_1(t)\rangle_{T_s} = I_1 + \hat{i}_1(t) \tag{3-57}$$

$$\langle v_2(t)\rangle_{T_s} = V_2 + \hat{v}_2(t) \tag{3-58}$$

$$\langle i_2(T)\rangle_{T_s} = I_2 + \hat{i}_2(t) \tag{3-59}$$

$$\langle i_c(t)\rangle_{T_s} = I_c + \hat{i}_c(t) \tag{3-60}$$

功率平衡方程式（3-55）扰动后变为

$$[I_1 + \hat{i}_1(t)][V_1 + \hat{v}_1(t)] = [I_c + \hat{i}_c(t)][V_2 + \hat{v}_2(t)] \tag{3-61}$$

经线性化处理后得到输入端口电流扰动为

$$\hat{i}_1(t) = \hat{i}_c(t)\frac{V_2}{V_1} + \hat{v}_2(t)\frac{I_c}{V_1} - \hat{v}_1(t)\frac{I_1}{V_1} \tag{3-62}$$

输出端口方程为 $\hat{i}_2 = \hat{i}_c$。

将线性化二端口网络代回原电路，得到电流峰值控制 Buck 变换器小信号交流等效电路模型，如图 3 – 17 所示。

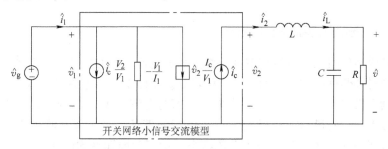

图 3 – 17　CPM Buck 变换器小信号交流模型

经等效变换，图 3 – 17 也可以表示成图 3 – 18，其中电流源 $\hat{i}_c(t)\dfrac{V_2}{V_1}$ 表示成 $\hat{i}_c D$，电阻 $-\dfrac{V_1}{I_1}$ 表示成 $-\dfrac{R}{D^2}$，受控电流源 $\hat{v}_2(t)\dfrac{I_c}{V_1}$ 表示成 $\dfrac{D}{R}\hat{v}_2$。

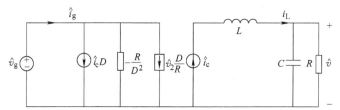

图 3 – 18　变换后的 CPM Buck 变换器小信号交流模型

图 3 – 18 与图 3 – 14 略有区别，在这里输入端口的电流源为 $\hat{i}_c D$，受控电流源为 $\dfrac{D}{R}\hat{v}_2$；而在图 3 – 14 中，输入端口的电流源为 $\hat{i}_c\left[D\left(1 + \dfrac{sL}{R}\right)\right]$，受控电流源为 $\dfrac{D}{R}\hat{v}$。但如果将图 3 – 18 输入端口的受控电流源为 $\dfrac{D}{R}\hat{v}_2$ 的变量 $\hat{v}_2$ 用 $sL\hat{i}_C + \hat{v}$ 代替，则可以转化成图 3 – 14 电流峰值控制 Buck 小信号交流模型的形式。

类似地可以求出控制至输出的传递函数为

$$G_{vc}(s) = \left.\frac{\hat{v}(s)}{\hat{i}_c(s)}\right|_{\hat{v}_g=0} = \left(R \,/\!/\, \frac{1}{sC}\right) = \frac{R}{1 + RCs} = Z_0(s) \tag{3-63}$$

输入至输出的传递函数为

$$G_{vg}(s) = \left.\frac{\hat{v}(s)}{\hat{v}_g(s)}\right|_{\hat{i}_c=0} = 0 \tag{3-64}$$

上式表明，输入电压扰动 $\hat{v}_g$ 对输出电压 $\hat{v}$ 没有影响，因为输出 $\hat{v}$ 仅受电流指令 $\hat{i}_c$ 的控制。

3.3 改进电流控制模型

3.3.1 改进电流控制模型原理

一阶模型忽略电感电流纹波和补偿锯齿波电流，因此仅适用于电感电流纹波较小，同时补偿锯齿波电流斜率较小的场合。实际上，当电感电流脉动较大，且存在补偿锯齿波时，$i_L(t)$ 的开关周期平均值与电流指令 i_c 的开关周期平均值之间差异较大，一阶模型不再适用。一个极端的例子，当工作在临界电流导电方式，$i_L(t)$ 的开关周期平均值仅为电流指令 i_c 的开关周期平均值的 1/2，显然与一阶模型式（3-32）的情况差别很大。图 3-19 给出电流峰值控制时电感电流 $i_L(t)$、电流指令 i_c、补偿电流 i_a 的关系，可得电感电流的开关周期平均值。

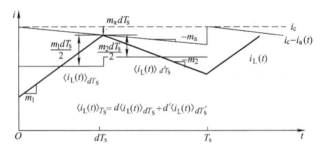

图 3-19 电流峰值控制方式

由图 3-19，可以导出电感电流的开关周期平均值

$$\langle i_L(t) \rangle_{T_s} = \langle i_c(t) \rangle_{T_s} - m_a d T_s - d \frac{m_1 d T_s}{2} - d' \frac{m_2 d' T_s}{2} \tag{3-65}$$

$$= \langle i_c(t) \rangle_{T_s} - m_a d T_s - m_1 \frac{d^2 T_s}{2} - m_2 \frac{d'^2 T_s}{2}$$

引入扰动，各变量为

$$\langle i_L(t) \rangle_{T_s} = I_L + \hat{i}_L(t) \tag{3-66}$$

$$\langle i_c(t) \rangle_{T_s} = I_c + \hat{i}_c(t) \tag{3-67}$$

$$d(t) = D + \hat{d}(t) \tag{3-68}$$

$$m_1(t) = M_1 + \hat{m}_1(t) \tag{3-69}$$

$$m_2(t) = M_2 + \hat{m}_2(t) \tag{3-70}$$

假定补偿锯齿波的斜率恒定，即 $m_a = M_a$。引入扰动后，电感电流 $\langle i_L(t) \rangle_{T_s}$ 为

$$I_{\mathrm{L}} + \hat{i}_{\mathrm{L}}(t) = I_{\mathrm{c}} + \hat{i}_{\mathrm{c}}(t) - M_{\mathrm{a}}T_{\mathrm{s}}[D + \hat{d}(t)] - [M_1 + \hat{m}_1(t)][D + \hat{d}(t)]^2 \frac{T_{\mathrm{s}}}{2}$$

$$- [M_2 + \hat{m}_2(t)][D' - \hat{d}(t)]^2 \frac{T_{\mathrm{s}}}{2} \qquad (3-71)$$

略去高阶项，保留一阶项，得到

$$\hat{i}_{\mathrm{L}}(t) = \hat{i}_{\mathrm{c}}(t) - (M_{\mathrm{a}}T_{\mathrm{s}} + DM_1 T_{\mathrm{s}} - D'M_2 T_{\mathrm{s}})\hat{d}(t) - \frac{D^2 T_{\mathrm{s}}}{2}\hat{m}_1(t) - \frac{D'^2 T_{\mathrm{s}}}{2}\hat{m}_2(t)$$

$$(3-72)$$

利用稳态关系 $\dfrac{M_2}{M_1} = \dfrac{D}{D'}$，简化得到

$$\hat{i}_{\mathrm{L}}(t) = \hat{i}_{\mathrm{c}}(t) - M_{\mathrm{a}}T_{\mathrm{s}}\hat{d}(t) - \frac{D^2 T_{\mathrm{s}}}{2}\hat{m}_1(t) - \frac{D'^2 T_{\mathrm{s}}}{2}\hat{m}_2(t) \qquad (3-73)$$

求出占空比 $\hat{d}(t)$

$$\hat{d}(t) = \frac{1}{M_{\mathrm{a}}T_{\mathrm{s}}}\left[\hat{i}_{\mathrm{c}}(t) - \hat{i}_{\mathrm{L}}(t) - \frac{D^2 T_{\mathrm{s}}}{2}\hat{m}_1(t) - \frac{D'^2 T_{\mathrm{s}}}{2}\hat{m}_2(t)\right] \qquad (3-74)$$

对于 Buck 变换器，电流的上升率为

$$m_1(t) = \frac{v_{\mathrm{g}} - v}{L} \qquad (3-75)$$

电流的下降率为

$$- m_2(t) = - \frac{v}{L} \qquad (3-76)$$

由式（3-75），求出电流上升率的扰动量

$$\hat{m}_1(t) = \frac{\hat{v}_{\mathrm{g}}}{L} - \frac{\hat{v}}{L} \qquad (3-77)$$

由式（3-76），求出电流下降率的扰动量

$$\hat{m}_2(t) = \frac{\hat{v}}{L} \qquad (3-78)$$

将式（3-77）和式（3-78）代入式（3-74），得到电流峰值控制 Buck 变换器的占空比函数

$$\hat{d}(t) = \frac{1}{M_{\mathrm{a}}T_{\mathrm{s}}}\left[\hat{i}_{\mathrm{c}}(t) - \hat{i}_{\mathrm{L}}(t) - \frac{D^2 T_{\mathrm{s}}}{2}\left(\frac{\hat{v}_{\mathrm{g}} - \hat{v}}{L}\right) - \frac{D'^2 T_{\mathrm{s}}}{2}\frac{\hat{v}}{L}\right]$$

$$= \frac{1}{M_{\mathrm{a}}T_{\mathrm{s}}}\left[\hat{i}_{\mathrm{c}}(t) - \hat{i}_{\mathrm{L}}(t) - \frac{D^2 T_{\mathrm{s}}}{2L}\hat{v}_{\mathrm{g}} - \left(\frac{D'^2 T_{\mathrm{s}}}{2L} - \frac{D^2 T_{\mathrm{s}}}{2L}\right)\hat{v}\right]$$

$$= \frac{1}{M_{\mathrm{a}}T_{\mathrm{s}}}\left[\hat{i}_{\mathrm{c}}(t) - \hat{i}_{\mathrm{L}}(t) - \frac{D^2 T_{\mathrm{s}}}{2L}\hat{v}_{\mathrm{g}} - \frac{(1 - 2D) T_{\mathrm{s}}}{2L}\hat{v}\right] \qquad (3-79)$$

电流峰值控制时占空比函数的一般形式

$$\hat{d}(t) = F_{\mathrm{m}}[\hat{i}_{\mathrm{c}}(t) - \hat{i}_{\mathrm{L}}(t) - F_{\mathrm{g}}\hat{v}_{\mathrm{g}}(t) - F_{\mathrm{v}}\hat{v}(t)] \tag{3-80}$$

式中，$F_{\mathrm{m}} = 1/(M_{\mathrm{a}}T_{\mathrm{s}})$，对应各种变换器的 F_{g}、F_{v} 参数如表 3 - 2 所示。

表 3 - 2　电流峰值控制变换器的占空比函数的参数

变换器	F_{g}	F_{v}
Buck	$\dfrac{D^2 T_{\mathrm{s}}}{2L}$	$\dfrac{(1-2D)\,T_{\mathrm{s}}}{2L}$
Boost	$\dfrac{(2D-1)\,T_{\mathrm{s}}}{2L}$	$\dfrac{D'^2 T_{\mathrm{s}}}{2L}$
Buck - Boost	$\dfrac{D^2 T_{\mathrm{s}}}{2L}$	$-\dfrac{D'^2 T_{\mathrm{s}}}{2L}$

由电流控制的占空比公式 $\hat{d}(t) = F_{\mathrm{m}}[\hat{i}_{\mathrm{c}}(t) - \hat{i}_{\mathrm{L}}(t) - F_{\mathrm{g}}\hat{v}_{\mathrm{g}}(t) - F_{\mathrm{v}}\hat{v}(t)]$，可以画出电流控制部分的框图如图 3 - 20 所示。

将上述电流控制器的框图应用于各种 DC/DC 变换器小信号交流模型，即可得到对应变换器电流控制的模型，如图 3 - 21 ~ 图 3 - 23 所示。

3.3.2　改进电流控制模型的应用

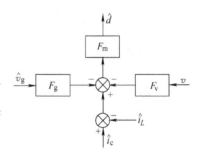

图 3 - 20　电流控制器的框图

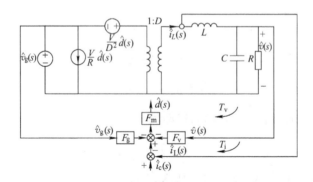

图 3 - 21　CPM Buck 变换器模型

下面以 CPM Buck 变换器模型为例加以分析。在图 3 - 24 中输出 LCR 网络的阻抗为

$$Z_{\mathrm{i}} = sL + \left(R \,/\!/\, \frac{1}{sC}\right) \tag{3-81}$$

输出阻抗为

$$Z_{\mathrm{o}} = R \,/\!/\, \frac{1}{sC} \tag{3-82}$$

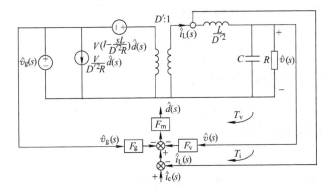

图 3 – 22　CPM Boost 变换器模型

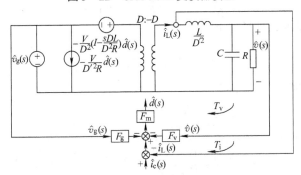

图 3 – 23　CPM Buck – Boost 变换器模型

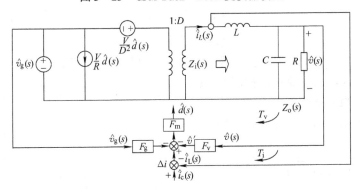

图 3 – 24　CPM Buck 变换器模型

电感电流

$$\hat{\imath}_L(s) = \frac{D}{Z_i(s)}\left[\hat{v}_g(s) + \frac{V}{D^2}\hat{d}(s)\right] \tag{3-83}$$

变换器输出电压

$$\hat{v}(s) = \hat{\imath}_L(s)Z_o(s) = \frac{DZ_o(s)}{Z_i(s)}\left[\hat{v}_g(s) + \frac{V}{D^2}\hat{d}(s)\right] \tag{3-84}$$

由上式可以求出占空比到输出的传递函数

$$G_{vd} = \frac{\hat{v}(s)}{\hat{d}(s)}\bigg|_{\hat{v}_g=0} = \frac{V}{D}\frac{Z_o(s)}{Z_i(s)} \qquad (3-85)$$

在图 3-24 中电压回路传递函数

$$T_v(s) = F_m G_{vd} F_v = F_m \frac{V}{D}\frac{Z_o(s)}{Z_i(s)}F_v \qquad (3-86)$$

电压内环的闭环传递函数为

$$\frac{\hat{v}'}{\Delta\hat{i}} = \frac{T_v(s)}{1+T_v(s)} \qquad (3-87)$$

因为 $\hat{v}' = F_v\hat{v}, \hat{v} = \hat{i}_L Z_o$，代入上式，得到

$$\frac{\hat{i}_L}{\Delta\hat{i}} = \frac{1}{Z_o(s)F_v}\frac{T_v(s)}{1+T_v(s)} \qquad (3-88)$$

即电流回路传递函数推导如下：

$$T_i(s) = \frac{1}{Z_o(s)F_v}\frac{T_v(s)}{1+T_v(s)} \qquad (3-89)$$

将式 (3-86) 代入上式

$$T_i(s) = \frac{F_m\dfrac{V}{D}\dfrac{1}{Z_i(s)}}{1+F_m F_v \dfrac{V}{D}\dfrac{Z_o(s)}{Z_i(s)}} = \frac{F_m\dfrac{V}{D}}{Z_i(s)+F_m F_v \dfrac{V}{D}Z_o(s)} \qquad (3-90)$$

电流闭环的传递函数为

$$\frac{\hat{i}_L(s)}{\hat{i}_c(s)} = \frac{T_i(s)}{1+T_i(s)} \qquad (3-91)$$

上式表明，当 $T_i(s)$ 很大时，$\hat{i}_L$ 可近似为 $\hat{i}_c$，即简化一阶模型。

图 3-25 给出电流峰值控制 Buck 变换器的控制系统框图。

电流控制至输出的传递函数为

$$G_{vc}(s) = \frac{\hat{v}(s)}{\hat{i}_c(s)} = \frac{\hat{i}_L(s)}{\hat{i}_c(s)}Z_o(s)$$

$$(3-92)$$

代入式 (3-91)，得到

$$G_{vc}(s) = \frac{T_i(s)}{1+T_i(s)}Z_o(s)$$

上式表明电流指令控制至变换器输出电压的传递函数为一阶模型所对应的传递函数 $Z_o(s)$ 乘上一个修正因子 $T_i/(1+T_i)$。

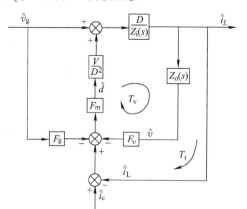

图 3-25　CPM Buck 变换器控制系统框图

对于 Buck 变换器，可解出 $T_i(s)$

$$T_i(s) = K\frac{1-\alpha}{1+\alpha} \cdot \frac{1+sRC}{1+s\left(\dfrac{L}{R}\dfrac{2DM_a}{M_2}\dfrac{1-\alpha}{1+\alpha}\right)+s^2\left(LC\dfrac{2DM_a}{M_2}\dfrac{1-\alpha}{1+\alpha}\right)} \quad (3-93)$$

式中，$K = 2L/RT_s$，对于 CCM Buck 变换器，$K > D$；

$$\alpha = -\frac{1-\dfrac{m_a}{m_2}}{\dfrac{D'}{D}+\dfrac{m_a}{m_2}}$$

控制器稳定的条件为 $|\alpha| < 1$。

$T_i(s)$ 可简化表示为

$$T_i(s) = T_{i0}\frac{1+\dfrac{s}{\omega_z}}{1+\dfrac{s}{Q\omega_0}+\left(\dfrac{s}{\omega_0}\right)^2} \quad (3-94)$$

式中，$T_{i0} = K\dfrac{1-\alpha}{1+\alpha}$；$\omega_z = \dfrac{1}{RC}$；$\omega_0 = \dfrac{1}{\sqrt{LC\dfrac{2DM_a}{M_2}\dfrac{1-\alpha}{1+\alpha}}}$；$Q = R\sqrt{\dfrac{C}{L}}\sqrt{\dfrac{M_2}{2DM_a}\dfrac{1+\alpha}{1-\alpha}}$。

$T_i(s)$ 有一个零点，两个共轭极点，如图 3-26 所示。

在高频段，$T_i(s)$ 可近似为

$$T_i(s) \approx T_{i0}\frac{\left(\dfrac{s}{\omega_z}\right)}{\left(\dfrac{s}{\omega_0}\right)^2} = T_{i0}\frac{\omega_0^2}{s\omega_z} \quad (3-95)$$

在穿越频率时，$T_i(s)$ 的幅度为 1

$$\| T_i(\mathrm{j}2\pi f_c) \| \approx T_{i0}\frac{\omega_0^2}{2\pi f_c\omega_z} = 1 \quad (3-96)$$

求出穿越频率 $f_c = T_{i0}\dfrac{\omega_0^2}{2\pi\omega_z}$，代入 ω_0、ω_z、T_{i0}，经化简可得

$$f_c = \frac{M_2}{M_a}\frac{f_s}{2\pi D} \quad (3-97)$$

在高频段，$T_i(s)$ 可近似表示为

$$T_i(s) \approx \frac{\omega_c}{s} \quad (3-98)$$

式中，$\omega_c = 2\pi f_c$。

这样可以求出在高频段的闭环传递函数

$$\frac{\hat{i}_L(s)}{\hat{i}_c(s)} = \frac{T_i(s)}{1 + T_i(s)} = \frac{\frac{\omega_c}{s}}{1 + \omega_c/s} = \frac{1}{1 + s/\omega_c} \qquad (3-99)$$

在中频和低频段，由于 $T_i(s) \gg 1$，因此

$$\frac{\hat{i}_L(s)}{\hat{i}_c(s)} = \frac{T_i(s)}{1 + T_i(s)} \approx 1 \qquad (3-100)$$

结合式（3-99）和式（3-100），电流控制的闭环传递函数可以近似为

$$\frac{\hat{i}_L(s)}{\hat{i}_c(s)} = \frac{1}{1 + s/\omega_c} \qquad (3-101)$$

电流控制的闭环传递函数的波特图如图 3-26 所示。

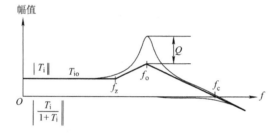

图 3-26　$T_i(s)$ 和 $\dfrac{T_i(s)}{1 + T_i(s)}$ 的幅频波特图

将式（3-82）、式（3-101）代入式（3-92），得到控制至输出的传递函数

$$G_{vc}(s) = Z_o(s) \frac{T_i(s)}{1 + T_i(s)} \approx \frac{R}{(1 + sRC)\left(1 + \dfrac{s}{\omega_c}\right)} \qquad (3-102)$$

由上式可见，采用改进电流控制模型推得的控制至输出电压传递函数比一阶模型多一个极点。

下面介绍 $G_{vc}(s)$ 的另一种推导过程。将式（3-93）代入方程 $G_{vc}(s) = Z_o(s) \dfrac{T_i(s)}{1 + T_i(s)}$，经整理得到

$$G_{vc}(s) = R \frac{T_{i0}}{1 + T_{i0}} \frac{1}{1 + s\left[\dfrac{T_{i0}}{1 + T_{i0}} \dfrac{1}{\omega_z} + \dfrac{1}{(1 + T_{i0})Q\omega_0}\right] + \dfrac{1}{1 + T_{i0}}\left(\dfrac{s}{\omega_0}\right)^2} \qquad (3-103)$$

当 $|T_{i0}| \gg 1$，则上式可近似为

$$G_{vc}(s) \approx R \frac{1}{1 + \dfrac{s}{\omega_z} + \dfrac{s^2}{T_{i0}\omega_0^2}} \qquad (3-104)$$

上式分母经因式分解，可近似为

$$G_{vc}(s) \approx R \frac{1}{\left(1 + \dfrac{s}{\omega_z}\right)\left(1 + \dfrac{s\omega_z}{T_{i0}\omega_0^2}\right)} \qquad (3-105)$$

下面求电压输入至输出的传递函数。由图 3-25，变换器输出电压可以表示为

$$\hat{v}(s) = \hat{i}_c(s)Z_o(s)\frac{T_i(s)}{1 + T_i(s)} + \hat{v}_g(s)\frac{G_{g0}(s)}{1 + T_i(s)} \qquad (3-106)$$

其中

$$G_{g0}(s) = Z_o(s)\frac{D}{Z_i(s)}\frac{\left(1 - \dfrac{V}{D^2}F_m F_g\right)}{1 + \dfrac{V}{D^2}F_m F_v Z_o(s)\dfrac{D}{Z_i(s)}} \qquad (3-107)$$

因此

$$G_{vg}(s) = \frac{\hat{v}(s)}{\hat{v}_g(s)}\Bigg|_{i_c(s)=0} = \frac{G_{g0}(s)}{1 + T_i(s)} \qquad (3-108)$$

将式 (3-94) 和式 (3-107) 代入上式，化简得到

$$G_{vg}(s) = \frac{\left(\dfrac{1}{1 + T_{i0}}\right)\dfrac{(1 - \alpha)}{(1 + \alpha)}2D^2\left(\dfrac{M_a}{M_2} - \dfrac{1}{2}\right)}{1 + s\left[\dfrac{T_{i0}}{1 + T_{i0}}\dfrac{1}{\omega_z} + \dfrac{1}{(1 + T_{i0})Q\omega_0}\right] + \dfrac{1}{1 + T_{i0}}\left(\dfrac{s}{\omega_0}\right)^2} \qquad (3-109)$$

当 $|T_{i0}| \gg 1$ 时，上式可以近似为

$$G_{vg}(s) \approx \frac{G_{vg}(0)}{\left(1 + \dfrac{s}{\omega_z}\right)\left(1 + \dfrac{s}{\omega_c}\right)} \qquad (3-110)$$

其中

$$G_{vg}(0) = \frac{2D^2}{K}\left(\frac{M_a}{M_2} - \frac{1}{2}\right) \qquad (3-111)$$

当 $\dfrac{M_a}{M_2} = 0.5$，直流增益 $G_{vg}(0) = 0$。这表明通过前馈控制可彻底消除输入 v_g 变化对变换器的影响。输入至输出传递函数的极点与电流指令控制至输出的传递函数相同。

3.4　电流断续工作（DCM）变换器

我们以 DCM Buck-Boost 变换器为例，分析其电流峰值控制时的动态模型。图 3-27a 为 Buck-Boost 电路图，图中点划线部分为二端口开关网络。电感电流与电压波形表示在图 3-27b 中，这里电流峰值控制中引入锯齿波补偿。

如图 3-27b 所示，电感电流峰值为

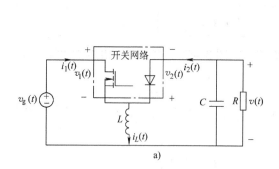
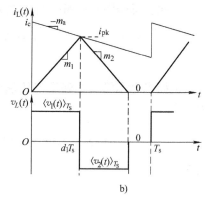

图 3 - 27 DCM Buck - Boost 变换器的 CPM 控制

$$i_{pk} = m_1 d_1 T_s \tag{3-112}$$

其中电流上升率 $m_1 = \dfrac{\langle v_g(t) \rangle_{T_s}}{L}$，又由式（2-8），得到

$$m_1 = \frac{\langle v_1(t) \rangle_{T_s}}{L} \tag{3-113}$$

指令电流的最大值

$$i_c = i_{pk} + m_a d_1 T_s = (m_1 + m_a) d_1 T_s \tag{3-114}$$

由上式解出占空比

$$d_1(t) = \frac{i_c(t)}{(m_1 + m_a) T_s} \tag{3-115}$$

二端口开关网络输入端电流 $i_1(t)$ 如图 3 - 28 所示。$i_1(t)$ 的开关周期平均值为

$$\begin{aligned} \langle i_1(t) \rangle_{T_s} &= \frac{1}{T_s} \int_t^{t+T_s} i_1(\tau) \mathrm{d}\tau = \frac{q_1}{T_s} \\ &= \frac{1}{2} i_{pk}(t) d_1(t) \\ &= \frac{1}{2} m_1 d_1^2(t) T_s \end{aligned} \tag{3-116}$$

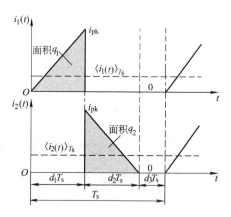

图 3 - 28 开关网络端口变量

将式（3-113）和式（3-115）代入上式，化简得到

$$\langle i_1(t) \rangle_{T_s} = \frac{\dfrac{1}{2} L i_c^2 f_s}{\langle v_1(t) \rangle_{T_s} \left(1 + \dfrac{m_a}{m_1}\right)^2} \tag{3-117}$$

由上式得到二端口开关网络输入平均功率为

$$\langle i_1(t)\rangle_{T_s}\langle v_1(t)\rangle_{T_s} = \frac{\frac{1}{2}Li_c^2 f_s}{\left(1+\dfrac{m_a}{m_1}\right)^2} = \langle p(t)\rangle_{T_s} \qquad (3-118)$$

在阶段 1，能量通过主开关储存至电感中，输入能量为

$$W = \frac{1}{2}Li_{pk}^2 \qquad (3-119)$$

二端口开关网络输出电流 $i_2(t)$ 如图 3-28 所示。$i_2(t)$ 的开关周期平均值为

$$\langle i_2(t)\rangle_{T_s} = \frac{1}{T_s}\int_t^{t+T_s} i_2(\tau)\,\mathrm{d}\tau = \frac{q_2}{T_s} = \frac{\frac{1}{2}i_{pk}d_2(t)T_s}{T_s} = \frac{1}{2}i_{pk}d_2(t)$$
$$(3-120)$$

结合式 (2-6)、式 (2-8)、式 (2-9) 得到 $d_2(t) = d_1(t)\dfrac{\langle v_1(t)\rangle_{T_s}}{\langle v_2(t)\rangle_{T_s}}$，
代入式 (3-120)

$$\langle i_2(t)\rangle_{T_s} = \frac{1}{2}i_{pk}d_1(t)\frac{\langle v_1(t)\rangle_{T_s}}{\langle v_2(t)\rangle_{T_s}} \qquad (3-121)$$

代入式 (3-116)

$$\langle i_2(t)\rangle_{T_s} = \frac{\langle i_1(t)\rangle\langle v_1(t)\rangle_{T_s}}{\langle v_2(t)\rangle_{T_s}} \qquad (3-122)$$

代入式 (3-118)

$$\langle i_2(t)\rangle_{T_s} = \frac{\langle p(t)\rangle_{T_s}}{\langle v_2(t)\rangle_{T_s}} = \frac{\frac{1}{2}Li_c^2(t)f_s}{\langle v_2(t)\rangle_{T_s}\left(1+\dfrac{m_a}{m_1}\right)^2} \qquad (3-123)$$

由上式得到

$$\langle i_2(t)\rangle_{T_s}\langle v_2(t)\rangle_{T_s} = \frac{\frac{1}{2}Li_c^2(t)f_s}{\left(1+\dfrac{m_a}{m_1}\right)^2} = \langle p(t)\rangle_{T_s} \qquad (3-124)$$

由式 (3-118) 和式 (3-124) 可知，二端口开关网络服从功率平衡原则。
二端口平均开关网络传递的功率满足

$$\langle p(t)\rangle_{T_s} = \frac{\frac{1}{2}Li_c^2(t)f_s}{\left(1+\dfrac{m_a}{m_1}\right)^2} \qquad (3-125)$$

在阶段 2，所有储存在电感中的能量通过二极管传输至负载。图 3-29 给出

DCM Buck – Boost 变换器采用 CPM 控制的开关周期平均模型，输入端口和输出端口分别用电压控制受控电流源表示。输入端口的电压控制受控电流源为

$$\langle i_1(t) \rangle_{T_s} = \frac{\frac{1}{2}Li_o^2 f_s}{\langle v_1(t) \rangle_{T_s}\left(1 + \frac{m_a}{m_1}\right)^2} \qquad (3-126)$$

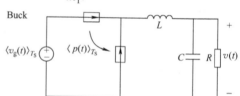

图 3 – 29　DCM Buck – Boost 变换器的 CPM 控制平均模型

输出端口的电压控制受控电流源为

$$\langle i_2(t) \rangle_{T_s} = \frac{\frac{1}{2}Li_c^2(t) f_s}{\langle v_2(t) \rangle_{T_s}\left(1 + \frac{m_a}{m_1}\right)^2} \qquad (3-127)$$

类似地可以推导到其他 CPM 控制 DCM DC/DC 变换器的平均模型，如图 3 – 30 所示。

为了求 CPM 控制 DCM Buck – Boost 变换器的稳态模型，将图 3 – 29 中的电容移去，电感用短路线代替，于是得到稳态等效电路如图 3 – 31 所示。

由式（3 – 125）可以得到稳态时的功率 P 为

$$P = \frac{\frac{1}{2}LI_c^2(t) f_s}{\left(1 + \frac{M_a}{M_1}\right)^2} \qquad (3-128)$$

式中，I_c 为指令电流 $i_c(t)$ 的稳态值。

由　　　　$$\frac{V^2}{R} = P \qquad (3-129)$$

可以求出稳态输出电压

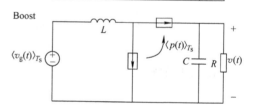

图 3 – 30　DCM Buck 变换器和 Boost 变换器的 CPM 控制平均模型

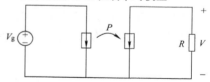

图 3 – 31　CPM 控制 DCM Buck – Boost 变换器稳态等效电路

$$V = \sqrt{PR} = I_c \sqrt{\frac{RLf_s}{2\left(1 + \dfrac{M_a}{M_1}\right)^2}} \qquad (3-130)$$

CPM 控制 DCM Buck、Boost 和 Buck – Boost 变换器的稳态特性总结于表 3 – 3。

表 3 – 3　CPM 控制的 DCM 变换器的稳态特性参数

变换器	M	I_{crit}	$m_a = 0$ 时的稳定范围
Buck	$\dfrac{P_{load} - P}{P_{load}}$	$\dfrac{1}{2}\ (I_c - M m_a T)$	$0 \leqslant M \leqslant \dfrac{2}{3}$
Boost	$\dfrac{P_{load}}{P_{load} - P}$	$\dfrac{I_c - \dfrac{M-1}{M} m_a T_s}{2M}$	$0 \leqslant D \leqslant 1$
Buck – Boost	与负载特性有关 $P_{load} = P$	$\dfrac{I_c - \dfrac{M}{M-1} m_a T_s}{2\ (M-1)}$	$0 \leqslant D \leqslant 1$

表 3 – 3 中，P_{load} 表示消耗在负载上的功率，P 仍表示二端口平均开关网络传递的稳态功率。DC/DC 变换器工作在电流断续方式的条件：当 $\mid I_0 \mid > \mid I_{crit} \mid$ 时，电路工作在 CCM 方式；当 $\mid I_0 \mid < \mid I_{crit} \mid$ 时，电路工作在 DCM 方式。其中 I_0 为负载电流，I_{crit} 为 DC/DC 变换器工作在 CCM 与 CDM 边界时的临界负载电流。

在 DCM 方式时，由于 DC/DC 变换器中电感电流在一个周期的始末均为零，即使采用电流峰值控制也不会出现前面介绍 CPM 控制 CCM DC/DC 变换器的不稳定现象。采用电流峰值控制的 DCM Boost 和 DCM BuckBoost 变换器总是稳定的。但是当电流峰值控制的 DCM Buck 变换器满足 $M > 2/3$ 和 $M_a = 0$ 时，将出现一种低频的振荡，原因是由于直流输出特性呈现非线性并存在两个平衡的工作点，如图 3 – 32 所示。

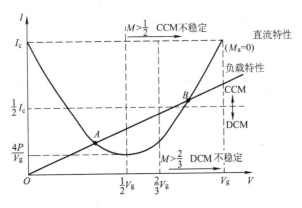

图 3 – 32　$m_a = 0$ 时 CPM Buck 变换器输出特性

采用加扰动与线性化的方法可以得到 CPM DCM DC/DC 变换器线性化小信号模型，如图 3 -33 ~图 3 -35 所示。其中模型参数如表 3 -4、表 3 -5 所示。

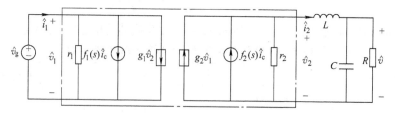

图 3 -33　Buck 变换器线性化小信号模型

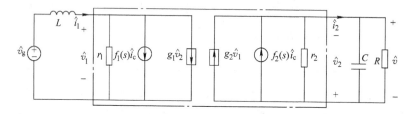

图 3 -34　Boost 变换器线性化小信号模型

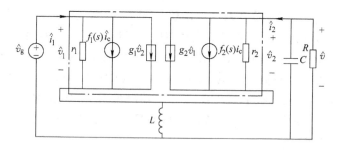

图 3 -35　Buck - Boost 变换器线性化小信号模型

表 3 -4　电流控制 DCM 变换器小信号模型的输入端口部分参数

变换器	g_1	f_1	r_1
Buck	$\dfrac{1}{R}\left(\dfrac{M^2}{1-M}\right)\dfrac{\left(1-\dfrac{m_a}{m_1}\right)}{\left(1+\dfrac{m_a}{m_1}\right)}$	$2\dfrac{I_1}{I_c}$	$-R\left[\dfrac{1-M}{M^2}\dfrac{\left(1+\dfrac{m_a}{m_1}\right)}{\left(1-\dfrac{m_a}{m_1}\right)}\right]$
Boost	$-\dfrac{1}{R}\left(\dfrac{M}{M-1}\right)$	$2\dfrac{I}{I_c}$	$\dfrac{R}{M^2\left(\dfrac{2-M}{M-1}+\dfrac{2\dfrac{m_a}{m_1}}{1+\dfrac{m_a}{m_1}}\right)}$
Buck - Boost	0	$2\dfrac{I_1}{I_c}$	$\dfrac{-R}{M^2}\dfrac{\left(1+\dfrac{m_a}{m_1}\right)}{\left(1-\dfrac{m_a}{m_1}\right)}$

表 3 – 5　电流控制 DCM 变换器小信号模型的输出端口部分参数

变换器	g_2	f_2	r_2
Buck	$\dfrac{1}{R}\left(\dfrac{M}{1-M}\right)\dfrac{\dfrac{m_a}{m_1}(2-M)-M}{1+\dfrac{m_a}{m_1}}$	$2\dfrac{I}{I_c}$	$R\dfrac{(1-M)\left(1+\dfrac{m_a}{m_1}\right)}{1-2M+\dfrac{m_a}{m_1}}$
Boost	$\dfrac{1}{R}\left(\dfrac{M}{M-1}\right)$	$2\dfrac{I_2}{I_c}$	$R\left(\dfrac{M-1}{M}\right)$
Buck – Boost	$\dfrac{2M}{R}\dfrac{\dfrac{m_a}{m_1}}{1+\dfrac{m_a}{m_1}}$	$2\dfrac{I_2}{I_c}$	R

CPM DCM DC/DC 变换器的小信号模型与对应的占空比控制的 DCM DC/DC 变换器的小信号模型十分类似，区别是模型的参数不同。为获得近似的 CPM DCM DC/DC 变换器的传递函数，令小信号模型中的电感值为零，这样三个小信号模型可以统一为图 3 – 36 的小信号模型。当实际工作频带比开关频率低得多，而且 DCM 方式电感值 L 又很小时，由电感 L 决定的极点和右半平面的零点与开关频率相当或比开关频率更高时，电感 L 决定的极点和右半平面的零点可以略去。

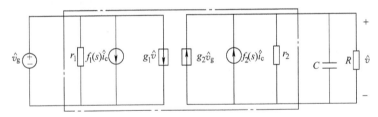

图 3 – 36　简化的 CPM DCM Buck、Boost、Buck – Boost 变换器小信号模型

由图 3 – 36 可以推得控制至输出的传递函数为

$$G_{vc}(s) = \left.\frac{\hat{v}}{\hat{i}_c}\right|_{\hat{v}_g=0} = \frac{G_{c0}}{1+\dfrac{s}{\omega_p}} \tag{3-131}$$

式中，$G_{c0} = f_2(R /\!/ r_2)$，$\omega_p = \dfrac{1}{(R /\!/ r_2)\,C}$。

推得输入至输出的传递函数为

$$G_{vg}(s) = \left.\frac{\hat{v}}{\hat{v}_g}\right|_{\hat{i}_c=0} = \frac{G_{g0}}{1+\dfrac{s}{\omega_p}} \tag{3-132}$$

式中，$G_{g0} = g_2(R /\!/ r_2)$。

对于 CPM 控制 DCM Buck 变换器，可以推得

$$\omega_p = \frac{1}{RC} \frac{(2-3M)(1-M) + \frac{m_a}{m_2}M(2-M)}{(1-M)\left(1-M+M\frac{m_a}{m_2}\right)} \qquad (3-133)$$

当 $m_a = 0$ 时，如果 $M > 2/3$，则上式分子为负。这样 ω_p 为右半平面的极点，因此变换器是不稳定的。通过加上补偿矩齿波，可以稳定变换器。当 $m_a > 0.086 m_2$，且 $M \leqslant 1$ 时，变换器为稳定的。

3.5 　 本章小结

电流峰值控制使主开关的峰值电流跟踪电流参考值 $i_c(t)$ 。对于 CCM DC/DC 变换器，当 $D > 0.5$ 时，电流峰值控制变得不稳定。通过加入补偿矩齿波信号，可改善电流控制的稳定性。当 $m_a \geqslant 0.5 m_2$ 时，电流控制总是稳定的。改进电流控制小信号模型比一阶模型具有更高的精度。最后，介绍了 DCM 时电流控制的 DC/DC 变换器的模型。

第 4 章　DC/DC 变换器反馈控制设计

4.1　频率特性的概念

　　一般 DC/DC 变换器要加上负反馈构成闭环系统以提高输出精度和动态特性。因此，DC/DC 变换器系统可视为负反馈系统。为了使 DC/DC 变换器系统满足静态和动态指标的要求，一般需要设计良好的补偿网络。补偿网络的设计可以采用时域法或频域法。在频域法中，最有影响的方法是波特图法，根据波特图可以设计出满意的补偿器。波特图一般可通过两种方法得到：一是用网络频谱分析仪等仪器测量得到；二是通过前面介绍的建模方法理论推导得到系统传递函数，再得到幅频特性和相频特性。本文主要介绍后一种方法。

　　系统的传递函数一般形式为

$$G(s) = \frac{C(s)}{R(s)} = \frac{a_m s^m + a_{m-1} s^{m-1} + \cdots + a_1 s + a_0}{b_n s^n + b_{n-1} s^{n-1} + \cdots + b_1 s + b_0} \qquad (4-1)$$

式中，$R(s)$ 为系统的输入；$C(s)$ 为系统的输出。比值 $C(s)/R(s)$ 表示系统输出信号的拉普拉斯变换对输入信号的拉普拉斯变换之比，如图 4-1 所示。

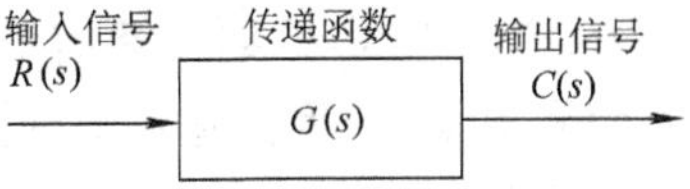

图 4-1　系统传递函数的表示

　　将系统传递函数 $G(s)$ 分解因子表示成如下形式：

$$G(s) = \frac{K'(s - Z_1)(s - Z_2) \cdots (s - Z_m)}{s^i (s - P_1)(s - P_2) \cdots (s - P_n)} \qquad (4-2)$$

$$= \frac{K(1 + T_1 s)(1 + T_2 s) \cdots (1 + T_m s)}{s^i (1 + T_a s)(1 + T_b s) \cdots (1 + T_n s)} \qquad (4-3)$$

式中，Z_1，Z_2，$\cdots$，Z_m 为系统的零点；P_1，P_2，$\cdots$，P_n 为系统的极点。$1/T_1$，$1/T_2$，$\cdots$，$1/T_m$ 称为零点的转折频率；$1/T_a$，$1/T_b$，$\cdots$，$1/T_n$ 称为极点的转折频率。系统频率特性为

$$G(j\omega) = |G(j\omega)| \underline{/G(j\omega)} = G(s) \Big|_{s = j\omega} = \frac{K(1 + T_1 j\omega)(1 + T_2 j\omega) \cdots (1 + T_m j\omega)}{s^i (1 + T_a j\omega)(1 + T_b j\omega) \cdots (1 + T_n j\omega)}$$

式中幅频特性为 $|G(j\omega)|$，相频特性为 $\underline{/G(j\omega)}$。由极点或零点的转折频率，能够决定幅频特性和相频特性。

　　波特图包含两幅图，第一个图是幅值为 $20\lg|G(j\omega)|$（以 dB 为单位）与 $\log\omega$

或 $\log f$ 的关系图形，称为幅频图；另一个图是相位为 $\underline{/G(j\omega)}$（以"°"为单位）与 $\log \omega$ 或 $\log f$ 的关系图形，称为相频图。在波特图法中，由于幅值用分贝（dB）表示，因此，在传递函数中乘与除因子取对数后变成加与减；相位也是传递函数中乘与除因子的相位加与减而求得。在波特图中，由于水平频率坐标采用对数坐标，可以把系统的行为从低频至高频广泛地描述出来。在波特图法中，幅频图用幅频特性的渐近线近似的折线图表示。每遇到一个极点，幅频特性折线图的斜率就向下增加转折 $-20\mathrm{dB/dec}$；遇到零点，幅频特性曲线的斜率是向上增加转折 $20\mathrm{dB/dec}$。对于相频图，每遇到一个极点，设极点频率为 f_p，在频率 $f_\mathrm{p}/10$ 与 $10f_\mathrm{p}$ 之间相频图会产生 $-90°$ 的相位落后；对于零点，设零点频率为 f_z，在频率 $f_\mathrm{z}/10$ 与 $10f_\mathrm{z}$ 之间相频图会产生 $90°$ 的相位超前。

4.2 闭环控制与稳定性

由 DC/DC 变换器构成的负反馈控制系统如图 4-2 所示，其中 $G_\mathrm{vd}(s)$ 为 DC/DC 变换器的占空比 $\hat{d}(s)$ 至输出 $\hat{v}_\mathrm{o}(s)$ 的传递函数，$G_\mathrm{m}(s)$ 为 PWM 脉宽调制器的传递函数，$H(s)$ 表示反馈分压网络的传递函数，$G_\mathrm{c}(s)$ 为补偿网络的传递函数。可将 DC/DC 变换器的闭环系统框图表示成标准的闭环系统框图形式，如图 4-3 所示，其中 $G(s)$ 为 $G_\mathrm{c}(s)G_\mathrm{m}(s)G_\mathrm{vd}(s)$。在标准的闭环系统框图中，输出信号 $C(s)$ 经 $H(s)$ 得到反馈信号 $B(s)$，反馈信号 $B(s)$ 与参考信号 $R(s)$ 相减得到误差信号 $E(s)$，然后输入至框图 $G(s)$，最后输出 $C(s)$ 信号。输出信号、反馈信号和误差信号分别为

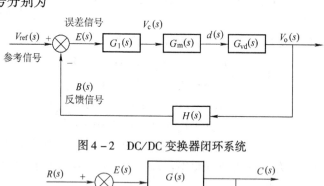

图 4-2   DC/DC 变换器闭环系统

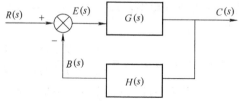

图 4-3   闭环系统框图

$$C(s) = G(s)E(s) \tag{4-4}$$

$$B(s) = H(s)C(s) \tag{4-5}$$

$$E(s) = R(s) - B(s) \tag{4-6}$$

将式 (4-5)、式 (4-6) 代入式 (4-4) 中，得到

$$C(s) = G(s)R(s) - G(s)H(s)C(s) \tag{4-7}$$

由式 (4-7) 得到闭环传递函数的表示形式

$$\frac{C(s)}{R(s)} = \frac{G(s)}{1 + G(s)H(s)} \tag{4-8}$$

闭环系统的特征方程为

$$F(s) = 1 + G(s)H(s) = 0 \tag{4-9}$$

对于稳定系统，特征方程式 $F(s)$ 的根都在 s 平面的左半平面，或是说闭环传递函数的极点都是位于 s 平面的左半平面。若闭环传递函数有极点在虚轴上或是 s 平面的右半边，则系统为不稳定。

特征方程式中 $G(s)H(s)$ 项包含了所有闭环极点的信息，因此可以通过分析 $G(s)H(s)$ 的特性全面把握系统的稳定性。波特图法就是基于分析 $G(s)H(s)$ 幅频图和相频图研究系统的稳定性。$G(s)H(s)$ 包含了从误差信号 $E(s)$ 至反馈信号 $B(s)$ 之间回路中各环节的传递函数，即 $\dfrac{B(s)}{E(s)} = \dfrac{\text{反馈信号}}{\text{误差信号}} = G(s)H(s)$，$G(s)H(s)$ 称为回路增益函数。

在波特图法中，为了表示系统相对稳定度引入增益裕量（Gain Margin，GM）和相位裕量（Phase Margin，PM）的概念。所谓增益裕量是指当回路增益函数的相位为 $-180°$ 时，在满足系统稳定的前提下，回路增益函数所能容许增加的量，如图 4-4 所示。回路增益函数的相位为 $-180°$ 时的频率 $\omega_c = 2\pi f_c$ 称为相位交越频率。增益裕量（dB）定义为

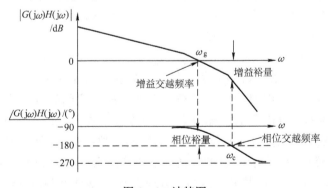

图 4-4　波特图

$$\text{增益裕量}(\text{GM}) = 20\log_{10}\frac{1}{|G(j\omega_c)H(j\omega_c)|} \tag{4-10}$$

所以, 可以说增益裕量就是在 $G(s)H(s)$ 平面上相位交越点对 $(-1, j0)$ 点接近程度的一种量度, 如图 4 - 5 所示。

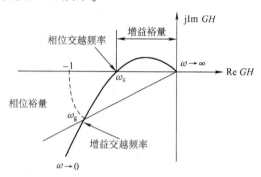

图 4 - 5 耐奎斯特图

一般来说, 增益裕量大的系统比增益裕量小的系统稳定。但是, 有时增益裕量并不一定能够充分反映系统的稳定度。因此, 为了提高对相对稳定度描述的准确性, 还需引入相位裕量, 以弥补仅用增益裕量描述的不足。所谓相位裕量就是当闭环系统达到不稳定之前, 其回路内所能容许增加的相位。也就是当回路增益函数 $G(s)H(s)$ 的幅值为零分贝 (单位增益) 时, 回路增益函数 $G(s)H(s)$ 的相移与 $-180°$ 之差, 如图 4 - 4 所示。回路增益函数 $G(s)H(s)$ 的幅值为零分贝时的频率 $\omega_g = 2\pi f_g$ 称为增益交越频率。相位裕量定义为

$$相位裕量(\mathrm{PM}) = \underline{/G(j\omega_g)H(j\omega_g)} - (-180°)$$
$$= 180° + \underline{/G(j\omega_g)H(j\omega_g)} \qquad (4-11)$$

相位裕量乃是在 $G(s)H(s)$ 平面上为了使 $G(s)H(s)$ 轨迹的增益交越点通过 $(-1, j0)$ 点, 则 $G(s)H(s)$ 图必须以原点为中心顺时针旋转一角度, 如图 4 - 5 所示, 即在 $G(s)H(s)$ 平面上连接原点与增益交越点所成的相量与负实轴所夹的角度。图 4 - 5 在极坐标图中表示出增益裕量与相位裕量, 该图也称耐奎斯特图。

对于 DC/DC 变换器系统, 其回路增益函数 $G(s)H(s)$ 为

$$G(s)H(s) = G_c(s)G_m(s)G_{vd}(s)H(s) = G_c(s)G_o(s) \qquad (4-12)$$

式中, $G_o(s) = G_m(s)G_{vd}(s)H(s)$ 为未加补偿网络 $G_c(s)$ 时回路增益函数, 称为原始回路增益函数, 是控制信号 $V_c(s)$ 至反馈信号 $B(s)$ 之间的传递函数; $G_{vd}(s)$ 为 DC/DC 变换器的占空比 $\hat{d}(s)$ 至输出 $\hat{v}_o(s)$ 的传递函数; $G_m(s)$ 为 PWM 脉宽调制器的传递函数; $H(s)$ 表示反馈分压网络的传递函数; $G_c(s)$ 是误差 $B(s)$ 至控制量 $V_c(s)$ 的传递函数, 为待设计的补偿网络的传递函数。$G_{vd}(s)$ 可以利用前面介绍的状态空间平均法、平均开关网络等方法求得。PWM 调制器的传递函数为

$$G_m(s) = \frac{\hat{d}(s)}{\hat{V}_c(s)} = \frac{1}{V_m} \qquad (4-13)$$

式中，V_m 为 PWM 调制器中锯齿波的幅值。如图 4-6
所示典型反馈分压网络 $H(s)$ 的传递函数为

$$H(s) = \frac{B(s)}{V(s)} = \frac{R_2}{R_1 + R_2} \qquad (4-14)$$

将上面已知的传递函数结合在一起，则原始回路
增益函数 $G_o(s)$

$$G_o(s) = G_m(s) G_{vd}(s) H(s) = G_{vd}(s) \frac{1}{V_m} \frac{R_2}{R_1 + R_2} \qquad (4-15)$$

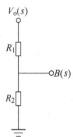

图 4-6　典型反馈分压网络

下面以 Buck 变换器系统为例，推导原始回路增益函数 $G_o(s)$。利用小信号
动态交流模型方法，可以推出 Buck 变换器占空比至输出的传递函数 $G_{vd}(s)$

$$G_{vd}(s) = \frac{\hat{V}_o(s)}{\hat{d}(s)} = \frac{V_o}{D} \frac{1}{1 + s\dfrac{L}{R} + s^2 LC} \qquad (4-16)$$

将上式代入式（4-15），得到 Buck 变换器系统原始回路增益函数 $G_o(s)$

$$G_o(s) = G_m(s) G_{vd}(s) H(s) = \frac{R_2}{R_1 + R_2} \frac{V_o}{DV_m} \frac{1}{1 + s\dfrac{L}{R} + s^2 LC} \qquad (4-17)$$

原始回路增益函数 $G_o(s)$ 是一个二阶系统，有两个极点。幅频图在低频段为
水平线，幅值为 $20\lg\left[\dfrac{R_2}{R_1 + R_2}\dfrac{V_o}{DV_m}\right]$，高频段以 $-40\mathrm{dB/dec}$ 斜率下降，转折点由
LC 滤波器的谐振频率决定。

设 Buck 变换器系统的参数为：输入电压 $V_g = 48\mathrm{V}$，输出电压 $V_o = 12\mathrm{V}$，输
出负载 $R = 0.6\Omega$，输出滤波电感 $L = 60\mu\mathrm{H}$，电容值 $C = 4000\mu\mathrm{F}$，开关频率 $f_s =
40\mathrm{kHz}$，即开关周期 $T = 25\mu\mathrm{s}$。PWM 调制器中锯齿波幅值 $V_m = 2.5\mathrm{V}$。反馈分压
网络传递函数 $H(s) = 0.5$。

可求出工作占空比：$D = V_o/V_g = 12/48 = 0.25$。将以上参数代入式（4-
16），得到 Buck 变换器占空比至输出的传递函数 $G_{vd}(s)$

$$G_{vd}(s) = \frac{\hat{V}_o(s)}{\hat{d}(s)} = \frac{V_o}{D} \frac{1}{1 + s\dfrac{L}{R} + s^2 LC} = \frac{12}{0.25} \times \frac{1}{1 + 1 \times 10^{-4}s + 2.4 \times 10^{-7}s^2}$$

$$= \frac{48}{1 + 1 \times 10^{-4}s + 2.4 \times 10^{-7}s^2}$$

原始回路增益函数 $G_o(s)$

$$G_o(s) = \frac{R_2}{R_1 + R_2} \frac{V_o}{DV_m} \frac{1}{1 + s\dfrac{L}{R} + s^2 LC} = 0.5 \times \frac{12}{0.25 \times 2.5} \times \frac{1}{1 + 1 \times 10^{-4}s + 2.4 \times 10^{-7}s^2}$$

$$= \frac{9.6}{1 + 1 \times 10^{-4} s + 2.4 \times 10^{-7} s^2}$$

原始回路增益函数 $G_o(s)$ 的波特图如图 4-7 所示。幅频图低频段为幅值约 20dB 的水平线,高频段为斜率 $-40\mathrm{dB/dec}$ 穿越 0dB 线的折线。幅频图的转折频率 $f_{\mathrm{p1,p2}} \cong \dfrac{1}{2\pi \sqrt{LC}} \cong 325\mathrm{Hz}$

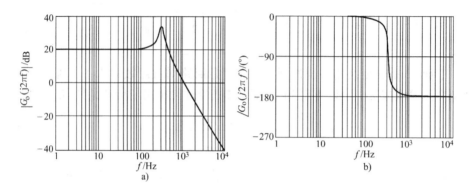

图 4-7　原始回路增益函数 $G_o(s)$ 的波特图

a) 幅频特性　b) 相频特性

增益交越频率 $\omega_g = 2\pi f_g$,$f_g \approx 1\mathrm{kHz}$,相位裕量 PM $\approx 4°$。可见原始回路增益函数 $G_o(s)$ 频率特性的相位裕量太小。虽然系统是稳定的,但存在较大的输出超越量和较长的调节时间。通常选择相位裕量在 45° 左右,增益裕量在 10dB 左右。因此需要加入补偿网络 $G_c(s)$,提高相位裕量和增益裕量。

一般原始回路增益函数 $G_o(s)$ 不能满足系统静态和动态特性的要求,为了使系统满足静态和动态的指标,需要加入补偿网络 $G_c(s)$,根据 $G_o(s)$ 设计补偿网络。虽然补偿网络只是系统中极小的一部分,但是对系统静态和动态特性而言却是非常重要的部分,它会影响到系统的输出精度、电压调整率、频带宽度以及暂态响应。

根据最小相位系统理论,最小相位系统的幅频特性和相频特性之间存在一一对应关系,如幅频图中水平线对应相频图中相移为 0°;幅频图中斜率为 $-20\mathrm{dB/dec}$ 折线对应相频图中相移为 $-90°$;幅频图中斜率为 $-40\mathrm{dB/dec}$ 折线对应相频图中相移为 $-180°$;幅频图中斜率为 $+20\mathrm{dB/dec}$ 折线对应相频图中相移为 90°。也即知道了幅频特性也就知道了相频特性,反之亦然。

综合所述,为使 DC/DC 变换器系统满足稳定性要求,可以通过外加补偿网络 $G_c(s)$,使 DC/DC 变换器系统的回路增益函数 $G(s)H(s) = G_c(s)G_o(s)$ 的幅频图在增益交越频率 ω_g 处(增益为零 dB)的斜率为 $-20\mathrm{dB/dec}$。因为根据最小相位系统的性质，幅频图的斜率为 $-20\mathrm{dB/dec}$ 折线对应相移为 $-90°$，这样一般可以使得 $G(s)H(s)$ 的相频图在增益交越频率 ω_g 处的相移大于 $-180°$，也就是说系统相位裕量 PM 大于零。当然，还需验证在相位交越频率 ω_c 处（相位在 $-180°$ 时），$G(s)H(s)$ 的增益必须小于 0dB，也即增益裕量必须大于零。若相位裕量与增益裕量的值只是稍稍大于零，虽然对系统而言也是稳定的，却会具有较大的超越量和调节时间。通常选择相位裕量在 $45°$ 左右，增益裕量在 10dB 左右。

　　下一节将介绍如何设计补偿网络 $G_\mathrm{c}(s)$，使 DC/DC 变换器系统的回路增益函数 $G_\mathrm{c}(s)G_\mathrm{o}(s)$ 的幅频图以 $-20\mathrm{dB/dec}$ 斜率穿越 0dB（单位增益）线，即增益交越频率 ω_g 处（增益为零 dB）幅频图的斜率为 $-20\mathrm{dB/dec}$。

4.3　补偿网络的设计

　　补偿网络的结构一般可以分为三种：①超前补偿网络；②滞后补偿网络；③超前-滞后补偿网络。这里重点介绍"超前-滞后"补偿网络。"超前-滞后"补偿网络输出正弦信号的相位在不同频率范围有落后又有超前于正弦输入信号的特性，它结合超前补偿与滞后补偿的特性，发挥滞后补偿特性提高静态性能，利用超前补偿特性提高相对稳定性和动态性能。

　　图 4-8a 所示为利用 RC 网络组成的典型超前-滞后补偿网络，其传递函数为

$$
\begin{aligned}
G_\mathrm{c}(s) = \frac{V_\mathrm{c}(s)}{E(s)} = \frac{V_\mathrm{c}(s)}{V_1(s)} &= \frac{\dfrac{1}{sC_2} + R_2}{\left(\dfrac{1}{sC_1}\!/\!/R_1\right) + \left(\dfrac{1}{sC_2} + R_2\right)} \\[2mm]
&= \frac{(R_1C_1s+1)(R_2C_2s+1)}{(R_1C_1s+1)(R_2C_2s+1) + R_1C_2s} \\[2mm]
&= \frac{(1+sT_1)(1+sT_2)}{(1+s\beta T_1)\left(1+s\dfrac{T_2}{\beta}\right)}
\end{aligned}
\tag{4-18}
$$

式中，$T_1 = R_1C_1$，$T_2 = R_2C_2$，$T_1 > T_2$；$\beta = \dfrac{R_1+R_2}{R_2}$，显然 $\beta > 1$。

　　式（4-18）中 $(1+sT_2)\big/\left(1+s\dfrac{T_2}{\beta}\right)$ 项产生超前补偿效果，而 $(1+sT_1)/(1+s\beta T_1)$ 项产生滞后补偿效果。超前-滞后传递函数 $G_\mathrm{c}(s)$ 的零点与极点则分别有两个。

　　零点：$f_{\mathrm{z}1} = \dfrac{\omega_{\mathrm{z}1}}{2\pi} = \dfrac{1}{2\pi T_1} = \dfrac{1}{2\pi C_1 R_1}$

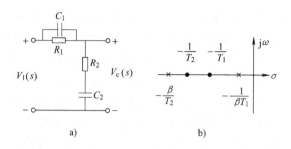

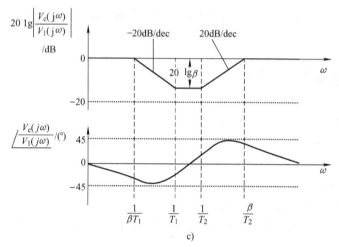

图 4-8　超前滞后补偿网络

a) 电路　b) 零极点分布　c) 波特图

$$f_{z2} = \frac{\omega_{z2}}{2\pi} = \frac{1}{2\pi T_2} = \frac{1}{2\pi C_2 R_2}$$

$$极点：f_{p1} = \frac{\omega_{p1}}{2\pi} = \frac{1}{2\pi\beta T_1} = \frac{1}{2\pi\left(\dfrac{R_1+R_2}{R_2}\right)(R_1 C_1)}$$

$$f_{p2} = \frac{\omega_{p2}}{2\pi} = \frac{1}{2\pi\dfrac{T_2}{\beta}} = \frac{1}{2\pi\left(\dfrac{R_2}{R_1+R_2}\right)(R_2 C_2)}$$

因此，超前-滞后补偿网络零点与极点的分布如图 4-8b 所示，而波特图如图 4-8c 所示。由于利用 RC 网络所组成的超前-滞后补偿网络的增益只能衰减不能增加，一般要求增益也可任意改变。因此，采用运算放大器构成的超前-滞后补偿网络，即所谓有源超前-滞后补偿网络。有源超前-滞后补偿网络除零、极点的位置可以任意安排外，增益也可任意选择，以满足补偿的要求。

图 4-9a 所示为一种采用运算放大器的有源超前-滞后补偿网络，其传递函数为

$$G_c(s) = \frac{V_c(s)}{E(s)} = \frac{V_c(s)}{V_{ref}(s) - V_1(s)} = \frac{\dfrac{1}{sC_2} + R_2}{R_3 + \left(\dfrac{1}{sC_1} /\!/ R_1\right)}$$

$$= \frac{(1 + sC_2R_2)(1 + sC_1R_1)}{(sC_2R_1)(1 + sC_1R_3)} \tag{4-19}$$

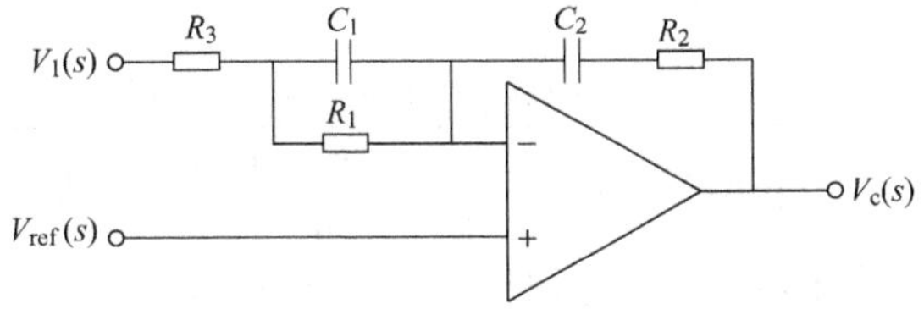

a)

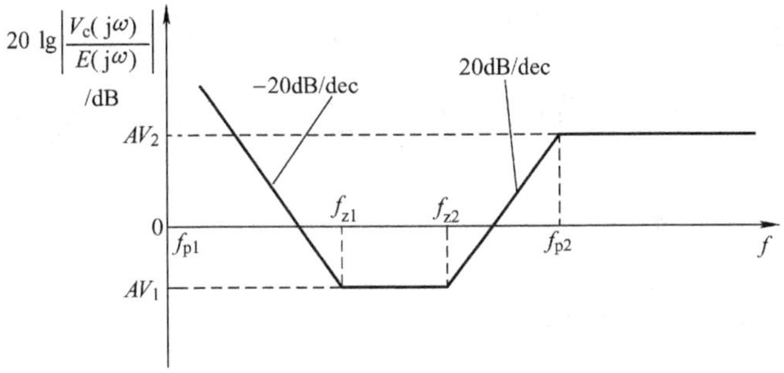

b)

图 4-9　有源超前-滞后补偿网络一

a) 有源超前滞后补偿网络一电路图　b) 幅频图

传递函数有两个零点和两个极点：零点 $f_{z1} = \dfrac{\omega_{z1}}{2\pi} = \dfrac{1}{2\pi C_2 R_2}$, $f_{z2} = \dfrac{\omega_{z2}}{2\pi} =$

$\dfrac{1}{2\pi C_1 R_1}$；极点 $f_{p1} = \dfrac{\omega_{p1}}{2\pi} = 0$, 为原点, $f_{p2} = \dfrac{\omega_{p2}}{2\pi} = \dfrac{1}{2\pi C_1 R_3}$。有源超前-滞后补偿

网络一的幅频图如图 4-9b 所示。高频部分的增益由 R_2 和 R_3 来设定, 也即 $f >$

f_{p2} 频段的补偿网络增益为 $AV_2 = \dfrac{R_2}{R_3}$；在频率 f_{z1} 与 f_{z2} 之间幅频特性的增益 $AV_1 =$

$\dfrac{R_2}{R_1 + R_3}$。

利用补偿网络幅频特性的低频积分特性, 可以使经补偿后的系统成为无差系统, 使静差为零, 同时减少了低频误差。利用补偿网络幅频图在 f_{z2} 至 f_{p2} 之间的斜率为 20dB/dec 上升特性, 补偿原始回路函数 $G_o(s)$ 以斜率 -40dB/dec 穿越 0dB 线的特性, 使补偿后的回路函数 $G(s)H(s) = G_c(s)G_o(s)$ 以 -20dB/dec 穿越 0dB

线,这样才能使 DC/DC 变换器系统具有较好的相对稳定性。因此,需把补偿后系统的增益交越频率 f_g 设定在补偿网络的 f_{z2} 与 f_{p2} 之间。

图 4-10a 所示为另一种有源超前-滞后补偿网络,其传递函数为

$$
\frac{\hat{V}_c(s)}{\hat{V}_1(s)} = \frac{\left(\dfrac{1}{sC_2}\right) /\!/ \left(R_2 + \dfrac{1}{sC_1}\right)}{(R_1) /\!/ \left(R_3 + \dfrac{1}{sC_3}\right)}
$$

$$
= \frac{(1 + sR_2C_1)\left[1 + s(R_1 + R_3)C_3\right]}{\left[sR_1(C_1 + C_2)\right]\left(1 + s\dfrac{R_2C_1C_2}{C_1 + C_2}\right)(1 + sR_3C_3)} \qquad (4-20)
$$

有源超前-滞后补偿网络二有两个零点、三个极点。

零点为: $f_{z1} = \dfrac{\omega_{z1}}{2\pi} = \dfrac{1}{2\pi R_2 C_1}$, $f_{z2} = \dfrac{\omega_{z2}}{2\pi} = \dfrac{1}{2\pi(R_1 + R_3)C_3} \cong \dfrac{1}{2\pi R_1 C_3}$

极点为: $f_{p1} = \dfrac{\omega_{p1}}{2\pi} = 0$, 为原点, $f_{p2} = \dfrac{\omega_{p2}}{2\pi} = \dfrac{1}{2\pi R_3 C_3}$, $f_{p3} = \dfrac{\omega_{p3}}{2\pi} = \dfrac{1}{2\pi \dfrac{R_2 C_1 C_2}{C_1 + C_2}}$

$$
\cong \dfrac{1}{2\pi R_2 C_2}
$$

这里, $R_3 \ll R_1$, $C_2 \ll C_1$。

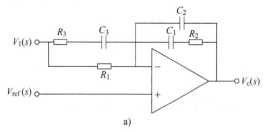

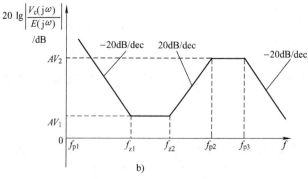

图 4-10　有源超前-滞后补偿网络二

a) 超前滞后补偿网络二电路图　b) 幅频图

有源超前 – 滞后补偿网络二的幅频图如图 4 – 10b 所示，与有源超前 – 滞后补偿网路一的差异是在高频部分增加了一个极点 f_{p3}，而使其向下反折为 – 20dB/dec。频率 f_{z1} 与 f_{z2} 之间的增益可近似为

$$AV_1 = \frac{R_2}{R_1} \tag{4 – 21}$$

在频率 f_{p2} 与 f_{p3} 之间的增益则可近似为

$$AV_2 = \frac{R_2(R_1 + R_3)}{R_1 R_3} \approx \frac{R_2}{R_3} \tag{4 – 22}$$

与前相同，一般将补偿后系统的增益交越频率 f_g 设定在补偿网络的 f_{z2} 与 f_{p2} 之间。

下面以有源超前 – 滞后补偿网络二为例介绍补偿网络的设计方法。

首先选择补偿后的回路函数 $G(s)H(s) = G_c(s)G_o(s)$ 的增益交越频率 f_g，在此增益为 0dB，而且幅频特性的波特图以 – 20dB/dec 穿越 0dB 线。理论上补偿后的回路函数 $G(s)H(s) = G_c(s)G_o(s)$ 的增益交越频率 f_g 可设定为开关频率的 1/2，但是实际上考虑抑制输出开关纹波，增益交越频率 f_g 以小于 1/5 的开关频率 f_s 较为恰当。这里推荐采用公式 $f_g = f_s/5$，其中 f_s 为 DC/DC 变换器的开关频率。当然补偿后的回路函数 f_g 愈大，DC/DC 变换器系统动态速度愈快。

若原始回路函数 $G_o(s)$ 有两个相近的极点，极点频率为 $f_{p1,p2} \approx 1/(2\pi\sqrt{LC})$，可将补偿网络 $G_c(s)$ 两个零点频率设计为原始回路函数 $G_o(s)$ 两个相近的极点频率的 1/2，即

$$f_{z1} = f_{z2} = \frac{1}{2}f_{p1,p2} \tag{4 – 23}$$

如果原始回路函数 $G_o(s)$ 没有零点，则可以将补偿网络 $G_c(s)$ 的两个极点设定为 $f_{p2} = f_{p3} = (1 \sim 3)f_s$，以减小输出高频开关纹波。在没有零点变换器中，补偿网络 $G_c(s)$ 的极点 f_{p3} 也可省略。若原始回路函数 $G_o(s)$ 有零点，如输出滤波电容的等效串联电阻（ESR）引起的零点 f_{ZESR} 或升压型变换器或反激式变换器在右半平面存在零点 f_{ZR}，可用补偿网络 $G_c(s)$ 的极点来补偿，即令补偿网络 $G_c(s)$ 的极点

$$f_{p2} = f_{ZESR} \tag{4 – 24}$$

或

$$f_{p3} = f_{ZR} \tag{4 – 25}$$

极点频率 f_{p2}、f_{p3} 最好能大于原始回路函数 $G_o(s)$ 系统极点频率 $f_{p1,p2} \approx 1/(2\pi\sqrt{LC})$ 的 5 倍，以避免在增益交越频率 f_g 造成更大的相位滞后。

　　至此，补偿网络 $G_c(s)$ 所有零点和极点的位置已经确定，但补偿网络 $G_c(s)$ 的幅频图仍可在垂直方向上下移动。一旦固定补偿网络 $G_c(s)$ 幅频图上的一个点的位置，$G_c(s)$ 的幅频图就确定了。我们通过确定 $G_c(s)$ 在补偿后的回路函数 $G(s)H(s) = G_c(s)G_o(s)$ 的增益交越频率 f_g 增益来最后确定补偿网络。

　　补偿后的回路函数 $G(s)H(s) = G_c(s)G_o(s)$ 在 f_g 处增益为 0dB。如果原始回路函数 $G_o(s)$ 在增益交越频率 f_g 的增益为 $-A$dB，为使补偿后回路函数 $G(s)H(s) = G_c(s)G_o(s)$ 在 f_g 为 0dB，$G_c(s)$ 在 f_g 的增益必须等于 AdB，即 $20\lg|G_c(j2\pi f_g)| = -20\lg|G_o(j2\pi f_g)|$，也就是

$$|G_c(j2\pi f_g)| = \frac{1}{|G_o(j2\pi f_g)|} \tag{4-26}$$

　　由于补偿后系统的 f_g 位于 $G_c(s)$ 的零点 f_{z2} 与极点 f_{p2} 之间，于是可求出在零点 f_{z1} 与 f_{z2} 之间的增益为

$$\begin{aligned}AV_1 &= \frac{f_{z2}}{f_g}|G_c(j2\pi f_g)| = \frac{f_{z2}}{f_g}\frac{1}{|G_o(j2\pi f_g)|} \\ &= \frac{R_2}{R_1}\end{aligned} \tag{4-27}$$

极点 f_{p2} 的增益则为

$$\begin{aligned}AV_2 &= \frac{f_{p2}}{f_g}|G_c(j2\pi f_g)| = \frac{f_{p2}}{f_g}\frac{1}{|G_o(j2\pi f_g)|} \\ &= \frac{R_2}{R_3}\end{aligned} \tag{4-28}$$

　　下面求出补偿网络电路各元件的参数：

（1）首先假设 R_2 值。

（2）由 $AV_2 = \dfrac{R_2}{R_3}$，求出 R_3 值。

（3）由 $f_{z1} = \dfrac{1}{2\pi R_2 C_1}$，求出 C_1 值。

（4）由 $f_{p2} = \dfrac{1}{2\pi R_3 C_3}$，求出 C_3 值。

（5）由 $f_{p3} \approx \dfrac{1}{2\pi R_2 C_2}$，求出 C_2 值。

（6）由 $f_{z2} \approx \dfrac{1}{2\pi R_1 C_3}$，求出 R_1 值。

　　补偿网络电路的实现大都利用 PWM 控制 IC 芯片内部的误差放大器外加 RC 无源元件构成，或者将 PWM 控制 IC 芯片内部误差放大器当作缓冲器，利用外加

的运算放大器加 RC 无源元件构成补偿网络电路。

例题 4-1 Buck 变换器工作在 CCM 方式，如图 4-11 所示。电路参数：输入电压 $V_g = 48V$，输出电压 $V = 12V$，滤波电感 $L = 0.1mH$，滤波电容 $C = 500\mu F$，负载电阻 $R = 1\Omega$，反馈电阻 $R_x = 100k\Omega$，$R_y = 100k\Omega$。开关频率 $f_s = 100kHz$。PWM 调制器锯齿波幅度 $V_m = 2.5V$，参考电压 $V_{ref} = 6V$。下面给出补偿网络设计的主要步骤。

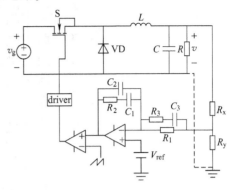

图 4-11 Buck 变换器系统

解 Buck 变换器占空比至输出的传递函数 $G_{vd}(s)$

$$G_{vd}(s) = \frac{\hat{V}_o(s)}{\hat{d}(s)} = \frac{V_o}{D}\frac{1}{1 + s\dfrac{L}{R} + s^2 LC} = \frac{V_g}{1 + s\dfrac{L}{R} + s^2 LC}$$

原始回路增益函数 $G_o(s)$

$$G_o(s) = H(s)G_m(s)G_{vd}(s) = \frac{R_y}{R_x + R_y}\frac{1}{V_m}\frac{V_g}{1 + s\dfrac{L}{R} + s^2 LC}$$

$$= \frac{100}{100 + 100} \times \frac{1}{2.5} \times \frac{48}{1 + \dfrac{0.1 \times 10^{-3}}{1}s + 0.1 \times 10^{-3} \times 500 \times 10^{-6}s^2}$$

$$= \frac{9.6}{1 + 10^{-4}s + 5 \times 10^{-8}s^2}$$

$G_o(s)$ 的直流增益 $20\lg|G_o(0)| = 20\lg|9.6| = 19.6dB$；幅频特性的转折频率

$$f_{p1,p2} = \frac{1}{2\pi\sqrt{LC}} = 712Hz_{\circ}$$

作出波特图幅频特性如图 4-12 所示。在低频时 $G_o(s)$ 增益为 19.6dB，在频率为 712Hz 时会有转折发生，其斜率为 $-40dB/dec$。原始回路增益函数 $G_o(s)$ 在 2300Hz 穿越 0dB 线，相位裕量仅为 8.6°。

设加入补偿网络 $G_c(s)$ 后，回路函数 $G(s)H(s) = G_c(s)G_o(s)$ 的增益交越频率 f_g 等于 1/5 的开关频率 f_s，于是增益交越频率

$$f_g = \frac{1}{5}f_s = \frac{1}{5} \times 100kHz = 20kHz$$

如果加入补偿网络后回路增益函数以 $-20dB/dec$ 斜率处通过 0dB 线，则变换器系统将具有较好的相位裕量。为了得到 $-20dB/dec$ 的斜率，补偿网络 $G_c(s)$ 在

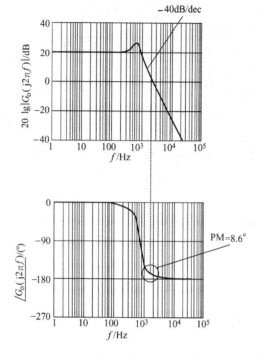

图 4-12　原始回路函数 $G_o(s)$ 的频率特性

穿越频率点必须提供 +20dB/dec 的斜率。

补偿网络 $G_c(s)$ 两个零点频率设计为原始回路函数 $G_o(s)$ 两个相近的极点频率的 1/2，即

$$f_{z1} = f_{z2} = \frac{1}{2}f_{p1,p2} = 356\text{Hz}$$

由于 $G_o(s)$ 没有零点，则可以将 $G_c(s)$ 的两个极点设定为 $f_{p2} = f_{p3} = f_s$，以减小输出高频开关纹波。

原始回路函数 $G_o(s)$ 在 f_g 的增益为

$$|G_o(\text{j}2\pi f_g)| = \left| \frac{9.6}{1 + 10^{-4} \times \text{j}2\pi f_g + 5 \times 10^{-8} \times (\text{j}2\pi f_g)^2} \right| = 0.012$$

补偿网络 $G_c(s)$ 在增益交越频率 f_g 的增益为

$$|G_c(\text{j}2\pi f_g)| = \frac{1}{|G_o(\text{j}2\pi f_g)|} = 82$$

这样，补偿后回路函数 $G(s)H(s) = G_c(s)G_o(s)$ 在 f_g 为 0dB。

求在零点 f_{z1} 与 f_{z2} 之增益为

$$AV_1 = \frac{f_{z2}}{f_g}|G_c(\text{j}2\pi f_g)| = \frac{356}{20 \times 10^3} \times 82 = 1.46$$

极点 f_{p2} 的增益则为

$$AV_2 = \frac{f_{p2}}{f_g} |G_c(j2\pi f_g)| = \frac{100 \times 10^3}{20 \times 10^3} \times 82 = 410$$

于是可以画出补偿网络 $G_c(s)$ 的波特图幅频特性，如图 4-13 所示。

最后可求出补偿网络的电阻值与电容值。首先，假设 $R_2 = 10\mathrm{k}\Omega$，可以求得其他元件的参数

$$R_3 = \frac{R_2}{AV_2} = \frac{10}{410}\mathrm{k}\Omega \approx 24\Omega$$

$$C_1 = \frac{1}{2\pi f_{z1} R_2} = 0.045\mu\mathrm{F}$$

$$C_3 = \frac{1}{2\pi f_{p2} R_3} = 0.065\mu\mathrm{F}$$

$$C_2 = \frac{1}{2\pi f_{p3} R_2} = 159\mathrm{pF}$$

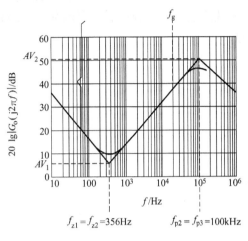

图 4-13　补偿网络 $G_c(s)$ 的频率特性

$$R_1 = \frac{1}{2\pi C_3 f_{z2}} = 6.8\mathrm{k}\Omega$$

补偿网络的幅频特性和原始回路函数幅频特性相加，得到补偿后回路函数幅频特性如图 4-14a 所示，相频特性如图 4-14b 所示。由图可得知，幅频特性在 20kHz 处以 -20dB/dec 斜率通过 0dB 线，相位裕量 PM = 66°。

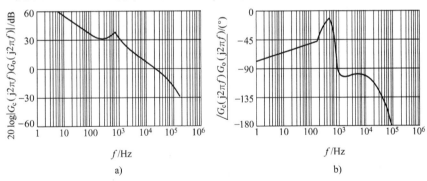

图 4-14　补偿后回路函数 $G(s)H(s) = G_c(s)G_o(s)$ 的频率特性

a）幅频特性　b）相频特性

4.4　本章小结

DC/DC 变换器加上负反馈控制后成为 DC/DC 变换器系统。可以采用频率特

性法分析变换器系统的稳定性，用相位裕量和增益裕量来定量描述系统的相对稳定性。超前–滞后补偿网络是一种适合于 DC/DC 变换器系统的补偿网络，可以利用它的低频段积分特性，使补偿后系统成为无差系统；利用其中频段 20dB/dec 上升特性，使补偿后回路函数以 –20dB/dec 穿越 0dB 线，获得较大的相位裕量。

第5章　三相功率变换器的动态模型

根据用途不同，三相 PWM 变流器可分为三相 PWM 整流器和三相 PWM 逆变器。三相 PWM 整流技术是解决中大功率整流器谐波问题的有效途径。传统电力电子装置一般通过整流器与电网接口，典型整流器有二极管整流桥和晶闸管整流桥，如图 5-1 所示。整流桥的直流侧负载可分为电感性负载和电容性负载，如图 5-2 所示。晶闸管或二极管整流器存在如下缺点：①输入电流谐波含量高；

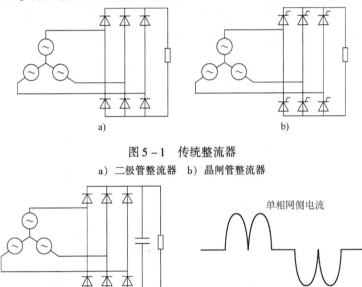

a) b)

图 5-1　传统整流器

a）二极管整流器　b）晶闸管整流器

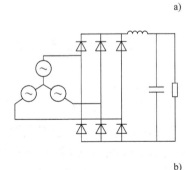

单相网侧电流

a)

单相网侧电流

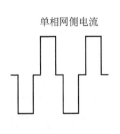

b)

图 5-2　整流器直流侧负载类型

a）整流桥的直流侧负载为电容性负载　b）整流桥的直流侧负载为电感性负载

②输入功率因数低；③因为整流器输入电流有效值大，使整流器效率降低；④使交流侧电网电压产生畸变。目前电力电子装置已成为电网最主要的谐波源，成为电力公害。我国国家技术监督局在 1994 年颁布了《电能质量　公用电网谐波》标准（GB/T 14549—1993），国际电工委员会也于 1988 年对谐波标准 IEC 555—2 进行了修正，欧洲制定 ENC1000—3—2 标准，使传统整流器已不再符合新的规定。因此，传统整流器面临着前所未有的挑战。

抑制电力电子装置产生谐波的方法有两种：一种是被动式的，即采用无源滤波或有源滤波电路来旁路或补偿谐波；另一种方法是主动式的，设计新一代高性能整流器，具有输入电流为正弦波、谐波含量低、功率因数高等优点。后一种技术被称为功率因数校正（PFC）。近年来，功率因数校正（PFC）技术引起国内外的关注，成为电力电子学研究的热点之一。图 5-3 所示的三相 PWM 整流技术是解决中大功率整流器谐波问题的有效途径。

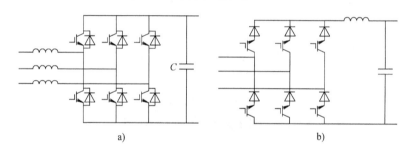

图 5-3　三相 PWM 整流器

a) 电压型 PWM 整流器　b) 电流型 PWM 整流器

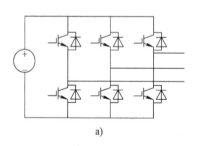 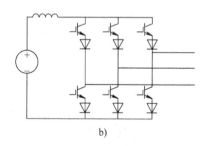

图 5-4　三相 PWM 逆变器

a) 电压型 PWM 逆变器　b) 电流型 PWM 逆变器

图 5-4 所示的三相逆变器广泛应用于变频调速、UPS、逆变电源，通常对其输出也有波形质量的要求。三相 PWM 逆变器工作在高频 PWM 开关方式，能够有效地减少噪声，减小滤波器的尺寸，改善输出电压、电流波形的质量，减少电动机等负载的谐波损耗，改善闭环的动态性能。三相 PWM 变流器将在大功率开关电源、变频装置、不间断电源（UPS）、有源功率滤波器（APF）等获得广泛的

应用。三相大功率开关电源由作为功率因数校正的三相 PWM 整流器和 DC/DC 变换器构成。交直交变流装置由电压型 PWM 整流器和电压型 PWM 逆变器级联构成，或由电流型 PWM 整流器和电流型 PWM 逆变器级联构成。

为设计三相 PWM 变流器，需要探讨三相 PWM 变流器的动态模型和控制器的设计。三相 PWM 变流器主要由三相 PWM 变流器功率回路、PWM 调制器、电流控制器、电压控制器构成，为进行电流控制环和电压控制环的设计，需逐一探讨各部分的建模问题。三相 PWM 变换器建模的步骤如下：

（1）建立开关模型。开关模型关于时间轴是不连续的，为时变系统。

（2）建立静止坐标系平均模型。静止坐标系平均模型是对在静止坐标系下原开关模型经开关周期平均而得到。它关于时间轴是连续的，但仍为时变系统。

（3）d、q 旋转坐标系平均模型。将静止坐标系平均模型经 $d-q$ 坐标变换，得到 $d-q$ 旋转坐标系平均模型。它一般仍是非线性系统。

（4）求线性化小信号交流模型。

5.1　三相电量的空间矢量表示和坐标变换

5.1.1　三相电量的空间矢量表示

三相交流电源通常有三种接线方式：Y联结、△联结、中线Y联结，如图 5-5 所示。类似地，三相负载也有三种接线方式，如图 5-6 所示。

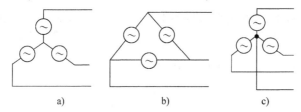

图 5-5　三相电源的联结方式

a）Y联结　b）△联结　c）中线Y联结

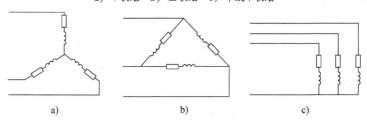

图 5-6　三相负载的联结方式

a）Y联结　b）△联结　c）中线Y联结

当三相电源采用如图 5-7a 所示丫联结时，根据基尔霍夫电流定律 $i_a + i_b + i_c \equiv 0$；根据基尔霍夫电压定律 $v_{ab} + v_{bc} + v_{ca} \equiv 0$。然而三相相电压之和不必一定为零，即一般 $v_{an} + v_{bn} + v_{cn} \neq 0$。

当三相电源采用如图 5-7b 所示△联结时，根据基尔霍夫电流定律 $i_a + i_b + i_c \equiv 0$；根据基尔霍夫电压定律 $v_{ab} + v_{bc} + v_{ca} \equiv 0$。然而三相线电流之和不必一定为零，即一般 $i_{ab} + i_{bc} + i_{ca} \neq 0$。

为方便起见，三相电量可表示成三维欧氏空间中的矢量，如三相电压 $v_a(t)$、$v_b(t)$、$v_c(t)$ 可表示成

$$v(t) = \begin{bmatrix} v_a(t) \\ v_b(t) \\ v_c(t) \end{bmatrix} \tag{5-1}$$

如图 5-8 所示，欧氏空间的三维坐标轴的方向满足右手定则。

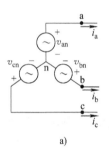

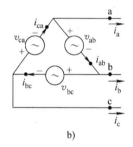

图 5-7　丫型或△型接法的各电量的关系
a) 丫联结　b) △联结

图 5-8　三相电压可表示成三维欧氏空间中的电压矢量

三相电流 $i_a(t)$、$i_b(t)$、$i_c(t)$ 也可表示成

$$i(t) = \begin{bmatrix} i_a(t) \\ i_b(t) \\ i_c(t) \end{bmatrix} \tag{5-2}$$

欧氏空间的一组基为

$$u_a = \begin{bmatrix} 1 \\ 0 \\ 0 \end{bmatrix} \qquad u_b = \begin{bmatrix} 0 \\ 1 \\ 0 \end{bmatrix} \qquad u_c = \begin{bmatrix} 0 \\ 0 \\ 1 \end{bmatrix}$$

矢量内积的定义

$$\langle v, w \rangle = v^{\mathrm{T}} w = w^{\mathrm{T}} v = \sum_{i=1}^{n} v_i w_i \tag{5-3}$$

矢量模定义 $\quad \| \boldsymbol{v} \| = \langle \boldsymbol{v}, \boldsymbol{v} \rangle^{\frac{1}{2}} = \sqrt{\sum_{i=1}^{n} v_i^2} = \sqrt{v_1^2 + v_2^2 + \cdots + v_n^2}$ (5-4)

因此，$\boldsymbol{v}$ 与 $\boldsymbol{w}$ 的内积也可表示为

$$\langle \boldsymbol{v}, \boldsymbol{w} \rangle = \| \boldsymbol{v} \| \cdot \| \boldsymbol{w} \| \cdot \cos\theta \qquad (5-5)$$

式中，θ 为 $\boldsymbol{v}$ 与 $\boldsymbol{w}$ 间的夹角，如图 5-9 所示。

$\boldsymbol{v}$ 与 $\boldsymbol{w}$ 的叉积的模为

$$\| \boldsymbol{v} \times \boldsymbol{w} \| = \| \boldsymbol{v} \| \cdot \| \boldsymbol{w} \| \cdot \sin\theta \quad (5-6)$$

矩阵 A 的范数定义为

$$\| A \| = \max_{\forall x \neq 0} \frac{\| A x \|}{\| x \|} \qquad (5-7)$$

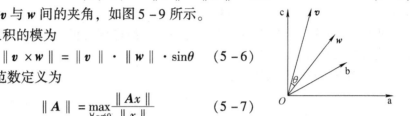

图 5-9 $\boldsymbol{v}$ 与 $\boldsymbol{w}$ 的空间关系

三相线电压空间矢量与三相相电压空间矢量间的关系如下：

$$\boldsymbol{v}_{l-l} = \begin{bmatrix} v_{ab} \\ v_{bc} \\ v_{ca} \end{bmatrix} = \begin{bmatrix} 1 & -1 & 0 \\ 0 & 1 & -1 \\ -1 & 0 & 1 \end{bmatrix} \begin{bmatrix} v_a \\ v_b \\ v_c \end{bmatrix} = \begin{bmatrix} 1 & -1 & 0 \\ 0 & 1 & -1 \\ -1 & 0 & 1 \end{bmatrix} \boldsymbol{v}_{ph} \quad (5-8)$$

式中，$\boldsymbol{v}_{l-l}$ 为线电压矢量；$\boldsymbol{v}_{ph}$ 为相电压矢量。线电压矢量的模与相电压矢量的模之间的关系

$$\| \boldsymbol{v}_{l-l} \| = \left\| \begin{bmatrix} v_{ab} \\ v_{bc} \\ v_{ca} \end{bmatrix} \right\| = \left\| \begin{bmatrix} 1 & -1 & 0 \\ 0 & 1 & -1 \\ -1 & 0 & 1 \end{bmatrix} \begin{bmatrix} v_a \\ v_b \\ v_c \end{bmatrix} \right\| \leqslant \left\| \begin{bmatrix} 1 & -1 & 0 \\ 0 & 1 & -1 \\ -1 & 0 & 1 \end{bmatrix} \right\| \cdot \| \boldsymbol{v}_{ph} \|$$

$$= \sqrt{3} \| \boldsymbol{v}_{ph} \| \qquad (5-9)$$

因为

$$\left\| \begin{bmatrix} 1 & -1 & 0 \\ 0 & 1 & -1 \\ -1 & 0 & 1 \end{bmatrix} \right\| = \max_x \left\| \begin{bmatrix} 1 & -1 & 0 \\ 0 & 1 & -1 \\ -1 & 0 & 1 \end{bmatrix} \begin{bmatrix} x_1 \\ x_2 \\ x_3 \end{bmatrix} \right\| \Bigg/ \left\| \begin{bmatrix} x_1 \\ x_2 \\ x_3 \end{bmatrix} \right\|$$

$$= \max_x \frac{\sqrt{(x_1 - x_2)^2 + (x_2 - x_3)^2 + (x_3 - x_1)^2}}{\sqrt{x_1^2 + x_2^2 + x_3^2}} \qquad (5-10)$$

由于

$$\frac{\sqrt{(x_1 - x_2)^2 + (x_2 - x_3)^2 + (x_3 - x_1)^2}}{\sqrt{x_1^2 + x_2^2 + x_3^2}} = \sqrt{2 + \frac{-2x_1 x_2 - 2x_2 x_3 - 2x_3 x_1}{x_1^2 + x_2^2 + x_3^2}} \leqslant \sqrt{3}$$

$$(5-11)$$

得到

$$\left\| \begin{bmatrix} 1 & -1 & 0 \\ 0 & 1 & -1 \\ -1 & 0 & 1 \end{bmatrix} \right\| = \sqrt{3} \tag{5-12}$$

因此
$$\| \boldsymbol{v}_{l-l} \| \leqslant \sqrt{3} \| \boldsymbol{v}_{ph} \| \tag{5-13}$$

我们已经知道，对于三相对称正弦电压，线电压是相电压的 $\sqrt{3}$ 倍。这一结论与式（5-13）是相容的。

设三相电压对称且为正弦波，即

$$v_{a} = \sin\omega t \tag{5-14}$$

$$v_{b} = \sin\left(\omega t - \frac{2\pi}{3}\right) \tag{5-15}$$

$$v_{c} = \sin\left(\omega t + \frac{2\pi}{3}\right) \tag{5-16}$$

相电压矢量为

$$\boldsymbol{v}_{ph} = \begin{bmatrix} v_{a} \\ v_{b} \\ v_{c} \end{bmatrix} \tag{5-17}$$

$\boldsymbol{v}_{l-l}$ 和 $\boldsymbol{v}_{l-l}$ 顶点的轨迹分别为同一平面上的二个直径不等的圆。$\boldsymbol{v}_{l-l}$ 的顶点轨迹圆的直径为 $\boldsymbol{v}_{ph}$ 的顶点轨迹圆直径的 $\sqrt{3}$ 倍。

5.1.2 静止三维坐标变换

如果三相电流满足条件：$i_{a} + i_{b} + i_{c} \equiv 0$，或线电压满足条件：$v_{ab} + v_{bc} + v_{ca} \equiv 0$，则在三维欧氏空间定义了一个子空间 χ。可以证明，该子空间为一平面，且与矢量 $[1\,1\,1]^{T}$ 垂直，如图 5-10 所示。

基于 χ 平面定义一个新坐标系，称为 $\alpha\beta\gamma$ 坐标系。$\alpha\beta\gamma$ 坐标系的定义如下：α 轴为 a 轴在平面 χ 上的投影，γ 轴与矢量 $[1\,1\,1]^{T}$ 方向一致，而 β 轴根据右手定则确定，如图 5-11 所示。

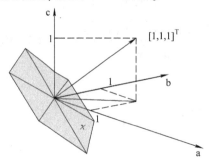

图 5-10 子空间 χ 平面

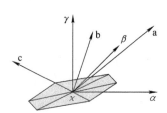

图 5-11 $\alpha\beta\gamma$ 坐标系的构造

从 abc 坐标系至 $\alpha\beta\gamma$ 坐标系的变换矩阵为

$$T_{\mathrm{abc}/\alpha\beta\gamma} = \sqrt{\frac{2}{3}} \begin{bmatrix} 1 & -\dfrac{1}{2} & -\dfrac{1}{2} \\ 0 & \dfrac{\sqrt{3}}{2} & -\dfrac{\sqrt{3}}{2} \\ \dfrac{1}{\sqrt{2}} & \dfrac{1}{\sqrt{2}} & \dfrac{1}{\sqrt{2}} \end{bmatrix} \tag{5-18}$$

且 $\| T_{\mathrm{abc}/\alpha\beta\gamma} \| = 1$

于是 abc 坐标系中的矢量与 $\alpha\beta\gamma$ 坐标系中的矢量有如下关系：

$$v_{\alpha\beta\gamma} = T_{\mathrm{abc}/\alpha\beta\gamma} v_{\mathrm{abc}} \tag{5-19}$$

$$i_{\alpha\beta\gamma} = T_{\mathrm{abc}/\alpha\beta\gamma} i_{\mathrm{abc}} \tag{5-20}$$

式中，$v_{\mathrm{abc}} = \begin{bmatrix} v_a & v_b & v_c \end{bmatrix}^{\mathrm{T}}$ 为在 abc 坐标系的电压矢量；$i_{\mathrm{abc}} = \begin{bmatrix} i_a & i_b & i_c \end{bmatrix}^{\mathrm{T}}$ 为在 abc 坐标系的电流矢量；$v_{\alpha\beta\gamma} = \begin{bmatrix} v_\alpha & v_\beta & v_\gamma \end{bmatrix}^{\mathrm{T}}$ 为在 $\alpha\beta\gamma$ 坐标系的电压矢量；$i_{\alpha\beta\gamma} = \begin{bmatrix} i_\alpha & i_\beta & i_\gamma \end{bmatrix}^{\mathrm{T}}$ 为在 $\alpha\beta\gamma$ 坐标系的电流矢量。

变换矩阵 $T_{\mathrm{abc}/\alpha\beta\gamma}$ 逆矩阵为

$$T_{\alpha\beta\gamma/\mathrm{abc}} = T_{\mathrm{abc}/\alpha\beta\gamma}^{-1} = T_{\mathrm{abc}/\alpha\beta\gamma}^{\mathrm{T}} = \sqrt{\frac{2}{3}} \begin{bmatrix} 1 & 0 & \dfrac{1}{\sqrt{2}} \\ -\dfrac{1}{2} & \dfrac{\sqrt{3}}{2} & \dfrac{1}{\sqrt{2}} \\ -\dfrac{1}{2} & -\dfrac{\sqrt{3}}{2} & \dfrac{1}{\sqrt{2}} \end{bmatrix} \tag{5-21}$$

这样从 $\alpha\beta\gamma$ 坐标系至 abc 坐标系的变换矩阵为

$$v_{\mathrm{abc}} = T_{\alpha\beta\gamma/\mathrm{abc}} v_{\alpha\beta\gamma} \tag{5-22}$$

$$i_{\mathrm{abc}} = T_{\alpha\beta\gamma/\mathrm{abc}} i_{\alpha\beta\gamma} \tag{5-23}$$

设三相对称正弦波电压为

$$v_a = \sin\theta$$

$$v_b = \sin\left(\theta - \frac{2\pi}{3}\right)$$

$$v_c = \sin\left(\theta + \frac{2\pi}{3}\right)$$

这里 $\theta = \omega t$。在 abc 坐标系上定义矢量为

$$v_{\mathrm{abc-ph}} = \begin{bmatrix} v_a \\ v_b \\ v_c \end{bmatrix}$$

经坐标变换得到在 $\alpha\beta\gamma$ 坐标系的矢量

$$\boldsymbol{v}_{\alpha\beta\gamma-ph} = \begin{bmatrix} v_\alpha \\ v_\beta \\ v_\gamma \end{bmatrix} = \boldsymbol{T}_{abc/\alpha\beta\gamma} \boldsymbol{v}_{abc-ph}$$

$$= \sqrt{\frac{2}{3}} \begin{bmatrix} 1 & -\dfrac{1}{2} & -\dfrac{1}{2} \\ 0 & \dfrac{\sqrt{3}}{2} & -\dfrac{\sqrt{3}}{2} \\ \dfrac{1}{\sqrt{2}} & \dfrac{1}{\sqrt{2}} & \dfrac{1}{\sqrt{2}} \end{bmatrix} \begin{bmatrix} \sin\theta \\ \sin\left(\theta - \dfrac{2\pi}{3}\right) \\ \sin\left(\theta + \dfrac{2\pi}{3}\right) \end{bmatrix} = \sqrt{\frac{2}{3}} \begin{bmatrix} \dfrac{3}{2}\sin\theta \\ -\dfrac{3}{2}\cos\theta \\ 0 \end{bmatrix} = \begin{bmatrix} \sqrt{\dfrac{3}{2}}\sin\theta \\ -\sqrt{\dfrac{3}{2}}\cos\theta \\ 0 \end{bmatrix}$$

$$(5-24)$$

在 $\alpha\beta\gamma$ 坐标系上的电压矢量 $\boldsymbol{v}_{\alpha\beta\gamma-ph}$ 没有 γ 分量，即电压矢量 $\boldsymbol{v}_{\alpha\beta\gamma-ph}$ 落在 $\alpha\beta$ 平面上，因此可以用 $\alpha\beta$ 两维坐标系下表示三相对称正弦波构成的电压矢量

$$\boldsymbol{v}_{\alpha\beta} = \begin{bmatrix} v_\alpha \\ v_\beta \end{bmatrix} = \begin{bmatrix} \sqrt{\dfrac{3}{2}}\sin\theta \\ -\sqrt{\dfrac{3}{2}}\cos\theta \end{bmatrix} \tag{5-25}$$

$\alpha\beta$ 坐标系中的矢量 $\boldsymbol{v}_{\alpha\beta}$ 可表示成极坐标形式

$$\boldsymbol{v}_{\alpha\beta} = \begin{bmatrix} v_\alpha \\ v_\beta \end{bmatrix} = \begin{bmatrix} \sqrt{\dfrac{3}{2}}\sin\theta \\ -\sqrt{\dfrac{3}{2}}\cos\theta \end{bmatrix} = \begin{bmatrix} \sqrt{\dfrac{3}{2}}\cos\left(\theta - \dfrac{\pi}{2}\right) \\ \sqrt{\dfrac{3}{2}}\sin\left(\theta - \dfrac{\pi}{2}\right) \end{bmatrix} = \sqrt{\dfrac{3}{2}}\mathrm{e}^{\mathrm{j}\left(\theta - \frac{\pi}{2}\right)} \quad (5-26)$$

$\boldsymbol{v}_{\alpha\beta}$ 的模为 $\sqrt{\dfrac{3}{2}}$，角度为 $\theta - \dfrac{\pi}{2}$。因此 $\boldsymbol{v}_{\alpha\beta}$ 的顶点的轨迹为一个半径为 $\sqrt{\dfrac{3}{2}}$ 的圆。

若定义线电压矢量

$$\boldsymbol{v}_{abc-l} = \begin{bmatrix} v_a - v_b \\ v_b - v_c \\ v_c - v_a \end{bmatrix} = \begin{bmatrix} \sqrt{3}\sin\left(\theta + \dfrac{\pi}{6}\right) \\ \sqrt{3}\sin\left(\theta - \dfrac{\pi}{2}\right) \\ \sqrt{3}\sin\left(\theta - \dfrac{7\pi}{6}\right) \end{bmatrix} \tag{5-27}$$

线电压矢量 $\boldsymbol{v}_l$ 在 $\alpha\beta\gamma$ 坐标系上的电压矢量 $\boldsymbol{v}_{\alpha\beta\gamma-l}$ 也没有 γ 分量，因此也可以用 $\alpha\beta$ 坐标系来表示

$$\boldsymbol{v}_{\alpha\beta-l} = \begin{bmatrix} v_\alpha \\ v_\beta \end{bmatrix} = \begin{bmatrix} \dfrac{3}{\sqrt{2}}\sin\left(\theta + \dfrac{\pi}{6}\right) \\ -\dfrac{3}{\sqrt{2}}\cos\left(\theta + \dfrac{\pi}{6}\right) \end{bmatrix} = \begin{bmatrix} \dfrac{3}{\sqrt{2}}\cos\left(\theta - \dfrac{\pi}{3}\right) \\ \dfrac{3}{\sqrt{2}}\sin\left(\theta - \dfrac{\pi}{3}\right) \end{bmatrix} = \dfrac{3}{\sqrt{2}} e^{j\left(\theta - \frac{\pi}{3}\right)} \qquad (5-28)$$

可见在 $\alpha\beta\gamma$ 坐标系中，对于三相对称正弦波供电，相电压矢量和线电压矢量的顶点均为同一平面上的半径不等的圆。

一般在 abc 坐标系三相电量 $\boldsymbol{x}_{abc} = \begin{bmatrix} x_a & x_b & x_c \end{bmatrix}^{T}$，如果满足 $x_a + x_b + x_c = 0$，变换到 $\alpha\beta\gamma$ 坐标系上的矢量为

$$\boldsymbol{x}_{\alpha\beta\gamma} = \begin{bmatrix} x_\alpha \\ x_\beta \\ x_\gamma \end{bmatrix} = \boldsymbol{T}_{abc/\alpha\beta\gamma}\, \boldsymbol{x}_{abc}$$

$$= \sqrt{\dfrac{2}{3}} \begin{bmatrix} 1 & -\dfrac{1}{2} & -\dfrac{1}{2} \\ 0 & \dfrac{\sqrt{3}}{2} & -\dfrac{\sqrt{3}}{2} \\ \dfrac{1}{\sqrt{2}} & \dfrac{1}{\sqrt{2}} & \dfrac{1}{\sqrt{2}} \end{bmatrix} \begin{bmatrix} x_a \\ x_b \\ x_c \end{bmatrix} = \begin{bmatrix} \sqrt{\dfrac{2}{3}}\left(x_a - \dfrac{1}{2}x_b - \dfrac{1}{2}x_c\right) \\ \dfrac{1}{\sqrt{2}}x_b - \dfrac{1}{\sqrt{2}}x_c \\ 0 \end{bmatrix} \qquad (5-29)$$

在 $\alpha\beta\gamma$ 坐标系上的电压矢量 $\boldsymbol{x}_{\alpha\beta\gamma}$ 没有 γ 分量，即 $\boldsymbol{x}_{\alpha\beta\gamma}$ 落在 $\alpha\beta$ 平面上，可以用 $\alpha\beta$ 坐标系下的两维矢量来表示。因此若在 *abc* 坐标系中的三相电量之和为零，则可以简化为 $\alpha\beta$ 两维坐标系下的两维矢量来表示。

5.1.3　旋转变换

图 5-12 所示的三相对称正弦电路的状态方程为

$$\boldsymbol{v} = R\boldsymbol{i} + L\dfrac{\mathrm{d}\boldsymbol{i}}{\mathrm{d}t} \qquad (5-30)$$

式中，$\boldsymbol{v} = \begin{bmatrix} v_a \\ v_b \\ v_c \end{bmatrix}$，$\boldsymbol{i} = \begin{bmatrix} i_a \\ i_b \\ i_c \end{bmatrix}$。

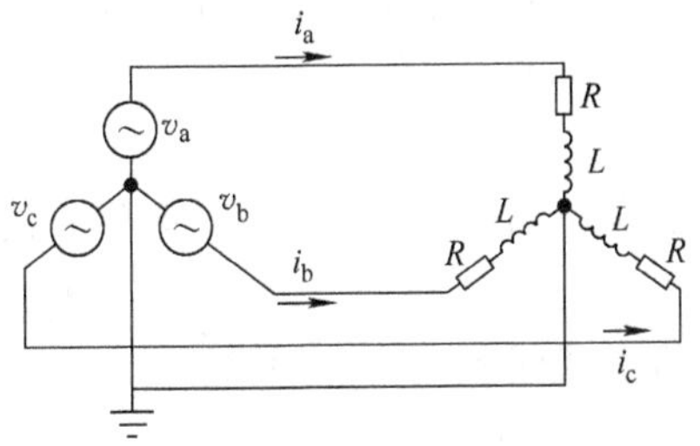

图 5-12　三相电路

寻找变换矩阵，使时变矢量 $\boldsymbol{v}$、$\boldsymbol{i}$ 在稳态时变换后的矢量为常矢量。

$$\boldsymbol{v}_x = T_x \boldsymbol{v} \qquad (5-31)$$
$$\boldsymbol{i}_x = T_x \boldsymbol{i} \qquad (5-32)$$

这里 T_x 的逆存在，且可导。$\boldsymbol{v}_x$ 和 $\boldsymbol{i}_x$ 在稳态时为常量。

如图 5-13 所示，$\alpha\beta$ 平面上的旋转矢量 $\begin{bmatrix} v_\alpha & v_\beta \end{bmatrix}^{T}$ 在旋转 dq 坐标系下为常

矢量，坐标变换公式为

$$\begin{bmatrix} v_d \\ v_q \end{bmatrix} = \begin{bmatrix} \cos\theta & \sin\theta \\ -\sin\theta & \cos\theta \end{bmatrix} \begin{bmatrix} v_\alpha \\ v_\beta \end{bmatrix} \qquad (5-33)$$

式中，$\theta = \omega t$，ω 为 dq 坐标系的旋转速度。

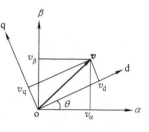

图 5 – 13　静止 $\alpha\beta$ 坐标系与
旋转 dq 坐标系的关系

设 dqo 坐标的 o 轴与 $\alpha\beta\gamma$ 坐标的 γ 轴重叠，则 $\alpha\beta\gamma$ 空间到 dqo 空间的坐标变换为

$$\begin{bmatrix} v_d \\ v_q \\ v_o \end{bmatrix} = \begin{bmatrix} \cos\theta & \sin\theta & 0 \\ -\sin\theta & \cos\theta & 0 \\ 0 & 0 & 1 \end{bmatrix} \begin{bmatrix} v_\alpha \\ v_\beta \\ v_\gamma \end{bmatrix} \qquad (5-34)$$

定义变换矩阵 $\boldsymbol{T}_{\alpha\beta\gamma/dqo}$

$$\boldsymbol{T}_{\alpha\beta\gamma/dqo} = \begin{bmatrix} \cos\theta & \sin\theta & 0 \\ -\sin\theta & \cos\theta & 0 \\ 0 & 0 & 1 \end{bmatrix} \qquad (5-35)$$

于是式（5 – 34）可表示为

$$\boldsymbol{v}_{dqo} = \boldsymbol{T}_{\alpha\beta\gamma/dqo} \boldsymbol{v}_{\alpha\beta\gamma} \qquad (5-36)$$

式中，$\boldsymbol{v}_{dqo} = \begin{bmatrix} v_d & v_q & v_o \end{bmatrix}^T$。

可以证明，从 $\alpha\beta\gamma$ 坐标系到 dqo 坐标系的变换矩阵 $\boldsymbol{T}_{\alpha\beta\gamma/dqo}$ 为正交矩阵，即 $\| \boldsymbol{T}_{\alpha\beta\gamma/dqo} \| = 1$。变换矩阵 $\boldsymbol{T}_{\alpha\beta\gamma/dqo}$ 的逆矩阵为

$$\boldsymbol{T}_{\alpha\beta\gamma/dqo}^{-1} = \boldsymbol{T}_{\alpha\beta\gamma/dqo}^{T} \qquad (5-37)$$

逆矩阵 $\boldsymbol{T}_{\alpha\beta\gamma/dqo}^{-1}$ 就是从 dqo 坐标系到 $\alpha\beta\gamma$ 坐标系的变换矩阵，因此记为 $\boldsymbol{T}_{dqo/\alpha\beta\gamma}$，即 $\boldsymbol{T}_{dqo/\alpha\beta\gamma} = \boldsymbol{T}_{\alpha\beta\gamma/dqo}^{-1} = \boldsymbol{T}_{\alpha\beta\gamma/dqo}^{T}$。

下面，推导从 abc 坐标系至 dqo 坐标系的变换矩阵，将式（5 – 19）代入式（5 – 36）

$$\boldsymbol{v}_{dqo} = \boldsymbol{T}_{\alpha\beta\gamma/dqo} \boldsymbol{v}_{\alpha\beta\gamma} = \boldsymbol{T}_{\alpha\beta\gamma/dqo} \boldsymbol{T}_{abc/\alpha\beta\gamma} \boldsymbol{v}_{abc} \qquad (5-38)$$

定义从 abc 坐标系至 dqo 坐标系的变换矩阵为

$$\boldsymbol{T}_{abc/dqo} = \boldsymbol{T}_{\alpha\beta\gamma/dqo} \boldsymbol{T}_{abc/\alpha\beta\gamma} \qquad (5-39)$$

将上式代入式（5 – 38）

$$\boldsymbol{v}_{dqo} = \boldsymbol{T}_{abc/dqo} \boldsymbol{v}_{abc} \qquad (5-40)$$

将式（5 – 18）和式（5 – 35）代入式（5 – 39），得到从 abc 坐标系至 dqo 坐标系的变换矩阵 $\boldsymbol{T}_{abc/dqo}$

$$T_{abc/dqo} = T_{\alpha\beta\gamma/dqo} \cdot T_{abc/\alpha\beta\gamma} = \sqrt{\frac{2}{3}} \begin{bmatrix} \cos\theta & \sin\theta & 0 \\ -\sin\theta & \cos\theta & 0 \\ 0 & 0 & 1 \end{bmatrix} \begin{bmatrix} 1 & -\dfrac{1}{2} & -\dfrac{1}{2} \\ 0 & \dfrac{\sqrt{3}}{2} & -\dfrac{\sqrt{3}}{2} \\ \dfrac{1}{\sqrt{2}} & \dfrac{1}{\sqrt{2}} & \dfrac{1}{\sqrt{2}} \end{bmatrix}$$

$$= \sqrt{\frac{2}{3}} \begin{bmatrix} \cos\theta & \cos\left(\theta - \dfrac{2\pi}{3}\right) & \cos\left(\theta + \dfrac{2\pi}{3}\right) \\ -\sin\theta & -\sin\left(\theta - \dfrac{2\pi}{3}\right) & -\sin\left(\theta + \dfrac{2\pi}{3}\right) \\ \dfrac{1}{\sqrt{2}} & \dfrac{1}{\sqrt{2}} & \dfrac{1}{\sqrt{2}} \end{bmatrix} \quad (5-41)$$

可以证明变换矩阵 $T_{abc/dqo}$ 也是正交矩阵，而 $\| T_{abc/dqo} \| = 1$。变换矩阵 $T_{abc/dqo}$ 的逆矩阵 $T_{abc/dqo}^{-1} = T_{abc/dqo}^{T}$，记为 $T_{dqo/abc}$，即 $T_{dqo/abc} = T_{abc/dqo}^{-1} = T_{abc/dqo}^{T}$。

设三相对称正弦波电压为 $v_a = \sin\theta$，$v_b = \sin\left(\theta - \dfrac{2\pi}{3}\right)$，$v_c = \sin\left(\theta + \dfrac{2\pi}{3}\right)$，其中 $\theta = \omega t$。abc 坐标系中的矢量为 $\boldsymbol{v}_{abc-ph} = \begin{bmatrix} v_a & v_b & v_c \end{bmatrix}^{T}$，作用从 abc 坐标系至 dqo 坐标系的变换矩阵 $T_{abc/dqo}$ 得到

$$\boldsymbol{v}_{dqo-ph} = T_{abc/dqo} \begin{bmatrix} v_a \\ v_b \\ v_c \end{bmatrix}$$

$$= \sqrt{\frac{2}{3}} \begin{bmatrix} \cos\theta & \cos\left(\theta - \dfrac{2\pi}{3}\right) & \cos\left(\theta + \dfrac{2\pi}{3}\right) \\ -\sin\theta & -\sin\left(\theta - \dfrac{2\pi}{3}\right) & -\sin\left(\theta + \dfrac{2\pi}{3}\right) \\ \dfrac{1}{\sqrt{2}} & \dfrac{1}{\sqrt{2}} & \dfrac{1}{\sqrt{2}} \end{bmatrix} \begin{bmatrix} \sin\theta \\ \sin\left(\theta - \dfrac{2\pi}{3}\right) \\ \sin\left(\theta + \dfrac{2\pi}{3}\right) \end{bmatrix} = \begin{bmatrix} 0 \\ -\sqrt{\dfrac{3}{2}} \\ 0 \end{bmatrix}$$

$$(5-42)$$

在 dqo 坐标系中，相电压矢量 $\boldsymbol{v}_{ph}$ 为常数矢量。类似可以推得线电压矢量 $\boldsymbol{v}_{l-l}$ 在 dqo 坐标系中也为常数矢量。

$$\boldsymbol{v}_{dqo-l} = T_{abc/dqo} \boldsymbol{v}_{l-l} = \begin{bmatrix} \dfrac{3\sqrt{2}}{4} \\ \dfrac{3\sqrt{6}}{4} \\ 0 \end{bmatrix} \quad (5-43)$$

定义三相功率

$$p = \boldsymbol{v}_{ph}^{T} \boldsymbol{i}_{ph} = \begin{bmatrix} v_a & v_b & v_c \end{bmatrix} \begin{bmatrix} i_a \\ i_b \\ i_c \end{bmatrix} = v_a i_a + v_b i_b + v_c i_c \tag{5-44}$$

式中，$\boldsymbol{v}_{ph}$ 和 $\boldsymbol{i}_{ph}$ 分别为三相电压矢量和三相电流矢量；v_a、v_b、v_c 为 $\boldsymbol{v}$ 的各分量，i_a、i_b、i_c 为 $\boldsymbol{i}$ 的各分量。经推导，可以证明

$$v_a i_a + v_b i_b + v_c i_c = v_\alpha i_\alpha + v_\beta i_\beta + v_\gamma i_\gamma = v_d i_d + v_q i_q + v_o i_o \tag{5-45}$$

上式表明，式（5-18）和式（5-41）坐标变换式保持功率守恒。

例　如图 5-12 三相电路，三相对称正弦电压输入电压为

$$\boldsymbol{v}_{ph-abc} = \begin{bmatrix} v_a \\ v_b \\ v_c \end{bmatrix} = \begin{bmatrix} V_m \sin(\omega t) \\ V_m \sin\left(\omega t - \dfrac{2\pi}{3}\right) \\ V_m \sin\left(\omega t + \dfrac{2\pi}{3}\right) \end{bmatrix}$$

输入电流为

$$\boldsymbol{i}_{ph-abc} = \begin{bmatrix} i_a \\ i_b \\ i_c \end{bmatrix} = \begin{bmatrix} I_m \sin(\omega t - \phi) \\ I_m \sin\left(\omega t - \dfrac{2\pi}{3} - \phi\right) \\ I_m \sin\left(\omega t + \dfrac{2\pi}{3} - \phi\right) \end{bmatrix}$$

式中，$\phi = \arctan \dfrac{\omega L}{R}$。

可推得有功功率

$$P = \boldsymbol{v}_{ph-abc}^{T} \cdot \boldsymbol{i}_{ph-abc} = \| \boldsymbol{v}_{ph-abc} \| \cdot \| \boldsymbol{i}_{ph-abc} \| \cos\phi = \frac{3}{2} V_m I_m \cos\phi$$

无功功率

$$Q = \| \boldsymbol{v}_{ph-abc} \times \boldsymbol{i}_{ph-abc} \| = \| \boldsymbol{v}_{ph-abc} \| \cdot \| \boldsymbol{i}_{ph-abc} \| \sin\phi = \frac{3}{2} V_m I_m \sin\phi$$

5.2　三相电压型 PWM 变流器的状态平均模型

三相 PWM 变流器按电路结构可分为三相电压型和三相电流型。三相电压型 PWM 变流器按用途可分为三相电压型 PWM 整流器，如图 5-14 所示，三相电压型 PWM 逆变器，如图 5-15 所示。由于三相电压型 PWM 整流器基于 Boost 变换器的工作原理，因此其直流侧电压 V_{dc} 大于输入交流侧线电压的幅值 V_m（$V_{dc} > V_m$），即具有升压特性。而三相电压型 PWM 逆变器（VSI）基于 Buck 变换器的工作原理，因此其输出负载线电压幅值 V_{om} 小于直流电压 V_{dc}（$V_{om} < V_{dc}$），即具有

降压特性。总之，三相电压型 PWM 变流器无论作为整流器还是作为逆变器使用，其直流侧电压始终大于交流侧线电压的幅值。

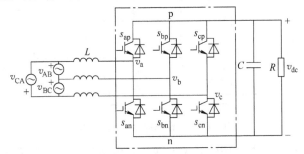

图 5 - 14 三相电压型 PWM 整流器

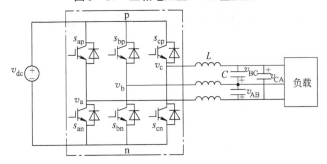

图 5 - 15 三相电压型 PWM 逆变器

类似地，三相电流型 PWM 变流器按用途可分为三相电流型 PWM 整流器，如图 5 - 16 所示，三相电流型 PWM 逆变器，如图 5 - 17 所示。由于三相电流型 PWM 整流器基于 Buck 变换器的工作原理，因此三相电流型 PWM 整流器的直流侧电压 V_{dc} 小于输入交流侧线电压的幅值 V_m （$V_{dc} < V_m$），即具有降压特性。而三相电流型 PWM 逆变器（CSI）基于 Boost 变换器的工作原理，因此三相电流型 PWM 逆变器的输出负载线电压的幅值 V_{om} 大于直流电压 V_{dc} （$V_{dc} < V_{om}$），即具有升压特性。总之，三相电流型 PWM 变流器无论作为整流器还是作为逆变器使用，其直流侧电压始终小于交流侧线电压的幅值。

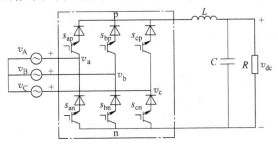

图 5 - 16 三相电流型 PWM 整流器

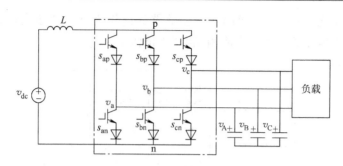

图 5 - 17　三相电流型 PWM 逆变器

三相 PWM 变流器中应用的开关有两类：电流双向二象限开关和电压双向二象限开关，如图 5 - 18 所示。

两类开关可以抽象为理想开关如图 5 - 19 所示，并定义开关函数

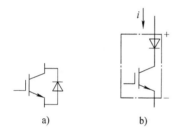

图 5 - 18　开关模型

a）电流双向二象限开关　b）电压双向二象限开关

图 5 - 19　理想开关

$$s = \begin{cases} 1 & \text{开关闭合，} v = 0 \\ 0 & \text{开关断开，} i = 0 \end{cases} \qquad (5 - 46)$$

5.2.1　三相电压型 PWM 整流器的开关周期平均模型

三相电压型 PWM 整流器或逆变器中有六个开关器件，如图 5 - 20 所示。假定 s_{ap}，s_{bp}，s_{cp} 表示上半桥中分别连接 a、b、c 相开关器件的状态，s_{an}，s_{bn}，s_{cn} 表示下半桥中分别连接 a、b、c 相的开关器件的状态。开关动作不应造成电压源或电容的短路，电流源或电感的开路。在三相电压型 PWM 整流器或逆变器中，任一瞬间每相中只有一个开关器件导通，因此每相上、下开关之间满足如下约束条件：

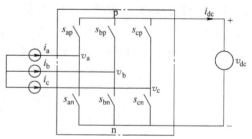

图 5 - 20　三相电压型 PWM 变流器

$$s_{ip} + s_{in} = 1, i \in \{a, b, c\} \tag{5-47}$$

定义相开关函数

$$s_i = s_{ip} = 1 - s_{in}, i \in \{a, b, c\} \tag{5-48}$$

在三相电压型 PWM 整流器或逆变器中，交流侧线电压与直流电压之间存在一定关系。表 5-1 给出三相电压型 PWM 整流器交流侧电量 v_{ab}、v_{bc}、v_{ca}、i_a、i_b、i_c 与直流侧电量 v_{dc}、i_{dc} 以及开关函数之间的关系。

表 5-1　三相电压型 PWM 整流器交流侧电量、直流侧电量及开关函数之间的关系

s_a	s_b	s_c	$s_a - s_b$	$s_b - s_c$	$s_c - s_a$	i_{dc}	v_{ab}	v_{bc}	v_{ca}
0	0	0	0	0	0	0	0	0	0
0	0	1	0	-1	1	i_c	0	$-v_{dc}$	v_{dc}
0	1	0	-1	1	0	i_b	$-v_{dc}$	v_{dc}	0
0	1	1	-1	0	1	$i_b + i_c$	$-v_{dc}$	0	v_{dc}
1	0	0	1	0	-1	i_a	v_{dc}	0	$-v_{dc}$
1	0	1	1	-1	0	$i_a + i_c$	v_{dc}	$-v_{dc}$	0
1	1	0	0	1	-1	$i_a + i_b$	0	v_{dc}	$-v_{dc}$
1	1	1	0	0	0	$i_a + i_b + i_c$	0	0	0

由表 5-1 可以写出交流侧三相线电压与直流电压的关系

$$\begin{bmatrix} v_{ab} \\ v_{bc} \\ v_{ca} \end{bmatrix} = \begin{bmatrix} s_a - s_b \\ s_b - s_c \\ s_c - s_a \end{bmatrix} v_{dc} = \begin{bmatrix} s_{ab} \\ s_{bc} \\ s_{ca} \end{bmatrix} v_{dc} \tag{5-49}$$

式中，$v_{ab} = v_a - v_b$，$v_{bc} = v_b - v_c$，$v_{ca} = v_c - v_a$；而

$$s_{ab} = s_a - s_b \tag{5-50}$$

$$s_{bc} = s_b - s_c \tag{5-51}$$

$$s_{ca} = s_c - s_a \tag{5-52}$$

s_{ab}、s_{bc}、s_{ca} 称为线开关状态。

定义虚拟线电流 i_{ab}、i_{bc}、i_{ca}，并满足关系

$$i_a = i_{ab} - i_{ca} \tag{5-53}$$

$$i_b = i_{bc} - i_{ab} \tag{5-54}$$

$$i_c = i_{ca} - i_{bc} \tag{5-55}$$

而且 $i_{ab} + i_{bc} + i_{ca} = 0$。

由式 (5-53) 和式 (5-54) 得到

$$i_a - i_b = i_{ab} - i_{ca} - (i_{bc} - i_{ab}) = 2i_{ab} - (i_{ca} + i_{bc}) = 3i_{ab}$$

可以求得虚拟线电流 i_{ab}

$$i_{ab} = \frac{1}{3}(i_a - i_b) \tag{5-56}$$

类似可以求得虚拟线电流

$$i_{bc} = \frac{1}{3}(i_b - i_c) \tag{5-57}$$

$$i_{ca} = \frac{1}{3}(i_c - i_a) \tag{5-58}$$

由表 5-1 可以写出交流侧三相电流与直流电流的关系

$$i_{dc} = \begin{bmatrix} s_a & s_b & s_c \end{bmatrix} \begin{bmatrix} i_a \\ i_b \\ i_c \end{bmatrix} \tag{5-59}$$

代入式 (5-53) ～式 (5-55) 和式 (5-50) ～式 (5-52)，得到

$$i_{dc} = \begin{bmatrix} s_a & s_b & s_c \end{bmatrix} \begin{bmatrix} i_a \\ i_b \\ i_c \end{bmatrix} = \begin{bmatrix} s_a & s_b & s_c \end{bmatrix} \begin{bmatrix} i_{ab} - i_{ca} \\ i_{bc} - i_{ab} \\ i_{ca} - i_{bc} \end{bmatrix} = \begin{bmatrix} s_{ab} & s_{bc} & s_{ca} \end{bmatrix} \begin{bmatrix} i_{ab} \\ i_{bc} \\ i_{ca} \end{bmatrix}$$

$$\tag{5-60}$$

由图 5-21，列写三相电压型 PWM 整流器交流侧的状态方程为

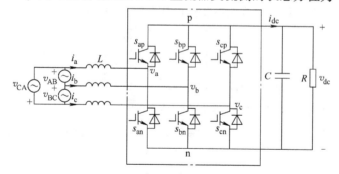

图 5-21 三相电压型 PWM 整流器

$$\begin{bmatrix} v_{AB} \\ v_{BC} \\ v_{CA} \end{bmatrix} = \begin{bmatrix} L\dfrac{di_a}{dt} - L\dfrac{di_b}{dt} \\ L\dfrac{di_b}{dt} - L\dfrac{di_c}{dt} \\ L\dfrac{di_c}{dt} - L\dfrac{di_a}{dt} \end{bmatrix} + \begin{bmatrix} v_a - v_b \\ v_b - v_c \\ v_c - v_a \end{bmatrix} \tag{5-61}$$

整理得到

$$\begin{bmatrix} v_{AB} \\ v_{BC} \\ v_{CA} \end{bmatrix} = L\frac{\mathrm{d}}{\mathrm{d}t}\begin{bmatrix} i_a - i_b \\ i_b - i_c \\ i_c - i_a \end{bmatrix} + \begin{bmatrix} v_a - v_b \\ v_b - v_c \\ v_c - v_a \end{bmatrix} \tag{5-62}$$

代入式（5-56）~式（5-58），得到

$$\begin{bmatrix} v_{AB} \\ v_{BC} \\ v_{CA} \end{bmatrix} = 3L\frac{\mathrm{d}}{\mathrm{d}t}\begin{bmatrix} i_{ab} \\ i_{bc} \\ i_{ca} \end{bmatrix} + \begin{bmatrix} v_{ab} \\ v_{bc} \\ v_{ca} \end{bmatrix} \tag{5-63}$$

由图 5-21，列写直流侧的方程

$$i_{dc} = C\frac{\mathrm{d}v_{dc}}{\mathrm{d}t} + \frac{v_{dc}}{R} \tag{5-64}$$

合并式（5-63）和式（5-64），整理得到

$$\begin{cases} \dfrac{\mathrm{d}}{\mathrm{d}t}\begin{bmatrix} i_{ab} \\ i_{bc} \\ i_{ca} \end{bmatrix} = \dfrac{1}{3L}\begin{bmatrix} v_{AB} \\ v_{BC} \\ v_{CA} \end{bmatrix} - \dfrac{1}{3L}\begin{bmatrix} v_{ab} \\ v_{bc} \\ v_{ca} \end{bmatrix} \\[6mm] \dfrac{\mathrm{d}v_{dc}}{\mathrm{d}t} = \dfrac{1}{C}i_{dc} - \dfrac{v_{dc}}{RC} \end{cases} \tag{5-65}$$

定义矢量

$$\boldsymbol{v}_{L-L} = \begin{bmatrix} v_{AB} \\ v_{BC} \\ v_{CA} \end{bmatrix} \quad \boldsymbol{v}_{l-l} = \begin{bmatrix} v_{ab} \\ v_{bc} \\ v_{ca} \end{bmatrix} \quad \boldsymbol{i}_{l-l} = \begin{bmatrix} i_{ab} \\ i_{bc} \\ i_{ca} \end{bmatrix} \quad \boldsymbol{s}_{l-l} = \begin{bmatrix} s_{ab} \\ s_{bc} \\ s_{ca} \end{bmatrix} \tag{5-66}$$

引入矢量定义后，状态方程（5-65）可以表示成

$$\begin{cases} \dfrac{\mathrm{d}\boldsymbol{i}_{l-l}}{\mathrm{d}t} = \dfrac{1}{3L}\boldsymbol{v}_{L-L} - \dfrac{1}{3L}\boldsymbol{v}_{l-l} \\[6mm] \dfrac{\mathrm{d}v_{dc}}{\mathrm{d}t} = \dfrac{1}{C}i_{dc} - \dfrac{v_{dc}}{RC} \end{cases} \tag{5-67}$$

采用矢量定义式，交流侧与直流侧电量之间的关系式（5-49）和式（5-60）可改写成矢量形式

$$\boldsymbol{v}_{l-l} = \boldsymbol{s}_{l-l}v_{dc} \tag{5-68}$$

$$i_{dc} = \boldsymbol{s}_{l-l}^{\mathrm{T}}\boldsymbol{i}_{l-l} \tag{5-69}$$

将式（5-68）和式（5-69）代入式（5-67）

$$\begin{cases} \dfrac{\mathrm{d}\boldsymbol{i}_{l-l}}{\mathrm{d}t} = \dfrac{1}{3L}v_{L-L} - \dfrac{1}{3L}\boldsymbol{s}_{l-l}v_{dc} \\[6mm] \dfrac{\mathrm{d}v_{dc}}{\mathrm{d}t} = \dfrac{1}{C}\boldsymbol{s}_{l-l}^{\mathrm{T}}\boldsymbol{i}_{l-l} - \dfrac{v_{dc}}{RC} \end{cases} \tag{5-70}$$

上述方程中，由于开关函数 $\boldsymbol{s}_{l-l}$ 为不连续的函数，因此为不连续的方程。对

状态方程式（5-70），求开关周期平均，得到

$$
\begin{cases}
\dfrac{\mathrm{d}\langle \boldsymbol{i}_{l-l}\rangle_{T_\mathrm{s}}}{\mathrm{d}t} = \dfrac{1}{3L}\langle \boldsymbol{v}_{L-L}\rangle_{T_\mathrm{s}} - \dfrac{1}{3L}\langle \boldsymbol{s}_{l-l}\cdot v_{\mathrm{dc}}\rangle_{T_\mathrm{s}} \\
\dfrac{\mathrm{d}\langle v_{\mathrm{dc}}\rangle_{T_\mathrm{s}}}{\mathrm{d}t} = \dfrac{1}{C}\langle s_{l-l}^{\mathrm{T}}\boldsymbol{i}_{l-l}\rangle_{T_\mathrm{s}} - \dfrac{\langle v_{\mathrm{dc}}\rangle_{T_\mathrm{s}}}{RC}
\end{cases}
\tag{5-71}
$$

电容电压 v_{dc} 为状态变量，为时间的连续的量，且在一个开关周期的变化较小，于是有如下近似关系：

$$
\langle \boldsymbol{s}_{l-l} v_{\mathrm{dc}}\rangle_{T_\mathrm{s}} \approx \langle \boldsymbol{s}_{l-l}\rangle_{T_\mathrm{s}}\langle v_{\mathrm{dc}}\rangle_{T_\mathrm{s}} = \boldsymbol{d}_{l-l}\langle v_{\mathrm{dc}}\rangle_{T_\mathrm{s}}
\tag{5-72}
$$

式中 $\boldsymbol{d}_{l-l} = \begin{bmatrix} d_{\mathrm{ab}} \\ d_{\mathrm{bc}} \\ d_{\mathrm{ca}} \end{bmatrix}$，这里定义线间占空比为

$$
d_{\mathrm{ab}} = \langle s_{\mathrm{ab}}(t)\rangle_{T_\mathrm{s}} = \frac{1}{T_\mathrm{s}}\int_t^{t+T_\mathrm{s}} s_{\mathrm{ab}}(\tau)\,\mathrm{d}\tau = d_\mathrm{a} - d_\mathrm{b}
\tag{5-73}
$$

$$
d_{\mathrm{bc}} = \langle s_{\mathrm{bc}}(t)\rangle_{T_\mathrm{s}} = \frac{1}{T_\mathrm{s}}\int_t^{t+T_\mathrm{s}} s_{\mathrm{bc}}(\tau)\,\mathrm{d}\tau = d_\mathrm{b} - d_\mathrm{c}
\tag{5-74}
$$

$$
d_{\mathrm{ca}} = \langle s_{\mathrm{ca}}(t)\rangle_{T_\mathrm{s}} = \frac{1}{T_\mathrm{s}}\int_t^{t+T_\mathrm{s}} s_{\mathrm{ca}}(\tau)\,\mathrm{d}\tau = d_\mathrm{c} - d_\mathrm{a}
\tag{5-75}
$$

i 相上开关的占空比

$$
d_{i\mathrm{p}} = \langle s_{i\mathrm{p}}(t)\rangle_{T_\mathrm{s}} = \frac{1}{T_\mathrm{s}}\int_t^{t+T_\mathrm{s}} s_{i\mathrm{p}}(\tau)\,\mathrm{d}\tau, i \in \{\mathrm{a,b,c}\}
\tag{5-76}
$$

i 相的占空比

$$
d_i = d_{i\mathrm{p}} = 1 - d_{i\mathrm{n}}, i \in \{\mathrm{a,b,c}\}
\tag{5-77}
$$

如 a 相上开关 s_{ap} 的占空比：$d_{\mathrm{ap}} = \langle s_{\mathrm{ap}}(t)\rangle_{T_\mathrm{s}} = \dfrac{1}{T_\mathrm{s}}\displaystyle\int_t^{t+T_\mathrm{s}} s_{\mathrm{ap}}(\tau)\,\mathrm{d}\tau$。a 相的占空比：$d_\mathrm{a} = d_{\mathrm{ap}} = 1 - d_{\mathrm{an}}$。

电流矢量 $\boldsymbol{i}_{l-l}$ 为状态变量，是关于时间的连续函数，而且在一个开关周期的变化较小，于是也有如下近似关系：

$$
\langle \boldsymbol{s}_{l-l}^{\mathrm{T}}\cdot \boldsymbol{i}_{l-l}\rangle_{T_\mathrm{s}} = \langle \boldsymbol{s}_{l-l}^{\mathrm{T}}\rangle_{T_\mathrm{s}}\langle \boldsymbol{i}_{l-l}\rangle_{T_\mathrm{s}} = \boldsymbol{d}_{l-l}^{\mathrm{T}}\langle \boldsymbol{i}_{l-l}\rangle_{T_\mathrm{s}}
\tag{5-78}
$$

将式（5-72）和式（5-78）代入式（5-71），得到三相电压型 PWM 整流器的开关周期平均模型

$$\begin{cases} \dfrac{\mathrm{d}\langle \boldsymbol{i}_{l-l}\rangle_{T_{\mathrm{s}}}}{\mathrm{d}t} = \dfrac{1}{3L}\langle \boldsymbol{v}_{L-L}\rangle_{T_{\mathrm{s}}} - \dfrac{1}{3L}\boldsymbol{d}_{l-l}\langle v_{\mathrm{dc}}\rangle_{T_{\mathrm{s}}} \\[3mm] \dfrac{\mathrm{d}\langle v_{\mathrm{dc}}\rangle_{T_{\mathrm{s}}}}{\mathrm{d}t} = \dfrac{1}{C}\boldsymbol{d}_{l-l}^{\mathrm{T}}\langle \boldsymbol{i}_{l-l}\rangle_{T_{\mathrm{s}}} - \dfrac{\langle v_{\mathrm{dc}}\rangle_{T_{\mathrm{s}}}}{RC} \end{cases} \qquad (5-79)$$

上式也可以写成各分量的形式

$$\begin{cases} \dfrac{\mathrm{d}}{\mathrm{d}t}\begin{bmatrix} \langle i_{\mathrm{ab}}\rangle_{T_{\mathrm{s}}} \\ \langle i_{\mathrm{bc}}\rangle_{T_{\mathrm{s}}} \\ \langle i_{\mathrm{ca}}\rangle_{T_{\mathrm{s}}} \end{bmatrix} = \dfrac{1}{3L}\begin{bmatrix} \langle v_{\mathrm{AB}}\rangle_{T_{\mathrm{s}}} \\ \langle v_{\mathrm{BC}}\rangle_{T_{\mathrm{s}}} \\ \langle v_{\mathrm{CA}}\rangle_{T_{\mathrm{s}}} \end{bmatrix} - \dfrac{1}{3L}\begin{bmatrix} d_{\mathrm{ab}} \\ d_{\mathrm{bc}} \\ d_{\mathrm{ca}} \end{bmatrix}\langle v_{\mathrm{dc}}\rangle_{T_{\mathrm{s}}} \\[10mm] \dfrac{\mathrm{d}\langle v_{\mathrm{dc}}\rangle_{T_{\mathrm{s}}}}{\mathrm{d}t} = \dfrac{1}{C}\begin{bmatrix} d_{\mathrm{ab}} & d_{\mathrm{bc}} & d_{\mathrm{ca}} \end{bmatrix}\begin{bmatrix} \langle i_{\mathrm{ab}}\rangle_{T_{\mathrm{s}}} \\ \langle i_{\mathrm{bc}}\rangle_{T_{\mathrm{s}}} \\ \langle i_{\mathrm{ca}}\rangle_{T_{\mathrm{s}}} \end{bmatrix} - \dfrac{\langle v_{\mathrm{dc}}\rangle_{T_{\mathrm{s}}}}{RC} \end{cases} \qquad (5-80)$$

根据上面的开关周期平均模型，可以画出等效电路，如图 5-22 所示。

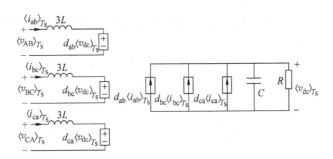

图 5-22　三相电压型 PWM 整流器开关周期平均模型的等效电路

三相电压型 PWM 整流器开关周期平均模型为三阶系统。若输入电压和占空比函数均为三相对称正弦函数，则稳态时三相虚拟线电流也是正弦波。

5.2.2　三相电压型 PWM 逆变器的开关周期平均模型

图 5-23 为三相电压型 PWM 逆变器。仿照上节三相电压型 PWM 整流器的开关周期平均模型的推导方法，类似地可以推得三相电压型 PWM 逆变器的开关模型

$$\begin{cases} \dfrac{\mathrm{d}\boldsymbol{i}_{l-l}}{\mathrm{d}t} = \dfrac{1}{3L}\,\boldsymbol{s}_{l-l}v_{\mathrm{dc}} - \dfrac{1}{3L}\,\boldsymbol{v}_{L-L} \\[3mm] \dfrac{\mathrm{d}\boldsymbol{v}_{L-L}}{\mathrm{d}t} = \dfrac{1}{C}\,\boldsymbol{i}_{l-l} - \dfrac{1}{RC}\,\boldsymbol{v}_{L-L} \\[3mm] i_{\mathrm{dc}} = \boldsymbol{s}_{l-l}^{\mathrm{T}}\,\boldsymbol{i}_{l-l} \end{cases} \qquad (5-81)$$

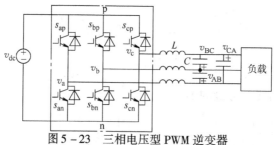

图 5 - 23　三相电压型 PWM 逆变器

对状态方程式（5 - 81）两边同时作用开关周期平均算子，得到三相电压型 PWM 逆变器的开关周期平均模型

$$
\begin{cases}
\dfrac{\mathrm{d}\langle \boldsymbol{i}_{l-l}\rangle_{T_s}}{\mathrm{d}t} = \dfrac{1}{3L}\,\boldsymbol{d}_{l-l}\langle v_{\mathrm{dc}}\rangle_{T_s} - \dfrac{1}{3L}\langle \boldsymbol{v}_{L-L}\rangle_{T_s} \\[2mm]
\dfrac{\mathrm{d}\langle \boldsymbol{v}_{L-L}\rangle_{T_s}}{\mathrm{d}t} = \dfrac{1}{C}\langle \boldsymbol{i}_{l-l}\rangle_{T_s} - \dfrac{1}{RC}\langle \boldsymbol{v}_{L-L}\rangle_{T_s} \\[2mm]
\langle i_{\mathrm{dc}}\rangle_{T_s} = \boldsymbol{d}_{l-l}^{\mathrm{T}}\langle \boldsymbol{i}_{l-l}\rangle_{T_s}
\end{cases}
\tag{5-82}
$$

由方程式（5 - 82），可以得到三相电压型 PWM 逆变器开关周期平均模型的等效电路如图 5 - 24 所示。

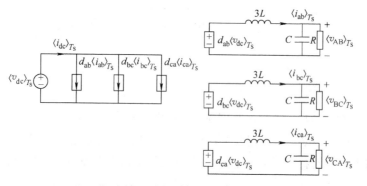

图 5 - 24　三相电压型 PWM 逆变器的开关周期平均模型的等效电路

三相电压型 PWM 逆变器的开关周期平均模型为四阶系统。若输入为直流，且占空比函数为三相对称正弦波，则稳态时输出电压、电流均为正弦波。

5.2.3　dqo 旋转坐标系下三相电压型 PWM 变流器的模型

三相电压型 PWM 整流器的开关周期平均模型或三相电压型 PWM 逆变器的开关周期平均模型都包含三相电量，在以基波频率旋转的三相旋转坐标中，三相对称平衡电量将成为直流量，这样可以简化三相系统开关周期平均模型。

应用三相旋转坐标变换

$$\boldsymbol{T}_{abc/dqo} = \sqrt{\frac{2}{3}} \begin{bmatrix} \cos\omega t & \cos\left(\omega t - \dfrac{2\pi}{3}\right) & \cos\left(\omega t + \dfrac{2\pi}{3}\right) \\ -\sin\omega t & -\sin\left(\omega t - \dfrac{2\pi}{3}\right) & -\sin\left(\omega t + \dfrac{2\pi}{3}\right) \\ \dfrac{1}{\sqrt{2}} & \dfrac{1}{\sqrt{2}} & \dfrac{1}{\sqrt{2}} \end{bmatrix} \qquad (5-83)$$

式中，$\omega = 2\pi f$，f 为电网或 PWM 逆变器输出基波的频率。为简单起见，记 $\boldsymbol{T} = \boldsymbol{T}_{abc/dqo}$。abc 坐标系到 dqo 坐标系的变换为

$$\boldsymbol{x}_{dqo} = \boldsymbol{T}\boldsymbol{x}_{abc} \qquad (5-84)$$

式中，$\boldsymbol{x}_{abc}$ 为 abc 静止坐标系的矢量，$\boldsymbol{x}_{dqo}$ 为 dqo 旋转坐标系的矢量。从 dqo 旋转坐标系到 abc 静止坐标系的反变换为

$$\boldsymbol{x}_{abc} = \boldsymbol{T}^{-1}\boldsymbol{x}_{dqo} \qquad (5-85)$$

重写三相电压型 PWM 整流器开关周期平均模型

$$\begin{cases} \dfrac{\mathrm{d}\langle \boldsymbol{i}_{l-l} \rangle_{T_s}}{\mathrm{d}t} = \dfrac{1}{3L}\langle \boldsymbol{v}_{L-L} \rangle_{T_s} - \dfrac{1}{3L}\boldsymbol{d}_{l-l}\langle v_{dc} \rangle_{T_s} \\ \dfrac{\mathrm{d}\langle v_{dc} \rangle_{T_s}}{\mathrm{d}t} = \dfrac{1}{C}\boldsymbol{d}_{l-l}^{\mathrm{T}}\langle \boldsymbol{i}_{l-l} \rangle_{T_s} - \dfrac{\langle v_{dc} \rangle_{T_s}}{RC} \end{cases} \qquad (5-86)$$

将 dqo 旋转坐标系矢量到 abc 静止坐标系矢量的坐标变换公式 $\langle \boldsymbol{i}_{l-l} \rangle_{T_s} = \boldsymbol{T}^{-1}\langle \boldsymbol{i}_{dqo} \rangle_{T_s}$，$\langle \boldsymbol{v}_{L-L} \rangle_{T_s} = \boldsymbol{T}^{-1}\langle \boldsymbol{v}_{dqo} \rangle_{T_s}$，$\boldsymbol{d}_{l-l} = \boldsymbol{T}^{-1}\boldsymbol{d}_{dqo}$ 代入式 (5-86)

$$\begin{cases} \dfrac{\mathrm{d}(\boldsymbol{T}^{-1}\langle \boldsymbol{i}_{dqo} \rangle_{T_s})}{\mathrm{d}t} = \dfrac{1}{3L}\boldsymbol{T}^{-1}\langle \boldsymbol{v}_{dqo} \rangle_{T_s} - \dfrac{1}{3L}\boldsymbol{T}^{-1}\boldsymbol{d}_{dqo}\langle v_{dc} \rangle_{T_s} \\ \dfrac{\mathrm{d}\langle v_{dc} \rangle_{T_s}}{\mathrm{d}t} = \dfrac{1}{C}\boldsymbol{d}_{l-l}^{\mathrm{T}}\boldsymbol{T}^{-1}\boldsymbol{T}\langle \boldsymbol{i}_{l-l} \rangle_{T_s} - \dfrac{\langle v_{dc} \rangle_{T_s}}{RC} \end{cases} \qquad (5-87)$$

整理得到

$$\begin{cases} \dfrac{\mathrm{d}\boldsymbol{T}^{-1}}{\mathrm{d}t}\langle \boldsymbol{i}_{dqo} \rangle_{T_s} + \boldsymbol{T}^{-1}\dfrac{\mathrm{d}\langle \boldsymbol{i}_{dqo} \rangle_{T_s}}{\mathrm{d}t} = \boldsymbol{T}^{-1}\dfrac{1}{3L}\langle \boldsymbol{v}_{dqo} \rangle_{T_s} - \boldsymbol{T}^{-1}\dfrac{1}{3L}\boldsymbol{d}_{dqo}\langle \boldsymbol{v}_{dc} \rangle_{T_s} \\ \dfrac{\mathrm{d}\langle v_{dc} \rangle_{T_s}}{\mathrm{d}t} = \dfrac{1}{C}(\boldsymbol{T}\boldsymbol{d}_{l-l})^{\mathrm{T}}\boldsymbol{T}\langle \boldsymbol{i}_{l-l} \rangle_{T_s} - \dfrac{\langle v_{dc} \rangle_{T_s}}{RC} \end{cases} \qquad (5-88)$$

上式第一个状态方程两边同乘变换矩阵，第二个状态方程应用公式：$\boldsymbol{d}_{l-l} = \boldsymbol{T}^{-1}\boldsymbol{d}_{dqo}$，$\langle \boldsymbol{i}_{l-l} \rangle_{T_s} = \boldsymbol{T}^{-1}\langle \boldsymbol{i}_{dqo} \rangle_{T_s}$，得到

$$\begin{cases} \boldsymbol{T}\dfrac{\mathrm{d}\boldsymbol{T}^{-1}}{\mathrm{d}t}\langle \boldsymbol{i}_{dqo} \rangle_{T_s} + \dfrac{\mathrm{d}\langle \boldsymbol{i}_{dqo} \rangle_{T_s}}{\mathrm{d}t} = \dfrac{1}{3L}\langle \boldsymbol{v}_{dqo} \rangle_{T_s} - \dfrac{1}{3L}\boldsymbol{d}_{dqo}\langle v_{dc} \rangle_{T_s} \\ \dfrac{\mathrm{d}\langle v_{dc} \rangle_{T_s}}{\mathrm{d}t} = \dfrac{1}{C}\boldsymbol{d}_{dqo}^{\mathrm{T}}\langle \boldsymbol{i}_{dqo} \rangle_{T_s} - \dfrac{\langle v_{dc} \rangle_{T_s}}{RC} \end{cases} \qquad (5-89)$$

移项得到

$$
\begin{cases}
\dfrac{\mathrm{d}\langle \boldsymbol{i}_{\mathrm{dqo}}\rangle_{T_{\mathrm{s}}}}{\mathrm{d}t} = \dfrac{1}{3L}\langle \boldsymbol{v}_{\mathrm{dqo}}\rangle_{T_{\mathrm{s}}} - \boldsymbol{T}\,\dfrac{\mathrm{d}\boldsymbol{T}^{-1}}{\mathrm{d}t}\langle \boldsymbol{i}_{\mathrm{dqo}}\rangle_{T_{\mathrm{s}}} - \dfrac{1}{3L}\,\boldsymbol{d}_{\mathrm{dqo}}\langle v_{\mathrm{dc}}\rangle_{T_{\mathrm{s}}} \\[3mm]
\dfrac{\mathrm{d}\langle v_{\mathrm{dc}}\rangle_{T_{\mathrm{s}}}}{\mathrm{d}t} = \dfrac{1}{C}\boldsymbol{d}_{\mathrm{dqo}}^{\mathrm{T}}\langle \boldsymbol{i}_{\mathrm{dqo}}\rangle_{T_{\mathrm{s}}} - \dfrac{\langle v_{\mathrm{dc}}\rangle_{T_{\mathrm{s}}}}{RC}
\end{cases}
\tag{5-90}
$$

而 $\boldsymbol{T}\dfrac{\mathrm{d}\boldsymbol{T}^{-1}}{\mathrm{d}t} = \boldsymbol{T}\dfrac{\mathrm{d}\boldsymbol{T}^{\mathrm{T}}}{\mathrm{d}t} = \boldsymbol{T}\dfrac{\mathrm{d}}{\mathrm{d}t}\left(\sqrt{\dfrac{2}{3}}
\begin{bmatrix}
\cos\omega t & -\sin\omega t & \dfrac{1}{\sqrt{2}} \\[3mm]
\cos\left(\omega t - \dfrac{2\pi}{3}\right) & -\sin\left(\omega t - \dfrac{2\pi}{3}\right) & \dfrac{1}{\sqrt{2}} \\[3mm]
\cos\left(\omega t + \dfrac{2\pi}{3}\right) & -\sin\left(\omega t + \dfrac{2\pi}{3}\right) & \dfrac{1}{\sqrt{2}}
\end{bmatrix}\right)$

$$
= \boldsymbol{T}\sqrt{\dfrac{2}{3}}
\begin{bmatrix}
-\omega\sin\omega t & -\omega\cos\omega t & 0 \\[3mm]
-\omega\sin\left(\omega t - \dfrac{2\pi}{3}\right) & -\omega\cos\left(\omega t - \dfrac{2\pi}{3}\right) & 0 \\[3mm]
-\omega\sin\left(\omega t + \dfrac{2\pi}{3}\right) & -\omega\cos\left(\omega t + \dfrac{2\pi}{3}\right) & 0
\end{bmatrix}
$$

$$
= \sqrt{\dfrac{2}{3}}
\begin{bmatrix}
\cos\omega t & \cos\left(\omega t - \dfrac{2\pi}{3}\right) & \cos\left(\omega t + \dfrac{2\pi}{3}\right) \\[3mm]
-\sin\omega t & -\sin\left(\omega t - \dfrac{2\pi}{3}\right) & -\sin\left(\omega t + \dfrac{2\pi}{3}\right) \\[3mm]
\dfrac{1}{\sqrt{2}} & \dfrac{1}{\sqrt{2}} & \dfrac{1}{\sqrt{2}}
\end{bmatrix} \cdot
$$

$$
\sqrt{\dfrac{2}{3}}
\begin{bmatrix}
-\omega\sin\omega t & -\omega\cos\omega t & 0 \\[3mm]
-\omega\sin\left(\omega t - \dfrac{2\pi}{3}\right) & -\omega\cos\left(\omega t - \dfrac{2\pi}{3}\right) & 0 \\[3mm]
-\omega\sin\left(\omega t + \dfrac{2\pi}{3}\right) & -\omega\cos\left(\omega t + \dfrac{2\pi}{3}\right) & 0
\end{bmatrix}
$$

应用下列三角函数关系式：

$$
\cos^2 x + \cos^2\left(x - \dfrac{2\pi}{3}\right) + \cos^2\left(x + \dfrac{2\pi}{3}\right) = \dfrac{3}{2}
$$

$$
\sin^2 x + \sin^2\left(x - \dfrac{2\pi}{3}\right) + \sin\left(x + \dfrac{2\pi}{3}\right) = \dfrac{3}{2}
$$

$$
\sin x\cos x + \sin\left(x - \dfrac{2\pi}{3}\right)\cos\left(x - \dfrac{2\pi}{3}\right) + \sin\left(x + \dfrac{2\pi}{3}\right)\cos\left(x + \dfrac{2\pi}{3}\right) = 0
$$

$$
\cos x + \cos\left(x - \dfrac{2\pi}{3}\right) + \cos\left(x + \dfrac{2\pi}{3}\right) = 0
$$

$$
\sin x + \sin\left(x - \dfrac{2\pi}{3}\right) + \sin\left(x + \dfrac{2\pi}{3}\right) = 0
$$

可推得

$$T\frac{\mathrm{d}T^{-1}}{\mathrm{d}t} = \begin{bmatrix} 0 & -\omega & 0 \\ \omega & 0 & 0 \\ 0 & 0 & 0 \end{bmatrix} \tag{5-91}$$

将上式代入式 (5-90)，得到

$$\begin{cases} \dfrac{\mathrm{d}\langle \boldsymbol{i}_{\mathrm{dqo}}\rangle_{T_s}}{\mathrm{d}t} = \dfrac{1}{3L}\langle \boldsymbol{v}_{\mathrm{dqo}}\rangle_{T_s} - \begin{bmatrix} 0 & -\omega & 0 \\ \omega & 0 & 0 \\ 0 & 0 & 0 \end{bmatrix}\langle \boldsymbol{i}_{\mathrm{dqo}}\rangle_{T_s} - \dfrac{1}{3L}\boldsymbol{d}_{\mathrm{dqo}}\langle v_{\mathrm{dc}}\rangle_{T_s} \\[4mm] \dfrac{\mathrm{d}\langle v_{\mathrm{dc}}\rangle_{T_s}}{\mathrm{d}t} = \dfrac{1}{C}\boldsymbol{d}_{\mathrm{dqo}}^{\mathrm{T}}\langle \boldsymbol{i}_{\mathrm{dqo}}\rangle_{T_s} - \dfrac{\langle v_{\mathrm{dc}}\rangle_{T_s}}{RC} \end{cases} \tag{5-92}$$

将上面 dqo 旋转坐标系下三相电压型 PWM 整流器的开关周期平均模型写成分量的形式

$$\begin{cases} \dfrac{\mathrm{d}}{\mathrm{d}t}\begin{bmatrix} \langle i_{\mathrm{d}}\rangle_{T_s} \\ \langle i_{\mathrm{q}}\rangle_{T_s} \\ \langle i_{\mathrm{o}}\rangle_{T_s} \end{bmatrix} = \dfrac{1}{3L}\begin{bmatrix} \langle v_{\mathrm{d}}\rangle_{T_s} \\ \langle v_{\mathrm{q}}\rangle_{T_s} \\ \langle v_{\mathrm{o}}\rangle_{T_s} \end{bmatrix} - \begin{bmatrix} 0 & -\omega & 0 \\ \omega & 0 & 0 \\ 0 & 0 & 0 \end{bmatrix}\begin{bmatrix} \langle i_{\mathrm{d}}\rangle_{T_s} \\ \langle i_{\mathrm{q}}\rangle_{T_s} \\ \langle i_{\mathrm{o}}\rangle_{T_s} \end{bmatrix} - \dfrac{1}{3L}\begin{bmatrix} d_{\mathrm{d}} \\ d_{\mathrm{q}} \\ d_{\mathrm{o}} \end{bmatrix}\langle v_{\mathrm{dc}}\rangle_{T_s} \\[8mm] \dfrac{\mathrm{d}\langle v_{\mathrm{dc}}\rangle_{T_s}}{\mathrm{d}t} = \dfrac{1}{C}\begin{bmatrix} d_{\mathrm{d}} & d_{\mathrm{q}} & d_{\mathrm{o}} \end{bmatrix}\begin{bmatrix} \langle i_{\mathrm{d}}\rangle_{T_s} \\ \langle i_{\mathrm{q}}\rangle_{T_s} \\ \langle i_{\mathrm{o}}\rangle_{T_s} \end{bmatrix} - \dfrac{\langle v_{\mathrm{dc}}\rangle_{T_s}}{RC} \end{cases}$$

$$\tag{5-93}$$

由 dqo 旋转坐标系三相电压型 PWM 整流器的开关周期平均模型可以得到等效电路如图 5-25 所示。

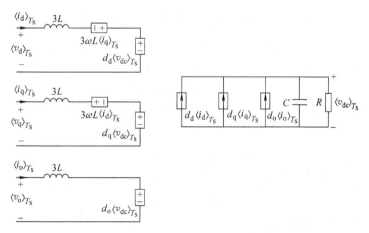

图 5-25　dqo 旋转坐标系下三相电压型 PWM 整流器的模型等效电路

对于三相电压型 PWM 整流器，存在以下方程：

$$\langle v_{\mathrm{AB}}\rangle_{T_{\mathrm{s}}} + \langle v_{\mathrm{BC}}\rangle_{T_{\mathrm{s}}} + \langle v_{\mathrm{CA}}\rangle_{T_{\mathrm{s}}} \equiv 0 \qquad (5-94)$$

$$\langle i_{\mathrm{ab}}\rangle_{T_{\mathrm{s}}} + \langle i_{\mathrm{bc}}\rangle_{T_{\mathrm{s}}} + \langle i_{\mathrm{ca}}\rangle_{T_{\mathrm{s}}} \equiv 0 \qquad (5-95)$$

于是 $\langle v_{\mathrm{o}}\rangle_{T_{\mathrm{s}}}=0, \langle i_{\mathrm{o}}\rangle_{T_{\mathrm{s}}}=0$。由 dqo 旋转坐标系下三相电压型 PWM 整流器的开关周期平均模型推得 $d_{\mathrm{o}}=d_{\mathrm{ab}}+d_{\mathrm{bc}}+d_{\mathrm{ca}}=0$。因此在 dqo 坐标系下三相电压型 PWM 整流器的模型中的 o 轴对应的方程可略去，于是方程式（5-93）可以简化为

$$\begin{cases} \dfrac{\mathrm{d}}{\mathrm{d}t}\begin{bmatrix} \langle i_{\mathrm{d}}\rangle_{T_{\mathrm{s}}} \\ \langle i_{\mathrm{q}}\rangle_{T_{\mathrm{s}}} \end{bmatrix} = \dfrac{1}{3L}\begin{bmatrix} \langle v_{\mathrm{d}}\rangle_{T_{\mathrm{s}}} \\ \langle v_{\mathrm{q}}\rangle_{T_{\mathrm{s}}} \end{bmatrix} - \begin{bmatrix} 0 & -\omega \\ \omega & 0 \end{bmatrix}\begin{bmatrix} \langle i_{\mathrm{d}}\rangle_{T_{\mathrm{s}}} \\ \langle i_{\mathrm{q}}\rangle_{T_{\mathrm{s}}} \end{bmatrix} - \dfrac{1}{3L}\begin{bmatrix} d_{\mathrm{d}} \\ d_{\mathrm{q}} \end{bmatrix}\langle v_{\mathrm{dc}}\rangle_{T_{\mathrm{s}}} \\[4mm] \dfrac{\mathrm{d}\langle v_{\mathrm{dc}}\rangle_{T_{\mathrm{s}}}}{\mathrm{d}t} = \dfrac{1}{C}\begin{bmatrix} d_{\mathrm{d}} & d_{\mathrm{q}} \end{bmatrix}\begin{bmatrix} \langle i_{\mathrm{d}}\rangle_{T_{\mathrm{s}}} \\ \langle i_{\mathrm{q}}\rangle_{T_{\mathrm{s}}} \end{bmatrix} - \dfrac{\langle v_{\mathrm{dc}}\rangle_{T_{\mathrm{s}}}}{RC} \end{cases}$$

$$(5-96)$$

略去 o 轴后的 dqo 坐标系下三相电压型 PWM 整流器的模型等效电路如图 5-26 所示。

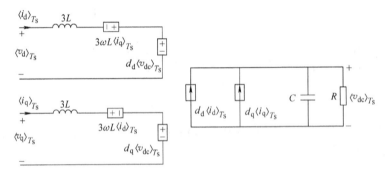

图 5-26　略去 o 轴后的 dqo 旋转坐标系下三相电压型 PWM 整流器的简化模型等效电路

类似地对式（5-82）三相电压型 PWM 逆变器的开关周期平均模型应用旋转变换，得到在 dqo 坐标系下三相电压型 PWM 逆变器开关周期平均模型

$$\begin{cases} \dfrac{\mathrm{d}\langle \boldsymbol{i}_{\mathrm{dqo}}\rangle_{T_{\mathrm{s}}}}{\mathrm{d}t} = -\dfrac{1}{3L}\langle \boldsymbol{v}_{\mathrm{dqo}}\rangle_{T_{\mathrm{s}}} - \begin{bmatrix} 0 & -\omega & 0 \\ \omega & 0 & 0 \\ 0 & 0 & 0 \end{bmatrix}\langle \boldsymbol{i}_{\mathrm{dqo}}\rangle_{T_{\mathrm{s}}} + \dfrac{1}{3L}\boldsymbol{d}_{\mathrm{dqo}}\langle v_{\mathrm{dc}}\rangle_{T_{\mathrm{s}}} \\[4mm] \dfrac{\mathrm{d}\langle \boldsymbol{v}_{\mathrm{dqo}}\rangle_{T_{\mathrm{s}}}}{\mathrm{d}t} = \dfrac{1}{C}\langle \boldsymbol{i}_{\mathrm{dqo}}\rangle_{T_{\mathrm{s}}} - \begin{bmatrix} 0 & -\omega & 0 \\ \omega & 0 & 0 \\ 0 & 0 & 0 \end{bmatrix}\langle \boldsymbol{v}_{\mathrm{dqo}}\rangle_{T_{\mathrm{s}}} - \dfrac{1}{RC}\langle \boldsymbol{v}_{\mathrm{dqo}}\rangle_{T_{\mathrm{s}}} \\[4mm] \langle i_{\mathrm{dc}}\rangle_{T_{\mathrm{s}}} = \boldsymbol{d}_{\mathrm{dqo}}^{\mathrm{T}}\langle \boldsymbol{i}_{\mathrm{dqo}}\rangle_{T_{\mathrm{s}}} \end{cases}$$

$$(5-97)$$

将上面 dqo 旋转坐标系下三相电压型 PWM 逆变器的开关周期平均模型写成

分量的形式

$$
\begin{cases}
\dfrac{\mathrm{d}}{\mathrm{d}t}
\begin{bmatrix} \langle i_{\mathrm d}\rangle_{T_{\mathrm s}} \\ \langle i_{\mathrm q}\rangle_{T_{\mathrm s}} \\ \langle i_{\mathrm o}\rangle_{T_{\mathrm s}} \end{bmatrix}
= -\dfrac{1}{3L}
\begin{bmatrix} \langle v_{\mathrm d}\rangle_{T_{\mathrm s}} \\ \langle v_{\mathrm q}\rangle_{T_{\mathrm s}} \\ \langle v_{\mathrm o}\rangle_{T_{\mathrm s}} \end{bmatrix}
-\begin{bmatrix} 0 & -\omega & 0 \\ \omega & 0 & 0 \\ 0 & 0 & 0 \end{bmatrix}
\begin{bmatrix} \langle i_{\mathrm d}\rangle_{T_{\mathrm s}} \\ \langle i_{\mathrm q}\rangle_{T_{\mathrm s}} \\ \langle i_{\mathrm o}\rangle_{T_{\mathrm s}} \end{bmatrix}
+\dfrac{1}{3L}
\begin{bmatrix} d_{\mathrm d} \\ d_{\mathrm q} \\ d_{\mathrm o} \end{bmatrix}
\langle v_{\mathrm{dc}}\rangle_{T_{\mathrm s}} \\[4mm]
\dfrac{\mathrm{d}}{\mathrm{d}t}
\begin{bmatrix} \langle v_{\mathrm d}\rangle_{T_{\mathrm s}} \\ \langle v_{\mathrm q}\rangle_{T_{\mathrm s}} \\ \langle v_{\mathrm o}\rangle_{T_{\mathrm s}} \end{bmatrix}
= \dfrac{1}{C}
\begin{bmatrix} \langle i_{\mathrm d}\rangle_{T_{\mathrm s}} \\ \langle i_{\mathrm q}\rangle_{T_{\mathrm s}} \\ \langle i_{\mathrm o}\rangle_{T_{\mathrm s}} \end{bmatrix}
-\begin{bmatrix} 0 & -\omega & 0 \\ \omega & 0 & 0 \\ 0 & 0 & 0 \end{bmatrix}
\begin{bmatrix} \langle v_{\mathrm d}\rangle_{T_{\mathrm s}} \\ \langle v_{\mathrm q}\rangle_{T_{\mathrm s}} \\ \langle v_{\mathrm o}\rangle_{T_{\mathrm s}} \end{bmatrix}
-\dfrac{1}{RC}
\begin{bmatrix} \langle v_{\mathrm d}\rangle_{T_{\mathrm s}} \\ \langle v_{\mathrm q}\rangle_{T_{\mathrm s}} \\ \langle v_{\mathrm o}\rangle_{T_{\mathrm s}} \end{bmatrix} \\[4mm]
\langle i_{\mathrm{dc}}\rangle_{T_{\mathrm s}} = \begin{bmatrix} d_{\mathrm d} & d_{\mathrm q} & d_{\mathrm o} \end{bmatrix}
\begin{bmatrix} \langle i_{\mathrm d}\rangle_{T_{\mathrm s}} \\ \langle i_{\mathrm q}\rangle_{T_{\mathrm s}} \\ \langle i_{\mathrm o}\rangle_{T_{\mathrm s}} \end{bmatrix}
\end{cases}
$$

$$(5-98)$$

如果 $\langle v_{\mathrm o}\rangle_{T_{\mathrm s}}\equiv 0$, $\langle i_{\mathrm o}\rangle_{T_{\mathrm s}}\equiv 0$, $d_{\mathrm o}\equiv 0$, 这样可以略去 o 轴方程:

$$
\begin{cases}
\dfrac{\mathrm{d}}{\mathrm{d}t}
\begin{bmatrix} \langle i_{\mathrm d}\rangle_{T_{\mathrm s}} \\ \langle i_{\mathrm q}\rangle_{T_{\mathrm s}} \end{bmatrix}
= -\dfrac{1}{3L}
\begin{bmatrix} \langle v_{\mathrm d}\rangle_{T_{\mathrm s}} \\ \langle v_{\mathrm q}\rangle_{T_{\mathrm s}} \end{bmatrix}
-\begin{bmatrix} 0 & -\omega \\ \omega & 0 \end{bmatrix}
\begin{bmatrix} \langle i_{\mathrm d}\rangle_{T_{\mathrm s}} \\ \langle i_{\mathrm q}\rangle_{T_{\mathrm s}} \end{bmatrix}
+\dfrac{1}{3L}
\begin{bmatrix} d_{\mathrm d} \\ d_{\mathrm q} \end{bmatrix}
\langle v_{\mathrm{dc}}\rangle_{T_{\mathrm s}} \\[4mm]
\dfrac{\mathrm{d}}{\mathrm{d}t}
\begin{bmatrix} \langle v_{\mathrm d}\rangle_{T_{\mathrm s}} \\ \langle v_{\mathrm q}\rangle_{T_{\mathrm s}} \end{bmatrix}
= \dfrac{1}{C}
\begin{bmatrix} \langle i_{\mathrm d}\rangle_{T_{\mathrm s}} \\ \langle i_{\mathrm q}\rangle_{T_{\mathrm s}} \end{bmatrix}
-\begin{bmatrix} 0 & -\omega \\ \omega & 0 \end{bmatrix}
\begin{bmatrix} \langle v_{\mathrm d}\rangle_{T_{\mathrm s}} \\ \langle v_{\mathrm q}\rangle_{T_{\mathrm s}} \end{bmatrix}
-\dfrac{1}{RC}
\begin{bmatrix} \langle v_{\mathrm d}\rangle_{T_{\mathrm s}} \\ \langle v_{\mathrm q}\rangle_{T_{\mathrm s}} \end{bmatrix} \\[4mm]
\langle i_{\mathrm{dc}}\rangle_{T_{\mathrm s}} = \begin{bmatrix} d_{\mathrm d} & d_{\mathrm q} \end{bmatrix}
\begin{bmatrix} \langle i_{\mathrm d}\rangle_{T_{\mathrm s}} \\ \langle i_{\mathrm q}\rangle_{T_{\mathrm s}} \end{bmatrix}
\end{cases}
$$

$$(5-99)$$

略去 o 轴方程 dqo 旋转坐标系下三相电压型 PWM 逆变器的简化模型等效电路如图 5 - 27 所示。

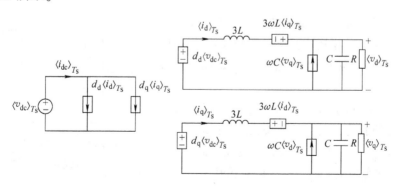

图 5 - 27　dqo 旋转坐标系下三相电压型 PWM 逆变器的简化模型等效电路

对于三相电压型 PWM 逆变器，条件 $\langle v_o \rangle_{T_s} \equiv 0$，$\langle i_o \rangle_{T_s} \equiv 0$，$d_o \equiv 0$ 是否满足要根据具体情况而定。如 PWM 逆变器采用空间矢量调制技术，$\langle v_o \rangle_{T_s} \equiv 0$ 通常不成立。

5.3 三相电流型 PWM 变流器的开关周期平均模型

5.3.1 静止坐标系下的三相电流型 PWM 变流器的开关周期平均模型

图 5-28 给出三相电流型 PWM 整流器和三相电流型 PWM 逆变器的原理图。对于三相电流型 PWM 整流器，可用二个单刀三位开关表示六个功率器件的开关动作，如图 5-29 所示。假定 s_{ap}、s_{bp}、s_{cp} 表示上半桥中分别连接 a、b、c 相开关器件的状态，s_{an}、s_{bn}、s_{cn} 表示下半桥中分别连接 a、b、c 相开关器件的状态。

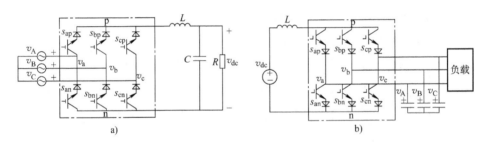

图 5-28 三相电流型 PWM 变流器

a）三相电流型 PWM 整流器 b）三相电流型 PWM 逆变器

开关状态定义如下：

$$s_{ik} = \begin{cases} 1 & \text{开通} \\ 0 & \text{关断} \end{cases} \quad i \in \{a,b,c\}, k \in \{p,n\} \qquad (5-100)$$

在三相电流型 PWM 整流器或逆变器中，任一瞬间上（下）半桥中只有一个开关器件导通，因此上（下）半桥开关状态之间满足如下约束条件：

$$s_{ak} + s_{bk} + s_{ck} = 1; k \in \{p,n\} \quad (5-101)$$

为方便起见，引入相开关状态。a 相开关状态为 $s_a = s_{ap} - s_{an}$；b 相开关状态为 $s_b = s_{bp} - s_{bn}$；c 相开关状态为 $s_c = s_{cp} - s_{cn}$。以 a 相开关

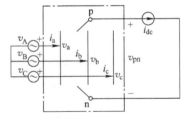

图 5-29 三相电流型 PWM
整流器的概念图

状态为例，当 a 相上开关导通，下开关阻断时，$s_{ap} = 1$，而 $s_{an} = 0$，于是 $s_a = 1$；

当 a 相上开关阻断，下开关导通时，$s_{ap}=0$，而 $s_{an}=1$，于是 $s_a=-1$；当 a 相上开关阻断，下开关阻断时，$s_{ap}=0$，$s_{an}=0$，于是 $s_a=0$；当 a 相上开关导通，下开关导通时，$s_{ap}=1$，$s_{an}=1$，于是 $s_a=0$。因此 a 相开关状态 s_a 具有三种状态。b 相开关状态 s_b、c 相开关状态 s_c 也类似。

由图 5 - 29，可以写出交流侧电流与直流侧电流的关系

$$i_a=s_ai_{dc},\quad i_b=s_bi_{dc},\quad i_c=s_ci_{dc}$$

以上三式可合写成矢量的形式

$$\begin{bmatrix} i_a \\ i_b \\ i_c \end{bmatrix} = \begin{bmatrix} s_a \\ s_b \\ s_c \end{bmatrix} i_{dc} \tag{5 - 102}$$

由图 5 - 29，也可以写出交流侧电压与直流侧电压间的关系为

$$v_{pn}=s_av_a+s_bv_b+s_cv_c \tag{5 - 103}$$

将上式写成矢量的形式

$$\boldsymbol{v}_{pn} = \begin{bmatrix} s_a & s_b & s_c \end{bmatrix} \begin{bmatrix} v_a \\ v_b \\ v_c \end{bmatrix} \tag{5 - 104}$$

下面推导三相电流型 PWM 整流器状态空间方程。

由图 5 - 28a，交流侧方程为

$$\begin{bmatrix} i_a \\ i_b \\ i_c \end{bmatrix} = \begin{bmatrix} s_a \\ s_b \\ s_c \end{bmatrix} i_{dc} \tag{5 - 105}$$

可写出三相电流型 PWM 整流器直流侧的方程

$$v_{pn}=L\frac{di_{dc}}{dt}+v_{dc} \tag{5 - 106}$$

$$i_{dc}=C\frac{dv_{dc}}{dt}+\frac{v_{dc}}{R} \tag{5 - 107}$$

将式（5 - 104）代入式（5 - 106），得到

$$\begin{bmatrix} s_a & s_b & s_c \end{bmatrix} \begin{bmatrix} v_a \\ v_b \\ v_c \end{bmatrix} = L\frac{di_{dc}}{dt}+v_{dc} \tag{5 - 108}$$

合写式（5 - 105）和式（5 - 108），结合式（5 - 107），得到

$$\begin{cases} \begin{bmatrix} i_{\mathrm{a}} \\ i_{\mathrm{b}} \\ i_{\mathrm{c}} \end{bmatrix} = \begin{bmatrix} s_{\mathrm{a}} \\ s_{\mathrm{b}} \\ s_{\mathrm{c}} \end{bmatrix} i_{\mathrm{dc}} \\[20pt] \begin{bmatrix} s_{\mathrm{a}} & s_{\mathrm{b}} & s_{\mathrm{c}} \end{bmatrix} \begin{bmatrix} v_{\mathrm{a}} \\ v_{\mathrm{b}} \\ v_{\mathrm{c}} \end{bmatrix} = L \frac{\mathrm{d} i_{\mathrm{dc}}}{\mathrm{d} t} + v_{\mathrm{dc}} \\[20pt] i_{\mathrm{dc}} = C \frac{\mathrm{d} v_{\mathrm{dc}}}{\mathrm{d} t} + \frac{v_{\mathrm{dc}}}{R} \end{cases} \qquad (5-109)$$

定义　$\boldsymbol{v}_{\mathrm{abc}} = \begin{bmatrix} v_{\mathrm{a}} \\ v_{\mathrm{b}} \\ v_{\mathrm{c}} \end{bmatrix}$　$\boldsymbol{i}_{\mathrm{abc}} = \begin{bmatrix} i_{\mathrm{a}} \\ i_{\mathrm{b}} \\ i_{\mathrm{c}} \end{bmatrix}$　$\boldsymbol{s}_{\mathrm{abc}} = \begin{bmatrix} s_{\mathrm{a}} \\ s_{\mathrm{b}} \\ s_{\mathrm{c}} \end{bmatrix}$

将以上矢量的定义引入式（5－109）

$$\begin{cases} \boldsymbol{i}_{\mathrm{abc}} = \boldsymbol{s}_{\mathrm{abc}} \cdot i_{\mathrm{dc}} \\[12pt] \boldsymbol{s}_{\mathrm{abc}}^{\mathrm{T}} \cdot \boldsymbol{v}_{\mathrm{abc}} = L \frac{\mathrm{d} i_{\mathrm{dc}}}{\mathrm{d} t} + v_{\mathrm{dc}} \\[12pt] i_{\mathrm{dc}} = C \frac{\mathrm{d} v_{\mathrm{dc}}}{\mathrm{d} t} + \frac{v_{\mathrm{dc}}}{R} \end{cases} \qquad (5-110)$$

对上述方程式的两边同时作开关周期平均运算，经化简得到三相电流型 PWM 整流器平均模型

$$\begin{cases} \langle \boldsymbol{i}_{\mathrm{abc}} \rangle_{T_{\mathrm{s}}} = \boldsymbol{d}_{\mathrm{abc}} \langle i_{\mathrm{dc}} \rangle_{T_{\mathrm{s}}} \\[12pt] \boldsymbol{d}_{\mathrm{abc}}^{\mathrm{T}} \langle \boldsymbol{v}_{\mathrm{abc}} \rangle_{T_{\mathrm{s}}} = L \frac{\mathrm{d} \langle i_{\mathrm{dc}} \rangle_{T_{\mathrm{s}}}}{\mathrm{d} t} + \langle v_{\mathrm{dc}} \rangle_{T_{\mathrm{s}}} \\[12pt] \langle i_{\mathrm{dc}} \rangle_{T_{\mathrm{s}}} = C \frac{\mathrm{d} \langle v_{\mathrm{dc}} \rangle_{T_{\mathrm{s}}}}{\mathrm{d} t} + \frac{\langle v_{\mathrm{dc}} \rangle_{T_{\mathrm{s}}}}{R} \end{cases} \qquad (5-111)$$

式中，$\boldsymbol{d}_{\mathrm{abc}} = \begin{bmatrix} d_{\mathrm{a}} \\ d_{\mathrm{b}} \\ d_{\mathrm{c}} \end{bmatrix} = \begin{bmatrix} \langle s_{\mathrm{a}} \rangle_{T_{\mathrm{s}}} \\ \langle s_{\mathrm{b}} \rangle_{T_{\mathrm{s}}} \\ \langle s_{\mathrm{c}} \rangle_{T_{\mathrm{s}}} \end{bmatrix}$。

三相电流型 PWM 整流器平均模型等效电路如图 5－30 所示。

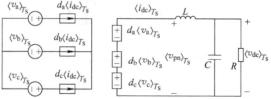

图 5－30　三相电流型 PWM 整流器平均模型等效电路

类似地，可导出三相电流型 PWM 逆变器平均模型等效电路如图 5 - 31 所示。

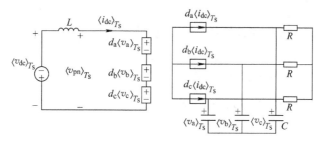

图 5 - 31　三相电流型 PWM 逆变器平均模型等效电路

如果三相电流型 PWM 整流器（逆变器）平均模型三相参数对称，若导通比 d_a、d_b、d_c 按三相对称正弦波规律变化，则交流侧电流为三相对称正弦波。

5.3.2　dqo 旋转坐标系下三相电流型 PWM 变流器的模型

三相电流型 PWM 整流器（逆变器）平均模型也是非线性、时变模型。类似地引入三相旋转坐标变换

$$\boldsymbol{T}_{\text{abc/dqo}} = \sqrt{\frac{2}{3}} \begin{bmatrix} \cos\omega t & \cos\left(\omega t - \dfrac{2\pi}{3}\right) & \cos\left(\omega t + \dfrac{2\pi}{3}\right) \\ -\sin\omega t & -\sin\left(\omega t - \dfrac{2\pi}{3}\right) & -\sin\left(\omega t + \dfrac{2\pi}{3}\right) \\ \dfrac{1}{\sqrt{2}} & \dfrac{1}{\sqrt{2}} & \dfrac{1}{\sqrt{2}} \end{bmatrix} \qquad (5-112)$$

式中，$\omega = 2\pi f$；对于 PWM 整流器，f 为电网频率；对于 PWM 逆变器，f 为逆变输出的基波频率。为简单起见，记 $\boldsymbol{T} = \boldsymbol{T}_{\text{abc/dqo}}$。从静止坐标空间到三相旋转坐标空间的正变换为

$$\boldsymbol{x}_{\text{dqo}} = \boldsymbol{T}\boldsymbol{x}_{\text{abc}} \qquad (5-113)$$

式中，$\boldsymbol{x}_{\text{abc}}$ 为静止坐标空间的矢量；$\boldsymbol{x}_{\text{dqo}}$ 为旋转坐标空间的矢量。从三相旋转坐标空间到静止坐标空间的反变换为

$$\boldsymbol{x}_{\text{abc}} = \boldsymbol{T}^{-1}\boldsymbol{x}_{\text{dqo}} \qquad (5-114)$$

重写三相电流型 PWM 整流器平均模型

$$\begin{cases} \boldsymbol{d}_{\text{abc}}^{\text{T}} \langle \boldsymbol{v}_{\text{abc}} \rangle_{T_s} = L \dfrac{\mathrm{d}\langle i_{\text{dc}} \rangle_{T_s}}{\mathrm{d}t} + \langle v_{\text{dc}} \rangle_{T_s} \\[2mm] \langle i_{\text{dc}} \rangle_{T_s} = C \dfrac{\mathrm{d}\langle v_{\text{dc}} \rangle_{T_s}}{\mathrm{d}t} + \dfrac{\langle v_{\text{dc}} \rangle_{T_s}}{R} \\[2mm] \langle \boldsymbol{i}_{\text{abc}} \rangle_{T_s} = \boldsymbol{d}_{\text{abc}} \langle i_{\text{dc}} \rangle_{T_s} \end{cases} \qquad (5-115)$$

将坐标变换 $\langle \boldsymbol{i}_{\text{abc}} \rangle_{T_s} = \boldsymbol{T}^{-1} \langle \boldsymbol{i}_{\text{dqo}} \rangle_{T_s}$，$\langle \boldsymbol{v}_{\text{abc}} \rangle_{T_s} = \boldsymbol{T}^{-1} \langle \boldsymbol{v}_{\text{dqo}} \rangle_{T_s}$，$\boldsymbol{d}_{\text{abc}} = \boldsymbol{T}^{-1} \cdot \boldsymbol{d}_{\text{dqo}}$ 代入式

（5 – 115），得到

$$
\begin{cases}
(\boldsymbol{T}^{-1}\boldsymbol{d}_{\mathrm{dqo}})^{\mathrm{T}}\boldsymbol{T}^{-1}\langle\boldsymbol{v}_{\mathrm{dqo}}\rangle_{T_{\mathrm{s}}} = L\dfrac{\mathrm{d}\langle i_{\mathrm{dc}}\rangle_{T_{\mathrm{s}}}}{\mathrm{d}t} + \langle v_{\mathrm{dc}}\rangle_{T_{\mathrm{s}}} \\[2mm]
\langle i_{\mathrm{dc}}\rangle_{T_{\mathrm{s}}} = C\dfrac{\mathrm{d}\langle v_{\mathrm{dc}}\rangle_{T_{\mathrm{s}}}}{\mathrm{d}t} + \dfrac{\langle v_{\mathrm{dc}}\rangle_{T_{\mathrm{s}}}}{R} \\[2mm]
\boldsymbol{T}^{-1}\langle\boldsymbol{i}_{\mathrm{dqo}}\rangle_{T_{\mathrm{s}}} = \boldsymbol{T}^{-1}\boldsymbol{d}_{\mathrm{dqo}}\langle i_{\mathrm{dc}}\rangle_{T_{\mathrm{s}}}
\end{cases}
\tag{5 – 116}
$$

整理得到

$$
\begin{cases}
\boldsymbol{d}_{\mathrm{dqo}}^{\mathrm{T}}\langle\boldsymbol{v}_{\mathrm{dqo}}\rangle_{T_{\mathrm{s}}} = L\dfrac{\mathrm{d}\langle i_{\mathrm{dc}}\rangle_{T_{\mathrm{s}}}}{\mathrm{d}t} + \langle v_{\mathrm{dc}}\rangle_{T_{\mathrm{s}}} \\[2mm]
\langle i_{\mathrm{dc}}\rangle_{T_{\mathrm{s}}} = C\dfrac{\mathrm{d}\langle v_{\mathrm{dc}}\rangle_{T_{\mathrm{s}}}}{\mathrm{d}t} + \dfrac{\langle v_{\mathrm{dc}}\rangle_{T_{\mathrm{s}}}}{R} \\[2mm]
\langle\boldsymbol{i}_{\mathrm{dqo}}\rangle_{T_{\mathrm{s}}} = \boldsymbol{d}_{\mathrm{dqo}}\langle i_{\mathrm{dc}}\rangle_{T_{\mathrm{s}}}
\end{cases}
\tag{5 – 117}
$$

写成状态方程的标准形式

$$
\begin{cases}
L\dfrac{\mathrm{d}\langle i_{\mathrm{dc}}\rangle_{T_{\mathrm{s}}}}{\mathrm{d}t} = -\langle v_{\mathrm{dc}}\rangle_{T_{\mathrm{s}}} + \boldsymbol{d}_{\mathrm{dqo}}^{\mathrm{T}}\langle\boldsymbol{v}_{\mathrm{dqo}}\rangle_{T_{\mathrm{s}}} \\[2mm]
C\dfrac{\mathrm{d}\langle v_{\mathrm{dc}}\rangle_{T_{\mathrm{s}}}}{\mathrm{d}t} = \langle i_{\mathrm{dc}}\rangle_{T_{\mathrm{s}}} - \dfrac{\langle v_{\mathrm{dc}}\rangle_{T_{\mathrm{s}}}}{R} \\[2mm]
\langle\boldsymbol{i}_{\mathrm{dqo}}\rangle_{T_{\mathrm{s}}} = \boldsymbol{d}_{\mathrm{dqo}}\langle i_{\mathrm{dc}}\rangle_{T_{\mathrm{s}}}
\end{cases}
\tag{5 – 118}
$$

将上述平均模型写成分量形式为

$$
\begin{cases}
L\dfrac{\mathrm{d}\langle i_{\mathrm{dc}}\rangle_{T_{\mathrm{s}}}}{\mathrm{d}t} = -\langle v_{\mathrm{dc}}\rangle_{T_{\mathrm{s}}} + d_{\mathrm{d}}\langle v_{\mathrm{d}}\rangle_{T_{\mathrm{s}}} + d_{\mathrm{q}}\langle v_{\mathrm{q}}\rangle_{T_{\mathrm{s}}} + d_{\mathrm{o}}\langle v_{\mathrm{o}}\rangle_{T_{\mathrm{s}}} \\[2mm]
C\dfrac{\mathrm{d}\langle v_{\mathrm{dc}}\rangle_{T_{\mathrm{s}}}}{\mathrm{d}t} = \langle i_{\mathrm{dc}}\rangle_{T_{\mathrm{s}}} - \dfrac{\langle v_{\mathrm{dc}}\rangle_{T_{\mathrm{s}}}}{R} \\[2mm]
\begin{bmatrix}\langle i_{\mathrm{d}}\rangle_{T_{\mathrm{s}}} \\ \langle i_{\mathrm{q}}\rangle_{T_{\mathrm{s}}} \\ \langle i_{\mathrm{o}}\rangle_{T_{\mathrm{s}}}\end{bmatrix} = \begin{bmatrix}d_{\mathrm{d}}\langle i_{\mathrm{dc}}\rangle_{T_{\mathrm{s}}} \\ d_{\mathrm{q}}\langle i_{\mathrm{dc}}\rangle_{T_{\mathrm{s}}} \\ d_{\mathrm{o}}\langle i_{\mathrm{dc}}\rangle_{T_{\mathrm{s}}}\end{bmatrix}
\end{cases}
\tag{5 – 119}
$$

　　由式（5 – 119）可以画出三相电流型 PWM 整流器在 dqo 坐标系的平均模型的等效电路，如图 5 – 32 所示。

　　在 dqo 坐标系中，有功与无功分量被分离。因为 $\langle i_{\mathrm{a}}\rangle_{T_{\mathrm{s}}} + \langle i_{\mathrm{b}}\rangle_{T_{\mathrm{s}}} + \langle i_{\mathrm{c}}\rangle_{T_{\mathrm{s}}} \equiv 0$，所以 dqo 坐标系交流电流 o 轴分量 $\langle i_{\mathrm{o}}\rangle_{T_{\mathrm{s}}} = 0$。如果输入交流电压没有零序分量，即 $\langle v_{\mathrm{A}}\rangle_{T_{\mathrm{s}}} + \langle v_{\mathrm{B}}\rangle_{T_{\mathrm{s}}} + \langle v_{\mathrm{C}}\rangle_{T_{\mathrm{s}}} \equiv 0$，dqo 坐标系交流电压 o 轴分量 $\langle v_{\mathrm{o}}\rangle_{T_{\mathrm{s}}} = 0$。因此，在平均模型中 o 轴有关的方程可删除，于是得到简化平均模型

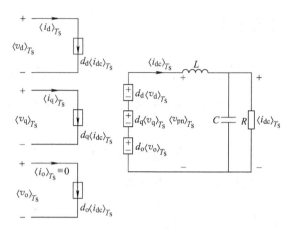

图 5 – 32   三相电流型 PWM 整流器在 dqo 坐标系下平均模型的等效电路

$$\begin{cases} L\dfrac{\mathrm{d}\langle i_{\mathrm{dc}}\rangle_{T_{\mathrm{s}}}}{\mathrm{d}t} = -\langle v_{\mathrm{dc}}\rangle_{T_{\mathrm{s}}} + d_{\mathrm{d}}\langle v_{\mathrm{d}}\rangle_{T_{\mathrm{s}}} + d_{\mathrm{q}}\langle v_{\mathrm{q}}\rangle_{T_{\mathrm{s}}} \\[2mm] C\dfrac{\mathrm{d}\langle v_{\mathrm{dc}}\rangle_{T_{\mathrm{s}}}}{\mathrm{d}t} = \langle i_{\mathrm{dc}}\rangle_{T_{\mathrm{s}}} - \dfrac{\langle v_{\mathrm{dc}}\rangle_{T_{\mathrm{s}}}}{R} \\[2mm] \begin{bmatrix} \langle i_{\mathrm{d}}\rangle_{T_{\mathrm{s}}} \\ \langle i_{\mathrm{q}}\rangle_{T_{\mathrm{s}}} \end{bmatrix} = \begin{bmatrix} d_{\mathrm{d}}\langle i_{\mathrm{dc}}\rangle_{T_{\mathrm{s}}} \\ d_{\mathrm{q}}\langle i_{\mathrm{dc}}\rangle_{T_{\mathrm{s}}} \end{bmatrix} \end{cases} \qquad (5-120)$$

类似地，可以推得三相电流型 PWM 逆变器在 dqo 坐标系下的平均模型的等效电路如图 5 – 33 所示。

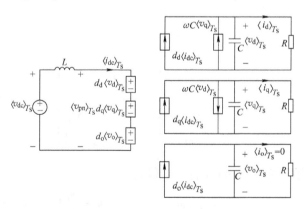

图 5 – 33   三相电流型 PWM 逆变器 dqo 坐标系下的平均模型的等效电路

dqo 坐标系中的模型一般仍为非线性，因此需要通过小信号扰动方法获得小信号线性化模型。

5.4   小信号交流模型

设非线性微分方程$\dfrac{\mathrm{d}x}{\mathrm{d}t} = f(x,u)$，下面求它在工作点附近的小信号线性化模型。假定 $(x,\ u)$ 在工作点 $(X,\ U)$ 附近作小信号扰动 $(\hat{x},\ \hat{u})$，即 $x = X + \hat{x}$，$u = U + \hat{u}$，于是得到

$$\frac{\mathrm{d}(X + \hat{x})}{\mathrm{d}t} = f(X + \hat{x}, U + \hat{u}) \tag{5-121}$$

上式右边应用泰勒级数展开式，并忽略高阶小项，得到

$$\frac{\mathrm{d}X}{\mathrm{d}t} + \frac{\mathrm{d}\hat{x}}{\mathrm{d}t} \approx f(X,U) + \frac{\partial f(x,u)}{\partial x}\bigg|_{(X,U)} \cdot \hat{x} + \frac{\partial f(x,u)}{\partial u}\bigg|_{(X,U)} \cdot \hat{u} \tag{5-122}$$

由于在直流工作点 $(X,\ U)$ 存在方程 $0 = f(X,U)$，又因 $\dfrac{\mathrm{d}X}{\mathrm{d}t} = 0$，于是得到小信号交流模型

$$\frac{\mathrm{d}\hat{x}}{\mathrm{d}t} \cong \frac{\partial f(x,u)}{\partial x}\bigg|_{(X,U)} \cdot \hat{x} + \frac{\partial f(x,u)}{\partial u}\bigg|_{(X,U)} \cdot \hat{u} \tag{5-123}$$

前面已经推得三相电压型 PWM 整流器在 dqo 坐标系的平均模型为

$$\begin{cases}
\dfrac{\mathrm{d}}{\mathrm{d}t}\begin{bmatrix}\langle i_\mathrm{d}\rangle_{T_\mathrm{s}} \\ \langle i_\mathrm{q}\rangle_{T_\mathrm{s}}\end{bmatrix} = \dfrac{1}{3L}\begin{bmatrix}\langle v_\mathrm{d}\rangle_{T_\mathrm{s}} \\ \langle v_\mathrm{q}\rangle_{T_\mathrm{s}}\end{bmatrix} - \begin{bmatrix}0 & -\omega \\ \omega & 0\end{bmatrix}\begin{bmatrix}\langle i_\mathrm{d}\rangle_{T_\mathrm{s}} \\ \langle i_\mathrm{q}\rangle_{T_\mathrm{s}}\end{bmatrix} - \dfrac{1}{3L}\begin{bmatrix}d_\mathrm{d} \\ d_\mathrm{q}\end{bmatrix}\langle v_\mathrm{dc}\rangle_{T_\mathrm{s}} \\[4mm]
\dfrac{\mathrm{d}\langle v_\mathrm{dc}\rangle_{T_\mathrm{s}}}{\mathrm{d}t} = \dfrac{1}{C}\begin{bmatrix}d_\mathrm{d} & d_\mathrm{q}\end{bmatrix}\begin{bmatrix}\langle i_\mathrm{d}\rangle_{T_\mathrm{s}} \\ \langle i_\mathrm{q}\rangle_{T_\mathrm{s}}\end{bmatrix} - \dfrac{\langle v_\mathrm{dc}\rangle_{T_\mathrm{s}}}{RC}
\end{cases}$$

$$\tag{5-124}$$

设输入电源线电压

$$\boldsymbol{v}_{L-L} = \begin{bmatrix}v_\mathrm{AB} \\ v_\mathrm{BC} \\ v_\mathrm{CA}\end{bmatrix} = \begin{bmatrix}V_\mathrm{m}\cos(\omega t) \\ V_\mathrm{m}\cos\left(\omega t - \dfrac{2\pi}{3}\right) \\ V_\mathrm{m}\cos\left(\omega t + \dfrac{2\pi}{3}\right)\end{bmatrix}$$

将输入电源线电压变换到 dqo 坐标系，得到

$$\langle \boldsymbol{v}_\mathrm{dqo}\rangle_{T_\mathrm{s}} = \boldsymbol{T}\langle \boldsymbol{v}_{L-L}\rangle_{T_\mathrm{s}} = \sqrt{\frac{2}{3}}\begin{bmatrix} \cos\omega t & \cos\left(\omega t - \dfrac{2\pi}{3}\right) & \cos\left(\omega t + \dfrac{2\pi}{3}\right) \\ -\sin\omega t & -\sin\left(\omega t - \dfrac{2\pi}{3}\right) & -\sin\left(\omega t + \dfrac{2\pi}{3}\right) \\ \dfrac{1}{\sqrt{2}} & \dfrac{1}{\sqrt{2}} & \dfrac{1}{\sqrt{2}} \end{bmatrix}$$

$$\cdot \begin{bmatrix} V_m \cos(\omega t) \\ V_m \cos\left(\omega t - \dfrac{2\pi}{3}\right) \\ V_m \cos\left(\omega t + \dfrac{2\pi}{3}\right) \end{bmatrix} = \begin{bmatrix} \sqrt{\dfrac{3}{2}} V_m \\ 0 \\ 0 \end{bmatrix} \tag{5-125}$$

可见在直流工作点的输入电源电压：$\begin{bmatrix} V_d \\ V_q \end{bmatrix} = \begin{bmatrix} \sqrt{\dfrac{3}{2}} V_m \\ 0 \end{bmatrix}$，也即 $V_d = \sqrt{\dfrac{3}{2}} \cdot V_m$，

$V_q = 0$，其中 V_m 为输入线电压的峰值。

设在直流工作点的占空比的 d 轴分量为 D_d，占空比的 q 轴分量为 D_q，输入虚拟线电流的 d 轴分量为 I_d，输入虚拟线电流的 q 轴分量为 I_q，直流侧电压为 V_{dc}，代入 dqo 坐标系三相电压型 PWM 整流器的平均模型方程式，得到直流工作点方程：

$$\begin{cases} \dfrac{d}{dt}\begin{bmatrix} I_d \\ I_q \end{bmatrix} = \dfrac{1}{3L}\begin{bmatrix} V_d \\ V_q \end{bmatrix} - \begin{bmatrix} 0 & -\omega \\ \omega & 0 \end{bmatrix}\begin{bmatrix} I_d \\ I_q \end{bmatrix} - \dfrac{1}{3L}\begin{bmatrix} D_d \\ D_q \end{bmatrix} \cdot V_{dc} \\[3mm] \dfrac{dV_{dc}}{dt} = \dfrac{1}{C}\begin{bmatrix} D_d & D_q \end{bmatrix}\begin{bmatrix} I_d \\ I_q \end{bmatrix} - \dfrac{V_{dc}}{RC} \end{cases} \tag{5-126}$$

化简得到

$$\begin{cases} 0 = \dfrac{1}{3L}\begin{bmatrix} V_d \\ 0 \end{bmatrix} - \begin{bmatrix} 0 & -\omega \\ \omega & 0 \end{bmatrix}\begin{bmatrix} I_d \\ I_q \end{bmatrix} - \dfrac{1}{3L}\begin{bmatrix} D_d \\ D_q \end{bmatrix} \cdot V_{dc} \\[3mm] 0 = \dfrac{1}{C}\begin{bmatrix} D_d & D_q \end{bmatrix}\begin{bmatrix} I_d \\ I_q \end{bmatrix} - \dfrac{V_{dc}}{RC} \end{cases} \tag{5-127}$$

经整理可以得到以下三个方程式：

$$V_d + 3\omega L I_q - D_d V_{dc} = 0 \tag{5-128}$$

$$3\omega L I_d + D_q V_{dc} = 0 \tag{5-129}$$

$$D_d I_d + D_q I_q - \dfrac{V_{dc}}{R} = 0 \tag{5-130}$$

若 D_d、D_q 已知，由上面三式可以解出 I_d、I_q、V_{dc}。

由式（5-129）得到

$$D_q = -\dfrac{3\omega L I_d}{V_{dc}} \tag{5-131}$$

如果令 $D_d = \dfrac{V_d}{V_{dc}}$，结合式（5-128），得到 $I_q = 0$。这时三相输入电流与三相电源电压为同相位，即功率因数 $\cos\phi = 1$。

最后由式（5-130）推得

$$I_{\mathrm{d}} = \frac{V_{\mathrm{dc}}}{R \cdot D_{\mathrm{d}}} \qquad (5-132)$$

三相电压型 PWM 整流器在 dqo 坐标系的平均模型经小信号扰动和线性化，得到

$$\begin{cases} \dfrac{\mathrm{d}}{\mathrm{d}t}\begin{bmatrix} \hat{i}_{\mathrm{d}} \\ \hat{i}_{\mathrm{q}} \end{bmatrix} = \dfrac{1}{3L}\begin{bmatrix} \hat{v}_{\mathrm{d}} \\ \hat{v}_{\mathrm{q}} \end{bmatrix} - \begin{bmatrix} 0 & -\omega \\ \omega & 0 \end{bmatrix}\begin{bmatrix} \hat{i}_{\mathrm{d}} \\ \hat{i}_{\mathrm{q}} \end{bmatrix} - \dfrac{1}{3L}\begin{bmatrix} \hat{d}_{\mathrm{d}} \\ \hat{d}_{\mathrm{q}} \end{bmatrix}V_{\mathrm{dc}} - \dfrac{1}{3L}\begin{bmatrix} D_{\mathrm{d}} \\ D_{\mathrm{q}} \end{bmatrix}\cdot\hat{v}_{\mathrm{dc}} \\[4mm] \dfrac{\mathrm{d}\hat{v}_{\mathrm{dc}}}{\mathrm{d}t} = \dfrac{1}{C}\begin{bmatrix} \hat{d}_{\mathrm{d}} & \hat{d}_{\mathrm{q}} \end{bmatrix}\begin{bmatrix} I_{\mathrm{d}} \\ I_{\mathrm{q}} \end{bmatrix} + \dfrac{1}{C}\begin{bmatrix} D_{\mathrm{d}} & D_{\mathrm{q}} \end{bmatrix}\begin{bmatrix} \hat{i}_{\mathrm{d}} \\ \hat{i}_{\mathrm{q}} \end{bmatrix} - \dfrac{\hat{v}_{\mathrm{dc}}}{RC} \end{cases} \qquad (5-133)$$

假定三相输入电源电压为三相对称平衡，没有扰动，即 $\hat{v}_{\mathrm{d}}=0$，$\hat{v}_{\mathrm{q}}=0$，于是上述小信号交流模型可简化为

$$\frac{\mathrm{d}}{\mathrm{d}t}\begin{bmatrix} \hat{i}_{\mathrm{d}} \\ \hat{i}_{\mathrm{q}} \\ \hat{v}_{\mathrm{dc}} \end{bmatrix} = \begin{bmatrix} 0 & \omega & -\dfrac{D_{\mathrm{d}}}{3L} \\[3mm] -\omega & 0 & -\dfrac{D_{\mathrm{q}}}{3L} \\[3mm] \dfrac{D_{\mathrm{d}}}{C} & \dfrac{D_{\mathrm{q}}}{C} & -\dfrac{1}{RC} \end{bmatrix}\begin{bmatrix} \hat{i}_{\mathrm{d}} \\ \hat{i}_{\mathrm{q}} \\ \hat{v}_{\mathrm{dc}} \end{bmatrix} + \begin{bmatrix} -\dfrac{V_{\mathrm{dc}}}{3L} & 0 \\[3mm] 0 & -\dfrac{V_{\mathrm{dc}}}{3L} \\[3mm] \dfrac{I_{\mathrm{d}}}{C} & \dfrac{I_{\mathrm{q}}}{C} \end{bmatrix}\begin{bmatrix} \hat{d}_{\mathrm{d}} \\ \hat{d}_{\mathrm{q}} \end{bmatrix} \qquad (5-134)$$

由上式可以得到三相电压型 PWM 整流器小信号交流模型的等效电路如图 5-34 所示。

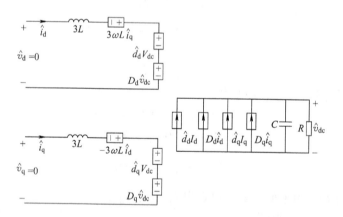

图 5-34　三相电压型 PWM 整流器小信号交流模型的等效电路

三相电压型 PWM 逆变器在 dqo 坐标系的平均模型方程为

$$\begin{cases} \dfrac{\mathrm{d}}{\mathrm{d}t}\begin{bmatrix} \langle i_{\mathrm{d}} \rangle_{T_{\mathrm{s}}} \\ \langle i_{\mathrm{q}} \rangle_{T_{\mathrm{s}}} \end{bmatrix} = -\dfrac{1}{3L}\begin{bmatrix} \langle v_{\mathrm{d}} \rangle_{T_{\mathrm{s}}} \\ \langle v_{\mathrm{q}} \rangle_{T_{\mathrm{s}}} \end{bmatrix} - \begin{bmatrix} 0 & -\omega \\ \omega & 0 \end{bmatrix}\begin{bmatrix} \langle i_{\mathrm{d}} \rangle_{T_{\mathrm{s}}} \\ \langle i_{\mathrm{q}} \rangle_{T_{\mathrm{s}}} \end{bmatrix} + \dfrac{1}{3L}\begin{bmatrix} d_{\mathrm{d}} \\ d_{\mathrm{q}} \end{bmatrix}\langle v_{\mathrm{dc}} \rangle_{T_{\mathrm{s}}} \\[3mm] \dfrac{\mathrm{d}}{\mathrm{d}t}\begin{bmatrix} \langle v_{\mathrm{d}} \rangle_{T_{\mathrm{s}}} \\ \langle v_{\mathrm{q}} \rangle_{T_{\mathrm{s}}} \end{bmatrix} = \dfrac{1}{C}\begin{bmatrix} \langle i_{\mathrm{d}} \rangle_{T_{\mathrm{s}}} \\ \langle i_{\mathrm{q}} \rangle_{T_{\mathrm{s}}} \end{bmatrix} - \begin{bmatrix} 0 & -\omega \\ \omega & 0 \end{bmatrix}\begin{bmatrix} \langle v_{\mathrm{d}} \rangle_{T_{\mathrm{s}}} \\ \langle v_{\mathrm{q}} \rangle_{T_{\mathrm{s}}} \end{bmatrix} - \dfrac{1}{RC}\begin{bmatrix} \langle v_{\mathrm{d}} \rangle_{T_{\mathrm{s}}} \\ \langle v_{\mathrm{q}} \rangle_{T_{\mathrm{s}}} \end{bmatrix} \\[3mm] \langle i_{\mathrm{dc}} \rangle_{T_{\mathrm{s}}} = \begin{bmatrix} d_{\mathrm{d}} & d_{\mathrm{q}} \end{bmatrix}\begin{bmatrix} \langle i_{\mathrm{d}} \rangle_{T_{\mathrm{s}}} \\ \langle i_{\mathrm{q}} \rangle_{T_{\mathrm{s}}} \end{bmatrix} \end{cases}$$

$$(5-135)$$

可以得到直流工作点方程

$$\begin{cases} 0 = -\dfrac{1}{3L}\begin{bmatrix} V_{\mathrm{d}} \\ V_{\mathrm{q}} \end{bmatrix} - \begin{bmatrix} 0 & -\omega \\ \omega & 0 \end{bmatrix}\begin{bmatrix} I_{\mathrm{d}} \\ I_{\mathrm{q}} \end{bmatrix} + \dfrac{1}{3L}\begin{bmatrix} D_{\mathrm{d}} \\ D_{\mathrm{q}} \end{bmatrix}V_{\mathrm{dc}} \\[3mm] 0 = \dfrac{1}{C}\begin{bmatrix} I_{\mathrm{d}} \\ I_{\mathrm{q}} \end{bmatrix} - \begin{bmatrix} 0 & -\omega \\ \omega & 0 \end{bmatrix}\begin{bmatrix} V_{\mathrm{d}} \\ V_{\mathrm{q}} \end{bmatrix} - \dfrac{1}{RC}\begin{bmatrix} V_{\mathrm{d}} \\ V_{\mathrm{q}} \end{bmatrix} \\[3mm] I_{\mathrm{dc}} = \begin{bmatrix} D_{\mathrm{d}} & D_{\mathrm{q}} \end{bmatrix}\begin{bmatrix} I_{\mathrm{d}} \\ I_{\mathrm{q}} \end{bmatrix} \end{cases}$$

$$(5-136)$$

经整理可以得到以下关系式:

$$I_{\mathrm{d}} = \frac{V_{\mathrm{d}}}{R} - \omega C V_{\mathrm{q}} \tag{5-137}$$

$$I_{\mathrm{q}} = \frac{V_{\mathrm{q}}}{R} + \omega C V_{\mathrm{d}} \tag{5-138}$$

$$I_{\mathrm{dc}} = D_{\mathrm{d}} I_{\mathrm{d}} + D_{\mathrm{q}} I_{\mathrm{q}} \tag{5-139}$$

$$D_{\mathrm{d}} = \frac{V_{\mathrm{d}} - 3\omega L I_{\mathrm{q}}}{V_{\mathrm{dc}}} \tag{5-140}$$

$$D_{\mathrm{q}} = \frac{V_{\mathrm{q}} + 3\omega L I_{\mathrm{d}}}{V_{\mathrm{dc}}} \tag{5-141}$$

可推得三相电压型 PWM 逆变器在 dqo 坐标系的小信号交流模型

$$\begin{cases} \dfrac{\mathrm{d}}{\mathrm{d}t}\begin{bmatrix} \hat{i}_{\mathrm{d}} \\ \hat{i}_{\mathrm{q}} \end{bmatrix} = -\begin{bmatrix} 0 & -\omega \\ \omega & 0 \end{bmatrix}\begin{bmatrix} \hat{i}_{\mathrm{d}} \\ \hat{i}_{\mathrm{q}} \end{bmatrix} - \dfrac{1}{3L}\begin{bmatrix} \hat{v}_{\mathrm{d}} \\ \hat{v}_{\mathrm{q}} \end{bmatrix} + \dfrac{1}{3L}\begin{bmatrix} \hat{d}_{\mathrm{d}} \\ \hat{d}_{\mathrm{q}} \end{bmatrix}V_{\mathrm{dc}} + \dfrac{1}{3L}\begin{bmatrix} D_{\mathrm{d}} \\ D_{\mathrm{q}} \end{bmatrix}\hat{v}_{\mathrm{dc}} \\[3mm] \dfrac{\mathrm{d}}{\mathrm{d}t}\begin{bmatrix} \hat{v}_{\mathrm{d}} \\ \hat{v}_{\mathrm{q}} \end{bmatrix} = \dfrac{1}{C}\begin{bmatrix} \hat{i}_{\mathrm{d}} \\ \hat{i}_{\mathrm{q}} \end{bmatrix} - \begin{bmatrix} 0 & -\omega \\ \omega & 0 \end{bmatrix}\begin{bmatrix} \hat{v}_{\mathrm{d}} \\ \hat{v}_{\mathrm{q}} \end{bmatrix} - \dfrac{1}{RC}\begin{bmatrix} \hat{v}_{\mathrm{d}} \\ \hat{v}_{\mathrm{q}} \end{bmatrix} \\[3mm] \hat{i}_{\mathrm{dc}} = \begin{bmatrix} D_{\mathrm{d}} & D_{\mathrm{q}} \end{bmatrix}\begin{bmatrix} \hat{i}_{\mathrm{d}} \\ \hat{i}_{\mathrm{q}} \end{bmatrix} + \begin{bmatrix} \hat{d}_{\mathrm{d}} & \hat{d}_{\mathrm{q}} \end{bmatrix}\begin{bmatrix} I_{\mathrm{d}} \\ I_{\mathrm{q}} \end{bmatrix} \end{cases}$$

$$(5-142)$$

假定输入直流电源电压没有扰动, 即 $\hat{v}_{\mathrm{dc}} = 0$, 上述小信号交流模型可以简化为

$$\frac{\mathrm{d}}{\mathrm{d}t}\begin{bmatrix} \hat{i}_{\mathrm{d}} \\ \hat{i}_{\mathrm{q}} \\ \hat{v}_{\mathrm{d}} \\ \hat{v}_{\mathrm{q}} \end{bmatrix} = \begin{bmatrix} 0 & \omega & -\dfrac{1}{3L} & -\dfrac{1}{3L} \\ -\omega & 0 & -\dfrac{1}{3L} & -\dfrac{1}{3L} \\ \dfrac{1}{C} & 0 & -\dfrac{1}{RC} & \omega \\ 0 & \dfrac{1}{C} & -\omega & -\dfrac{1}{RC} \end{bmatrix} \begin{bmatrix} \hat{i}_{\mathrm{d}} \\ \hat{i}_{\mathrm{q}} \\ \hat{v}_{\mathrm{d}} \\ \hat{v}_{\mathrm{q}} \end{bmatrix} + \begin{bmatrix} \dfrac{V_{\mathrm{dc}}}{3L} & 0 \\ 0 & \dfrac{V_{\mathrm{dc}}}{3L} \\ 0 & 0 \\ 0 & 0 \end{bmatrix} \begin{bmatrix} \hat{d}_{\mathrm{d}} \\ \hat{d}_{\mathrm{q}} \end{bmatrix} \qquad (5-143)$$

由上式可画出三相电压型 PWM 逆变器小信号交流模型的等效电路如图 5 - 35 所示。

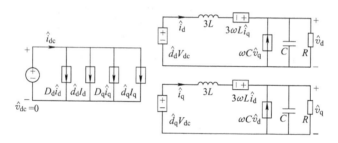

图 5 - 35　三相电压型 PWM 逆变器小信号交流模型的等效电路

5.5　三相电压型 PWM 整流器的 d、q 解耦控制

基于小信号模型的设计优点：可采用经典控制理论方法中线性控制的设计方法，如波特图法、根轨迹法等。三相 PWM 变流器控制通常采用级联控制，内环为电流环，可采用比例或比例积分控制。外环为电压控制环或速度、磁链控制环。电流内环控制的具体实现有多种方式，在静止坐标系下电流滞环控制，在旋转坐标系下电流滞环控制。在静止坐标系中电流滞环控制方法又可分为采用二个电流控制器或三个电流控制器的情况。在旋转坐标系中一般采用二个电流控制器。对于控制器的实现方式有纯模拟控制、数模混合控制、纯数字控制。三相电压型 PWM 整流器的开环控制框图如图 5 - 36 所示。

三相电压型 PWM 整流器的控制框图如图 5 - 37 所示，包括二个电流内环和一个输出直流电压外环。由于电流内环的速度比电压外环的速度快得多，因此在设计电流内环时可以认为输出直流电压 V_{dc} 为常数，这样描述电流内环的被控系统的模型简化为

$$\frac{\mathrm{d}}{\mathrm{d}t}\begin{bmatrix} \hat{i}_{\mathrm{d}} \\ \hat{i}_{\mathrm{q}} \end{bmatrix} = -\begin{bmatrix} 0 & -\omega \\ \omega & 0 \end{bmatrix}\begin{bmatrix} \hat{i}_{\mathrm{d}} \\ \hat{i}_{\mathrm{q}} \end{bmatrix} - \frac{1}{3L}\begin{bmatrix} \hat{v}_{\mathrm{d}} \\ \hat{v}_{\mathrm{q}} \end{bmatrix} + \frac{1}{3L}\begin{bmatrix} \hat{d}_{\mathrm{d}} \\ \hat{d}_{\mathrm{q}} \end{bmatrix} V_{\mathrm{dc}} \qquad (5-144)$$

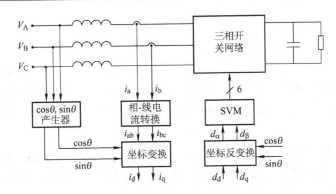

图 5 - 36　三相电压型 PWM 整流器的开环控制

可见这是一个两输入、两输出的系统，两输入为 $\begin{bmatrix} \hat{d}_d \\ \hat{d}_q \end{bmatrix}$，两输出 $\begin{bmatrix} \hat{i}_d \\ \hat{i}_q \end{bmatrix}$。对 $\hat{d}_d$ 的控制不仅会改变 $\hat{i}_d$，也会影响 $\hat{i}_q$；同样，因为两个电流环路之间存在相互耦合，对 $\hat{d}_q$ 的控制不仅会改变 $\hat{i}_q$，也会影响 $\hat{i}_d$。一般电流环路控制器设计要按两输入、两输出的系统进行，为简化电流环路控制器设计，这里引入电流环路解耦控制方法。

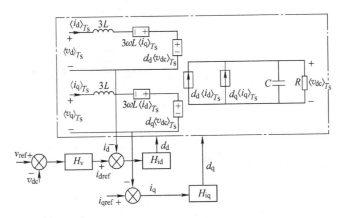

图 5 - 37　三相电压型 PWM 整流器的控制框图

将 d 轴电流控制器的输出从 $\hat{d}_d = (i_{dref} - \hat{i}_d)H_{id}$ 修改为

$$\hat{d}_d = (i_{dref} - \hat{i}_d)H_{id} + 3\omega L\hat{i}_q/V_{dc} \qquad (5-145)$$

三相电压型 PWM 整流器的控制框图中 d 轴等效电路受控电压源的输出变为

$$\hat{d}_d \cdot V_{dc} = \left[(i_{dref} - \hat{i}_d) \cdot H_{id} + 3\omega L\hat{i}_q/V_{dc} \right] \cdot V_{dc} = (i_{dref} - \hat{i}_d)H_{id}V_{dc} + 3\omega L\hat{i}_q$$

$$(5-146)$$

d 轴等效电路中的受控电压源的输出增加了一项：$3\omega L\hat{i}_q$，它刚好抵消 d 轴等效电路中来自 q 轴的影响的受控电压源 $3\omega L\hat{i}_q$。这样刚好抵消 $\hat{d}_q$ 的控制对 $\hat{i}_d$ 的影响。

将 q 轴电流控制器的输出从 $\hat{d}_{q} = (i_{qref} - \hat{i}_{q})H_{iq}$ 修改为

$$\hat{d}_{q} = (i_{qref} - \hat{i}_{q})H_{iq} - 3\omega L\hat{i}_{d}/V_{dc} \tag{5-147}$$

三相电压型 PWM 整流器的控制框图中 q 轴等效电路中的受控电压源的输出变为

$$\hat{d}_{q} \cdot V_{dc} = \left[(i_{qref} - \hat{i}_{q})H_{iq} - 3\omega L\hat{i}_{d}/V_{dc} \right] \cdot V_{dc} = (i_{qref} - \hat{i}_{q})H_{iq}V_{dc} - 3\omega L\hat{i}_{d}$$

$$\tag{5-148}$$

q 轴等效电路中受控电压源的输出增加了一项：$-3\omega L\hat{i}_{d}$，它刚好抵消 q 轴等效电路中来自 d 轴的影响的受控电压源 $-3\omega L\hat{i}_{d}$。这样刚好抵消 $\hat{d}_{d}$ 的控制对 $\hat{i}_{q}$ 的影响。由于电流环的速度比输出电压 V_{dc} 的控制环要快得多，因此在讨论 i_{d}、i_{q} 的控制时，认为 v_{dc} 变化很小，即 $\langle v_{dc}\rangle_{T_{s}}$ 用 V_{dc} 表示。

　　d 轴和 q 轴电流控制器经以上改造后，实现了 d 轴电流环路和 q 轴电流环路的解耦控制，d、q 解耦控制框图如图 5-38 所示。解耦后的三相电压型 PWM 整流器小信号模型框图如图 5-39 所示。

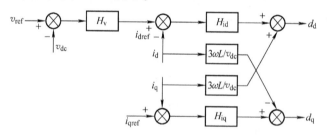

图 5-38　d、q 解耦控制框图

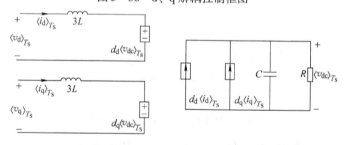

图 5-39　解耦三相电压型 PWM 整流器小信号模型

　　经解耦后，三相电压型 PWM 整流器小信号模型等效为二个输出并联的 DC/DC Boost 变换器，电流环路的设计可以认为是两个独立的电流环路，可以按单输入、单输出系统进行独立设计，控制器的设计更加方便。

　　d 轴为一个积分环节，d 轴控制到电流 $\hat{i}_{d}$ 的传递函数如下：

$$\frac{\hat{i}_{d}(s)}{\hat{d}_{d}(s)} = \frac{V_{dc}/(3L)}{s} \tag{5-149}$$

q 轴也为一个积分环节，q 轴控制到电流 $\hat{i}_q$ 的传递函数为

$$\frac{\hat{i}_q(s)}{\hat{d}_q(s)} = \frac{V_{dc}/(3L)}{s} \tag{5-150}$$

一般输出电压通过输入有功电流进行控制，也即通过控制 $\hat{i}_d$ 的分量实现对 v_{dc} 的控制。

输出电容电压方程如下：

$$\frac{d\hat{v}_{dc}}{dt} = \frac{1}{C}\begin{bmatrix} \hat{d}_d & \hat{d}_q \end{bmatrix}\begin{bmatrix} I_d \\ I_q \end{bmatrix} + \frac{1}{C}\begin{bmatrix} D_d & D_q \end{bmatrix}\begin{bmatrix} \hat{i}_d \\ \hat{i}_q \end{bmatrix} - \frac{\hat{v}_{dc}}{RC} \tag{5-151}$$

如果输入的功率因数控制为 1，于是 $\hat{i}_q = I_q = 0$，以上方程简化为

$$\frac{d\hat{v}_{dc}}{dt} = \frac{1}{C}\hat{d}_d I_d + \frac{1}{C}D_d\hat{i}_d - \frac{\hat{v}_{dc}}{RC} \tag{5-152}$$

由于直流电压外环的惯性很大，若将 $\frac{1}{C}\hat{d}_d I$ 看作输出电压的扰动，得到 $\hat{i}_d$ 的分量到 v_{dc} 的传递函数

$$\frac{\hat{v}_{dc}(s)}{\hat{i}_d(s)} = \frac{D_d R}{1+sRC} \tag{5-153}$$

因此电压外环为一阶惯性环节。

有了电流内环、电压外环的传递函数就可以用前面介绍的补偿网络设计方法进行控制器的设计。

5.6　本章小结

仿照 DC/DC 变换器的动态建模方法，可以推导三相变流器的开关周期平均模型。在求三相变流器的线性化模型之前，需要引入 dqo 旋转变换。在 dqo 旋转变换系下，三相变流器的开关周期平均模型中的各电量在稳态时变成了直流量，这样可以采用直流工作点的小信号线性化方法推导三相变流器的小信号动态模型。

第6章 三相变流器的空间矢量调制技术

6.1 空间矢量调制（SVM）基础

6.1.1 三相电量的空间矢量表示

在三相 DC/AC 逆变器和 AC/DC 变流器控制中，通常三相要分别描述。若能将三相三个标量用一个合成量表示，并保持信息的完整性，则三相的问题简化为单相的问题。假设三相三个标量为 x_a、x_b 和 x_c，而且满足 $x_a + x_b + x_c = 0$，可引入变换

$$X = x_a + \alpha x_b + \alpha^2 x_c \quad (6-1)$$

式中，$\alpha = e^{j\frac{2\pi}{3}}$，$\alpha^2 = e^{j\frac{4\pi}{3}}$。

式（6-1）变换将三个标量用一个复数 X 表示，复数 X 在复数平面上为一个矢量，如图 6-1 所示。由式（6-1）可以写出复数矢量 X 的实部和虚部

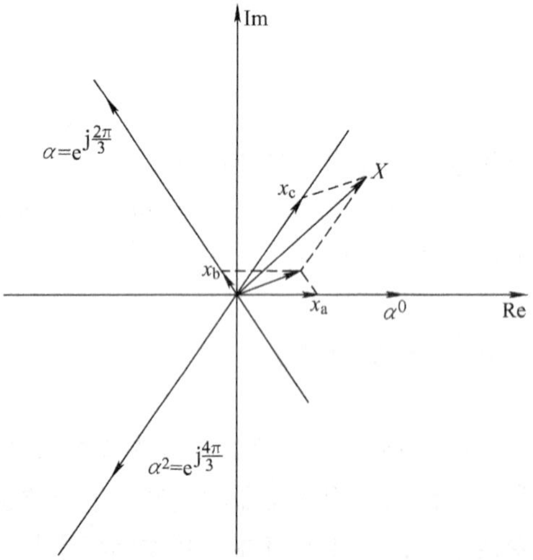

$$\text{Re}\{X\} = x_a + x_b \cos\left(\frac{2\pi}{3}\right) + x_c \cos\left(\frac{4\pi}{3}\right)$$
$$(6-2)$$

$$\text{Im}\{X\} = x_b \sin\left(\frac{2\pi}{3}\right) + x_c \sin\left(\frac{4\pi}{3}\right)$$
$$(6-3)$$

图 6-1 三个标量到空间矢量的变换

并与 $x_a + x_b + x_c = 0$ 联列，得到

$$\begin{bmatrix} \text{Re}\{X\} \\ \text{Im}\{X\} \\ 0 \end{bmatrix} = \begin{bmatrix} 1 & \cos\left(\frac{2\pi}{3}\right) & \cos\left(\frac{4\pi}{3}\right) \\ 0 & \sin\left(\frac{2\pi}{3}\right) & \sin\left(\frac{4\pi}{3}\right) \\ 1 & 1 & 1 \end{bmatrix} \begin{bmatrix} x_a \\ x_b \\ x_c \end{bmatrix} = \begin{bmatrix} 1 & -\frac{1}{2} & -\frac{1}{2} \\ 0 & \frac{\sqrt{3}}{2} & -\frac{\sqrt{3}}{2} \\ 1 & 1 & 1 \end{bmatrix} \begin{bmatrix} x_a \\ x_b \\ x_c \end{bmatrix} (6-4)$$

若已知复数矢量 X，可唯一解出 x_a、x_b 和 x_c 如下：

$$\begin{bmatrix} x_a \\ x_b \\ x_c \end{bmatrix} = \begin{bmatrix} 1 & \cos(\frac{2\pi}{3}) & \cos(\frac{4\pi}{3}) \\ 0 & \sin(\frac{2\pi}{3}) & \sin(\frac{4\pi}{3}) \\ 1 & 1 & 1 \end{bmatrix}^{-1} \begin{bmatrix} \text{Re}\{\boldsymbol{X}\} \\ \text{Im}\{\boldsymbol{X}\} \\ 0 \end{bmatrix} = \frac{3}{2} \begin{bmatrix} 1 & 0 & 1 \\ -\frac{1}{2} & \frac{\sqrt{3}}{2} & 1 \\ -\frac{1}{2} & -\frac{\sqrt{3}}{2} & 1 \end{bmatrix} \begin{bmatrix} \text{Re}\{\boldsymbol{X}\} \\ \text{Im}\{\boldsymbol{X}\} \\ 0 \end{bmatrix}$$

$$(6-5)$$

这样，就将三个标量 x_a、x_b 和 x_c 用一个复数矢量 $\boldsymbol{X}$ 表示。

设三相电压 u_a、u_b 和 u_c 为三相对称正弦波，即

$$u_a = U_m \sin\omega t$$

$$u_b = U_m \sin(\omega t - \frac{2\pi}{3})$$

$$u_c = U_m \sin(\omega t - \frac{4\pi}{3})$$

三相电压 u_a、u_b 和 u_c 对应的空间矢量为 $\boldsymbol{U}_1 = u_a + \alpha u_b + \alpha^2 u_c$。由式（6-2）求空间电压矢量 $\boldsymbol{U}_1$ 的实部

$$\text{Re}\{\boldsymbol{U}_1\} = u_a + u_b \cos(\frac{2\pi}{3}) + u_c \cos(\frac{4\pi}{3}) = \frac{3}{2} U_m \sin\omega t \qquad (6-6)$$

由式（6-3）求空间电压矢量 $\boldsymbol{U}_1$ 的虚部

$$\text{Im}\{\boldsymbol{U}_1\} = u_b \sin(\frac{2\pi}{3}) + u_c \sin(\frac{4\pi}{3}) = -\frac{3}{2} U_m \cos\omega t \qquad (6-7)$$

空间电压矢量 $\boldsymbol{U}_1$ 为

$$\boldsymbol{U}_1 = \text{Re}\{\boldsymbol{U}_1\} + j\text{Im}\{\boldsymbol{U}_1\} = \frac{3U_m}{2} e^{j(\omega t - \frac{\pi}{2})} \qquad (6-8)$$

三相对称正弦电压对应的空间电压矢量 $\boldsymbol{U}_1$ 的顶点的运动轨迹为一个圆，圆的半径为相电压幅度的 1.5 倍，即 $3U_m/2$。空间电压矢量 $\boldsymbol{U}_1$ 以角速度 ω 逆时针旋转，如图 6-2 所示。

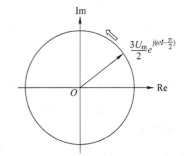

根据空间矢量变换的可逆性，可以想象空间电压矢量 $\boldsymbol{U}_1$ 的顶点的轨迹愈趋近于圆，则原三相电压愈趋近于三相对称正弦波。三相对称正弦电压是理想的供电方式，也是逆变器交流输出电压控制的追求目标。因此，我们希望

图 6-2　三相对称正弦电压对应的空间电压矢量 $\boldsymbol{U}_1$ 的运动轨迹

通过对逆变器的适当控制，使逆变器输出的空间电压矢量的运动轨迹趋近于圆。通过空间矢量变换，将逆变器三相输出的三个标量的控制问题转化为一个矢量的

控制问题。

6.1.2 磁链空间矢量

异步电机定子三相对称绕组由三相对称正弦电压供电时，可分别写出每相的方程式。三相的方程式合写在一起，得到矩阵方程式

$$U = RI + \frac{\mathrm{d}\boldsymbol{\Psi}}{\mathrm{d}t} \tag{6-9}$$

式中，U 为定子三相电压合成空间矢量；I 为定子三相电流合成空间矢量；$\boldsymbol{\Psi}$ 为定子三相磁链合成空间矢量。当电机的转速不是很低时，式（6-9）中定子电阻压降相对较小，则式（6-9）可近似为

$$U \approx \frac{\mathrm{d}\boldsymbol{\Psi}}{\mathrm{d}t} \tag{6-10}$$

电压空间矢量 U 等于磁链空间矢量 $\boldsymbol{\Psi}$ 的变化率。对上式作拉氏变换

$$U \approx s\boldsymbol{\Psi} \tag{6-11}$$

由于 U 为正弦量，代入 $s = \mathrm{j}\omega$ 到上式，得

$$U = \mathrm{j}\omega\boldsymbol{\Psi} \tag{6-12}$$

因此，磁链空间矢量与电压空间矢量之间的关系

$$\boldsymbol{\Psi} \approx U \frac{1}{\omega} \mathrm{e}^{-\mathrm{j}\pi/2} \tag{6-13}$$

代入式（6-8），得到

$$\boldsymbol{\Psi} \approx \frac{3U_{\mathrm{m}}}{2\omega} \mathrm{e}^{\mathrm{j}(\omega t - \pi)} = \parallel \boldsymbol{\Psi} \parallel \mathrm{e}^{\mathrm{j}(\omega t - \pi)} \tag{6-14}$$

其中 $\parallel \boldsymbol{\Psi} \parallel = \dfrac{3U_{\mathrm{m}}}{2\omega}$。

图 6-3 表示三相对称正弦电压供电时电压空间矢量与磁链空间矢量的关系。三相对称正弦电压供电时磁链空间矢量的顶点的运动轨迹也是一个圆。电压空间矢量 U 与磁链空间矢量 $\boldsymbol{\Psi}$ 垂直。磁链空间矢量 $\boldsymbol{\Psi}$ 滞后电压空间矢量 U90°。由式（6-13），磁链空间矢量 $\boldsymbol{\Psi}$ 的模为电压空间矢量 U 模的 $\dfrac{1}{\omega}$。

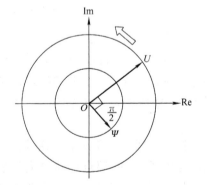

图 6-3 三相对称正弦电压供电时电压空间矢量与磁链空间矢量的关系

6.1.3 六拍阶梯波逆变器

六拍阶梯波逆变器中功率开关的导通原则：任一时刻有三个开关导通；同一

桥臂中，上、下两个开关不能同时导通。如图 6-4 所示。

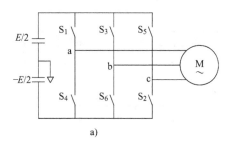

a)

基于以上要求，开关共有八种组合方法，每种开关组合对应一个空间矢量如表 6-1 所示。如开关组合 100 对应空间矢量 U_1，这时 a 相桥臂上开关 S_1 导通而下开关 S_4 关断，交流侧 a 相输出电压 $u_a = \dfrac{E}{2}$，b 相桥臂上开关 S_3 关断而下开关 S_6 导通，交流侧 b 相输出电压 $u_b = -\dfrac{E}{2}$，c 相桥臂上开关 S_5 关断而下开关 S_2 导通，交流侧 c 相输出电压 $u_c = -\dfrac{E}{2}$。

根据空间矢量的定义式（6-1）计算矢量 U_1 如下：

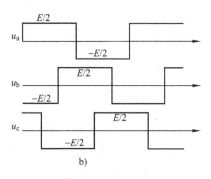

b)

$$U_1 = \frac{E}{2} + \left(-\frac{E}{2}\right)\alpha + \left(-\frac{E}{2}\right)\alpha^2 = E \tag{6-15}$$

图 6-4　三相 DC/AC 逆变器

a) 三相 DC/AC 逆变电路

b) 逆变器交流侧输出电压波形

U_1 的方向与实轴相同，矢量的长度为 E。类似可以求出 U_2、U_3…等矢量。

表 6-1　逆变桥开关组合及所对应的空间矢量

项目	开关组合							
导通开关	S_6,S_1,S_2	S_1,S_2,S_3	S_2,S_3,S_4	S_3,S_4,S_5	S_4,S_5,S_6	S_5,S_6,S_1	S_1,S_3,S_5	S_2,S_4,S_6
二进制编码	100	110	010	011	001	101	111	000
空间矢量	U_1	U_2	U_3	U_4	U_5	U_6	U_7	U_8

$$U_2 = \frac{E}{2} + \frac{E}{2}\alpha + \left(-\frac{E}{2}\right)\alpha^2 = E\mathrm{e}^{\mathrm{j}\frac{\pi}{3}} \tag{6-16}$$

$$U_3 = \left(-\frac{E}{2}\right) + \frac{E}{2}\alpha + \left(-\frac{E}{2}\right)\alpha^2 = E\mathrm{e}^{\mathrm{j}\frac{2\pi}{3}} \tag{6-17}$$

各开关组合所对应的交流侧 a、b、c 相的输出电压以及空间矢量的值如表 6-2 所示。

表 6-2　八个电压空间矢量的值

电压空间矢量	a 相电位	b 相电位	c 相电位	空间矢量值
U_1	$E/2$	$-E/2$	$-E/2$	E

（续）

电压空间矢量	a 相电位	b 相电位	c 相电位	空间矢量值
U_2	$E/2$	$E/2$	$-E/2$	$Ee^{j\frac{\pi}{3}}$
U_3	$-E/2$	$E/2$	$-E/2$	$Ee^{j\frac{2\pi}{3}}$
U_4	$-E/2$	$E/2$	$E/2$	$Ee^{j\frac{3\pi}{3}}$
U_5	$-E/2$	$-E/2$	$E/2$	$Ee^{j\frac{4\pi}{3}}$
U_6	$E/2$	$-E/2$	$E/2$	$Ee^{j\frac{5\pi}{3}}$
U_7	$E/2$	$E/2$	$E/2$	0
U_8	$-E/2$	$-E/2$	$-E/2$	0

　　如表 6 - 2 所示，八种开关组合对应八个空间矢量，八个空间矢量可分为两类：非零空间矢量和零空间矢量。非零空间矢量有电压空间矢量 U_1、U_2、U_3、U_4、U_5、U_6，非零空间矢量幅值相等，幅值均为 E，相位依次互差 60°。空间矢量 U_1、U_2、U_3、U_4、U_5、U_6 构成一正六边形，如图 6 - 5 所示。零矢量有 U_7 和 U_8，零矢量幅值均为 0。这八个电压空间矢量称为基本电压空间矢量。

　　六拍阶梯波逆变器只使用其中的六个非零电压空间矢量：U_1、U_2、U_3、U_4、U_5、U_6。逆变器的六个非零电压空间矢量对应每种开关组合状态分别停留 $\pi/3$ 电角度。输出电压空间矢量的运动轨迹为正六边形，如图 6 - 5 所示。

　　根据电压空间矢量与磁链空间矢量之间的关系式（6 - 11），经积分得：$\boldsymbol{\Psi} \approx \boldsymbol{\Psi}(0) + \int_0^t \boldsymbol{U}\mathrm{d}t$，可分析磁链空间矢量的运动轨迹。以空间矢量 U_2 作用期间为例加以分析。空间矢量 U_2 作用期间磁链空间矢量的增量 $\Delta\boldsymbol{\Psi}$ 为

$$\Delta\boldsymbol{\Psi} = \int_0^{\Delta t} \boldsymbol{U}_2\mathrm{d}t = \boldsymbol{U}_2\Delta t = \frac{\pi}{3\omega}\boldsymbol{U}_2 = \frac{\pi}{3\omega}Ee^{j\frac{\pi}{3}} \qquad (6-18)$$

式中，$\Delta t = \dfrac{\pi}{3\omega}$ 为空间矢量 U_2 作用时间；ω 为逆变器输出基波电压的频率。磁链空间矢量的增量 $\Delta\boldsymbol{\Psi}$ 方向与电压空间矢量同方向，长度为 $\|\Delta\boldsymbol{\Psi}\| = \dfrac{\pi}{3\omega}E$。如图 6 - 6 所示，$\boldsymbol{\Psi}_2 = \boldsymbol{\Psi}_1 + \Delta\boldsymbol{\Psi}$。磁链空间矢量顶点的运动轨迹也是正六边形。

　　六拍阶梯波逆变器驱动异步电机具有如下特点：

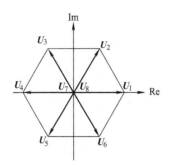

图 6 - 5　六拍阶梯波逆变器输出电压
空间矢量的运动轨迹

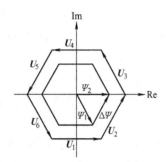

图 6 - 6　六拍阶梯波逆变器磁链空间
矢量与输出电压空间矢量的关系

（1）电压空间矢量和磁链空间矢量的轨迹均为正六边形，而不是圆。

（2）仅使用八个矢量中的六个非零电压空间矢量。

（3）在逆变器输出电压一个基波周期中，开关状态变化六次，每次的间隔为 1/6 周期。

我们知道，电压空间矢量和磁链空间矢量的轨迹愈逼近于圆，就愈有利于电机的运行。六拍阶梯波逆变器一个输出电压基波周期，开关状态仅变化六次，仅使用六个电压空间矢量，得到正六边形的电压空间矢量和磁链空间矢量的轨迹。所以，可通过增加一个周期中电压空间矢量的数目，达到增加电压空间矢量和磁链空间矢量的轨迹多边形的边数。

6.1.4　电压空间矢量合成原理

如前所述，三相逆变器仅有八个电压空间矢量。而实现 12 边形、18 边形、24 边形、$6n$ 边形的电压空间矢量轨迹仅有八个电压空间矢量是不够的，需更多的电压空间矢量。办法是通过三相逆变器八个基本电压空间矢量的线性组合，产生新的电压空间矢量。希望得到一组等幅而相位均匀间隔的电压空间矢量组，连接相邻电压空间矢量顶点，构成一个正多边形。图 6 - 7 表示由 24 个电压空间矢量构成的正 24 边形。正多边形边数愈多，愈逼近于圆。

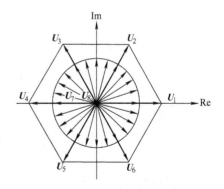

图 6 - 7　连接 24 个电压空间矢量
的顶点构成的正 24 边形

图 6 - 8 为一个新电压空间矢量合成概念图，非零矢量 U_1、U_2、U_3、U_4、

U_5、U_6 将复平面分解成六个扇区。每个扇区的范围被两个非零基本空间矢量构成的两条边所限定。扇区 I 的两个非零矢量为 U_1、U_2；扇区 II 的两个非零矢量为 U_2、U_3；扇区 III 的两个非零矢量为 U_3、U_4；扇区 IV 的两个非零矢量为 U_4、U_5；扇区 V 的两个非零矢量为 U_5、U_6；扇区 VI 的两个非零矢量为 U_6、U_1。在每个扇区内利用扇区内的非零矢量合成产生所需要的新的电压空间矢量。

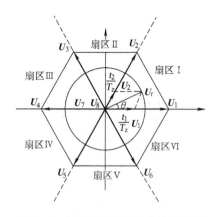

图 6-8　新电压空间矢量合成概念图

在扇区 I 内利用 U_1 和 U_2 产生所需要的新的电压空间矢量，如图 6-8 所示。由 U_1 和 U_2 的线性组合产生新电压空间矢量 U_r。设新空间矢量 U_r 的作用电角度（时间）为 ωT_s，矢量 U_1 的作用时间为 ωt_1，而不是 $\pi/3$，矢量 U_2 的作用时间为 ωt_2，也不是 $\pi/3$，而且 $\omega T_s > \omega t_1 + \omega t_2$。于是在 ωT_s 角度内，矢量 U_1 的有效长度为 $\left| \dfrac{t_1}{T_s} U_1 \right|$，矢量 U_2 的有效长度为 $\left| \dfrac{t_2}{T_s} U_2 \right|$。他们合成新的矢量 U_r

$$U_r = \frac{t_1}{T_s} U_1 + \frac{t_2}{T_s} U_2 \qquad\qquad (6-19)$$

代入 $U_1 = E$，$U_2 = E\mathrm{e}^{\mathrm{j}\frac{\pi}{3}}$，并设 $U_r = A\mathrm{e}^{\mathrm{j}\theta}$，其中 $0 < \theta < \dfrac{\pi}{3}$，得到

$$A\mathrm{e}^{\mathrm{j}\theta} = \frac{t_1}{T_s} E + \frac{t_2}{T_s} E\mathrm{e}^{\mathrm{j}\frac{\pi}{3}}$$

将上述复数方程化为以下两个实数方程

$$A\cos\theta = \frac{t_1}{T_s} E + \frac{t_2}{T_s} E\cos\frac{\pi}{3} \qquad\qquad A\sin\theta = \frac{t_2}{T_s} E\sin\frac{\pi}{3}$$

解方程组，得到

$$t_1 = T_s \frac{2A}{E\sqrt{3}} \sin\left(\frac{\pi}{3} - \theta\right) \qquad\qquad t_2 = T_s \frac{2A}{E\sqrt{3}} \sin\theta$$

引入幅度调制比定义 $M = \dfrac{2A}{E\sqrt{3}}$，于是得到

矢量 U_1 的作用时间 t_1 为

$$t_1 = T_s M \sin\left(\frac{\pi}{3} - \theta\right) \qquad\qquad (6-20)$$

矢量 U_2 的作用时间 t_2 为

$$t_2 = T_s M \sin\theta \qquad (6-21)$$

一般，T_s 不一定恰好等于 $t_1 + t_2$，所不足的时间由零矢量来补充。零矢量的作用时间为

$$t_z = t_7 + t_8 = T_s - t_1 - t_2 \qquad (6-22)$$

式中，t_7 是零矢量 U_7 的作用时间；t_8 是零矢量 U_8 的作用时间。

空间矢量法基于将一个扇区时间分成 N 等份，每一等份的作用时间为 $T_s = \dfrac{\pi}{3N\omega}$，这样电压空间矢量的顶点的轨迹构成一个 $6N$ 边形。

2π 角度被空间矢量 U_1、U_2、U_3、U_4、U_5、U_6 分解成六个扇区，每个扇区对应的时间为 $\pi/3$。由于每个扇区都是类似的，分析一个扇区的情况可以推广到其他扇区。

扇区每一等份的作用时间 T_s 对应 PWM 调制中载波信号的周期，称为开关周期。实际上开关周期 T_s 中合成的新电压空间矢量，由两个非零电压矢量和零矢量分时作用而构成的序列，在时域中看作一段脉冲波形。在满足 T_s 中新电压空间矢量合成要求的前提下，在一个开关周期 T_s 中非零电压矢量和零矢量组成的序列的构成顺序存在多个方法，于是就出现了各种空间矢量调制（SVM）方法。

假设零矢量 U_7 和 U_8 在一个开关周期中的作用时间相同，即取 $t_7 = t_8 = \dfrac{1}{2}(T_s - t_1 - t_2)$。如图 6-9 所示，为使一个开关周期中波形对称，把每个基本空间矢量的作用时间都一分为二，并将基本电压空间矢量的作用序列按 81277218 排列，其中 8 表示 U_8，1 表示 U_1，2 表示 U_2，7 表示 U_7。查表 6-1，得到在扇区 I 的一个 T_s 区间内，逆变器开关状态编码序列为：000，100，110，111，111，110，100，000。

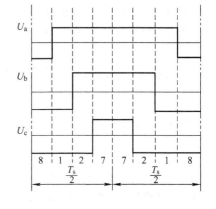

图 6-9   扇区 I 的 T_s 区间内逆变
器开关状态编码序列

由图 6-9，可以得到逆变器交流侧 a、b、c 相输出的 PWM 脉冲在一个开关周期中的宽度。a 相的脉冲宽度

$$t_{a2} = t_1 + t_2 + t_7 = \frac{1}{2}(T_s + t_1 + t_2) \qquad (6-23)$$

b 相的脉冲宽度

$$t_{b2} = t_2 + t_7 = \frac{1}{2}(T_s - t_1 + t_2) \qquad (6-24)$$

c 相的脉冲宽度

$$t_{c2} = t_7 = \frac{1}{2}(T_s - t_1 - t_2) \tag{6-25}$$

代入关于矢量 U_1 的作用时间 t_1 的表达式（6-20），矢量 U_2 的作用时间 t_2 的表达式（6-21），得到

$$t_{a2} = \frac{1}{2}(T_s + t_1 + t_2) = \frac{T_s}{2}\Big[1 + M\sin(\theta + \frac{\pi}{3})\Big] \tag{6-26}$$

$$t_{b2} = \frac{1}{2}(T_s - t_1 + t_2) = \frac{T_s}{2}\Big[1 + \sqrt{3}M\sin(\theta - \frac{\pi}{6})\Big] \tag{6-27}$$

$$t_{c2} = t_7 = \frac{1}{2}(T_s - t_1 - t_2) = \frac{T_s}{2}\Big[1 - M\sin(\theta + \frac{\pi}{3})\Big] \tag{6-28}$$

求 a、b、c 相输出的 PWM 脉冲在一个开关周期中的宽度之和

$$t_{a2} + t_{b2} + t_{c2} = \frac{3}{2}T_s + \frac{1}{2}(-t_1 + t_2) = \frac{3}{2}T_s + \frac{\sqrt{3}}{2}T_sM\sin(\theta - \frac{\pi}{6}) \tag{6-29}$$

而在规则采样法中

$$t_{a2} + t_{b2} + t_{c2} = \frac{3}{2}T_s \tag{6-30}$$

以上基本电压空间矢量 81277218 序列中，81 之间，由状态 000 切换到 100，只有 a 相开关切换，开关器件 S_4 导通切换到 S_1 导通。12 之间，由状态 100 切换到 110，只有 b 相开关切换。27 之间，由状态 110 切换到 111，只有 c 相开关切换。

合成电压空间矢量转化为基本电压空间矢量作用序列的变换不是唯一的，考虑的因素主要是输出电压的谐波和一个开关周期中开关切换的次数。

6.1.5　小结

三相系统的三个电量用一个合成量表示，并保持信息的完整性，则三相的问题简化为单相的问题。三相对称正弦电压对应的空间电压矢量 U_1 顶点的运动轨迹是一个圆，空间电压矢量 U_1 以角速度 ω 逆时针旋转。三相对称正弦电压供电时磁链空间矢量顶点的运动轨迹也是一个圆。三相逆变器中的开关有八种开关组合方式，分别对应八个基本空间矢量，其中六个矢量为非零矢量，两个为零矢量。非零矢量幅值相等，相位依次互差 60°，它们的顶点构成正六边形。零矢量幅值均为 0。

六拍阶梯波逆变器只使用其中的六个非零电压空间矢量。逆变器在每种开关组合分别停留 π/3 电角度。输出电压空间矢量的运动轨迹为正六边形。

根据三相逆变器开关条件，共有八个电压空间矢量。而实现 12 边形，18 边形，24 边形，$6n$ 边形的电压空间矢量轨迹仅有八个电压空间矢量是不够的，需

更多的电压空间矢量。可通过增加一个周期中电压空间矢量数目,达到增加电压空间矢量和磁链空间矢量的轨迹多边形的边数。办法是通过八个基本电压空间矢量的线性组合,产生新的电压空间矢量。构成一组等幅而相位均匀间隔的电压空间矢量组,电压空间矢量顶点为正多边形。电压空间矢量顶点构成的正多边形的边数愈多,磁链空间矢量和电压空间矢量轨迹愈逼近于圆。

6.2 电压型变流器的空间矢量调制控制

在三相电压型变流器中,相电压一般并不一定满足 $v_a + v_b + v_c = 0$ 的条件,这样空间矢量变换式(6-1)就不适合。而线电压一般满足 $v_{ab} + v_{bc} + v_{ca} = 0$。

在由 abc 构成的直角坐标系中,a 轴、b 轴、c 轴分别对应 v_{ab}、v_{bc}、v_{ca} 三个分量。如果线电压满足条件:$v_{ab} + v_{bc} + v_{ca} \equiv 0$,则实质上在三维欧氏空间定义了一个子空间 χ。可以证明,该子空间为一平面,且与矢量 $[1\ 1\ 1]^T$ 垂直,如图 6-10a 所示。基于 χ 平面可以定义一个新的坐标系,称为 $\alpha\beta\gamma$ 坐标系。$\alpha\beta\gamma$ 坐标系的 α 轴为 a 轴在平面 χ 上的投影,γ 轴与矢量 $[1\ 1\ 1]^T$ 方向一致,而 β 轴根据右手定则确定。这样线电量 v_{ab}、v_{bc}、v_{ca} 构成的空间矢量 $[v_{ab}\ v_{bc}\ v_{ca}]^T$ 将落在 χ 平面,也就说线电量矢量 $[v_{ab}\ v_{bc}\ v_{ca}]^T$ 在 $\alpha\beta\gamma$ 坐标系中没有 γ 轴分量,因此仅用二维 $\alpha\beta$ 坐标系就可以表示线电量 v_{ab}、v_{bc}、v_{ca},如图 6-10b 所示。

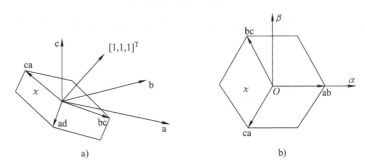

图 6-10 线电量的空间矢量和子空间 χ

a) 子空间 χ　b) $\alpha\beta$ 坐标系

线电压矢量 $[v_{ab}\ v_{bc}\ v_{ca}]^T$ 在 $\alpha\beta\gamma$ 坐标系中的矢量表示为

$$\begin{bmatrix} v_\alpha \\ v_\beta \\ v_\gamma \end{bmatrix} = \boldsymbol{T}_{abc/\alpha\beta\gamma} \begin{bmatrix} v_{ab} \\ v_{bc} \\ v_{ca} \end{bmatrix} \tag{6-31}$$

式中,$T_{abc/\alpha\beta\gamma}$ 为从 abc 坐标系到 $\alpha\beta\gamma$ 坐标系的变换矩阵

$$T_{\text{abc}/\alpha\beta\gamma} = \sqrt{\frac{2}{3}} \begin{bmatrix} 1 & -\dfrac{1}{2} & -\dfrac{1}{2} \\ 0 & \dfrac{\sqrt{3}}{2} & -\dfrac{\sqrt{3}}{2} \\ \dfrac{1}{\sqrt{2}} & \dfrac{1}{\sqrt{2}} & \dfrac{1}{\sqrt{2}} \end{bmatrix} \qquad (6-32)$$

实际上，对比式（6-31）和式（6-4），两种变换所得到的矢量方向相同，只是模差一个常数。

式（6-32）代入式（6-31），得

$$\begin{bmatrix} v_{\alpha} \\ v_{\beta} \\ v_{\gamma} \end{bmatrix} = \sqrt{\frac{2}{3}} \begin{bmatrix} 1 & -\dfrac{1}{2} & -\dfrac{1}{2} \\ 0 & \dfrac{\sqrt{3}}{2} & -\dfrac{\sqrt{3}}{2} \\ \dfrac{1}{\sqrt{2}} & \dfrac{1}{\sqrt{2}} & \dfrac{1}{\sqrt{2}} \end{bmatrix} \begin{bmatrix} v_{\text{ab}} \\ v_{\text{bc}} \\ v_{\text{ca}} \end{bmatrix} \qquad (6-33)$$

于是由 $\alpha\beta\gamma$ 坐标系到 abc 坐标系的变换式为

$$\begin{bmatrix} v_{\text{ab}} \\ v_{\text{bc}} \\ v_{\text{ca}} \end{bmatrix} = T_{\text{abc}/\alpha\beta\gamma}^{-1} \begin{bmatrix} v_{\alpha} \\ v_{\beta} \\ v_{\gamma} \end{bmatrix} \qquad (6-34)$$

由于 $T_{\text{abc}/\alpha\beta\gamma}$ 为正交变换矩阵，所以它的逆矩阵等于它的转置矩阵，即

$$T_{\text{abc}/\alpha\beta\gamma}{}^{-1} = (T_{\text{abc}/\alpha\beta\gamma})^{\text{T}} = \sqrt{\frac{2}{3}} \begin{bmatrix} 1 & 0 & \dfrac{1}{\sqrt{2}} \\ -\dfrac{1}{2} & \dfrac{\sqrt{3}}{2} & \dfrac{1}{\sqrt{2}} \\ -\dfrac{1}{2} & -\dfrac{\sqrt{3}}{2} & \dfrac{1}{\sqrt{2}} \end{bmatrix} \qquad (6-35)$$

式（6-33）可以写成标量方程形式如下：

$$v_{\alpha} = \sqrt{\frac{2}{3}} \left(v_{\text{ab}} - \frac{1}{2} v_{\text{bc}} - \frac{1}{2} v_{\text{ca}} \right) \qquad (6-36)$$

$$v_{\beta} = \sqrt{\frac{2}{3}} \left(\frac{\sqrt{3}}{2} v_{\text{bc}} - \frac{\sqrt{3}}{2} v_{\text{ca}} \right) \qquad (6-37)$$

$$v_{\gamma} = \sqrt{\frac{2}{3}} \left(\frac{v_{\text{ab}}}{\sqrt{2}} + \frac{v_{\text{bc}}}{\sqrt{2}} + \frac{v_{\text{ca}}}{\sqrt{2}} \right) = 0 \qquad (6-38)$$

由于 v_{γ} 分量为零，式（6-38）可略去，将式（6-36）和式（6-37）合写成矩阵形式

$$\begin{bmatrix} v_\alpha \\ v_\beta \end{bmatrix} = \boldsymbol{T}_{\mathrm{abc}/\alpha\beta} \begin{bmatrix} v_{\mathrm{ab}} \\ v_{\mathrm{bc}} \\ v_{\mathrm{ca}} \end{bmatrix} \tag{6-39}$$

式中，$\boldsymbol{T}_{\mathrm{abc}/\alpha\beta} = \sqrt{\dfrac{2}{3}} \begin{bmatrix} 1 & -\dfrac{1}{2} & -\dfrac{1}{2} \\ 0 & \dfrac{\sqrt{3}}{2} & -\dfrac{\sqrt{3}}{2} \end{bmatrix}$。

空间矢量 $\begin{bmatrix} v_\alpha \\ v_\beta \end{bmatrix}$ 可以用极坐标表示，即表示成模与相位的形式 $\boldsymbol{v} = \begin{bmatrix} v_\alpha \\ v_\beta \end{bmatrix} =$

$\rho \cdot \mathrm{e}^{\mathrm{j}\theta}$，其中空间矢量的模 $\rho = \sqrt{v_\alpha^2 + v_\beta^2}$，空间矢量的相角为 $\theta = \arctan\left(\dfrac{v_\beta}{v_\alpha}\right)$，如图

6-11 所示。对应三相对称正弦波的线电压，空间矢量的幅值 $\rho = \sqrt{v_\alpha^2 + v_\beta^2} = \sqrt{\dfrac{3}{2}}$

V_{m}，这里 V_{m} 为三相对称正弦波的线电压幅值。

如图 6-12 所示为三相电压型 PWM 变流器的概念图，功率开关状态与交、直流电量关系如表 6-3 所示，功率开关的状态有八种组合。

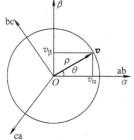

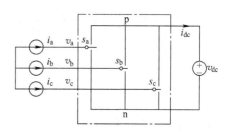

图 6-11　空间矢量的极坐标表示　　　　图 6-12　三相电压型 PWM 变流器

表 6-3　三相电压型变流器的开关状态与交、直流电量的关系

s_{a}	s_{b}	s_{c}	开关状态	i_{dc}	v_{ab}	v_{bc}	v_{ca}
0	0	0	nnn	0	0	0	0
0	0	1	nnp	i_{c}	0	$-V_{\mathrm{dc}}$	V_{dc}
0	1	0	npn	i_{b}	$-V_{\mathrm{dc}}$	V_{dc}	0
0	1	1	npp	$i_{\mathrm{b}} + i_{\mathrm{c}}$	$-V_{\mathrm{dc}}$	0	V_{dc}
1	0	0	pnn	i_{a}	V_{dc}	0	$-V_{\mathrm{dc}}$
1	0	1	pnp	$i_{\mathrm{a}} + i_{\mathrm{c}}$	V_{dc}	$-V_{\mathrm{dc}}$	0
1	1	0	ppn	$i_{\mathrm{a}} + i_{\mathrm{b}}$	0	V_{dc}	$-V_{\mathrm{dc}}$
1	1	1	ppp	$i_{\mathrm{a}} + i_{\mathrm{b}} + i_{\mathrm{c}}$	0	0	0

开关状态 [pnn] 对应的空间矢量为

$$V_{pnn} = \begin{bmatrix} v_\alpha \\ v_\beta \end{bmatrix}_{pnn} = T_{abc/\alpha\beta} \begin{bmatrix} v_{ab} \\ v_{bc} \\ v_{ca} \end{bmatrix}_{pnn} = \sqrt{\frac{2}{3}} \begin{bmatrix} 1 & -\frac{1}{2} & -\frac{1}{2} \\ 0 & \frac{\sqrt{3}}{2} & -\frac{\sqrt{3}}{2} \end{bmatrix} \begin{bmatrix} V_{dc} \\ 0 \\ -V_{dc} \end{bmatrix} = \begin{bmatrix} \sqrt{\frac{3}{2}} V_{dc} \\ \sqrt{\frac{1}{2}} V_{dc} \end{bmatrix}$$

$$(6-40)$$

空间矢量 V_{pnn} 的极坐标形式为

$$V_{pnn} = V_1 = \begin{bmatrix} \sqrt{\frac{3}{2}} V_{dc} \\ \sqrt{\frac{1}{2}} V_{dc} \end{bmatrix} = \sqrt{\left(\sqrt{\frac{3}{2}} V_{dc}\right)^2 + \left(\sqrt{\frac{1}{2}} V_{dc}\right)^2} \exp\left[j\arctan\left(\frac{\sqrt{\frac{1}{2}} V_{dc}}{\sqrt{\frac{3}{2}} V_{dc}} \right) \right]$$

$$= \sqrt{2} V_{dc} \exp\left(j\frac{\pi}{6} \right) \qquad (6-41)$$

空间矢量 V_{pnn} 的模 $\rho = \sqrt{2} V_{dc}$，空间矢量 V_{pnn} 的相角 $\theta = \arctan\left(\frac{v_\beta}{v_\alpha}\right) = 30°$，如图 6-13a 所示。

开关状态 [ppn] 对应的空间矢量 V_{ppn} 为

$$V_{ppn} = V_2 = \begin{bmatrix} v_\alpha \\ v_\beta \end{bmatrix}_{ppn} = T_{abc/\alpha\beta} \begin{bmatrix} v_{ab} \\ v_{bc} \\ v_{ca} \end{bmatrix}_{ppn} = \sqrt{\frac{2}{3}} \begin{bmatrix} 1 & -\frac{1}{2} & -\frac{1}{2} \\ 0 & \frac{\sqrt{3}}{2} & -\frac{\sqrt{3}}{2} \end{bmatrix} \begin{bmatrix} 0 \\ V_{dc} \\ -V_{dc} \end{bmatrix}$$

$$= \begin{bmatrix} 0 \\ \sqrt{2} V_{dc} \end{bmatrix} = \sqrt{2} V_{dc} \exp\left(j\frac{\pi}{2} \right) \qquad (6-42)$$

空间矢量 V_{ppn} 的模为 $\rho = \sqrt{2} V_{dc}$，空间矢量 V_{ppn} 的相角 $\theta = \arctan\left(\frac{v_\beta}{v_\alpha}\right) = 90°$，如图 6-13b 所示。

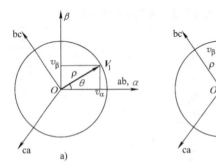

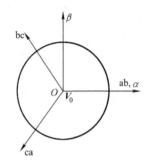

图 6-13 开关状态[pnn]对应的空间矢量 V_{pnn}
a) V_{pnn} b) V_{ppn}

图 6-14 开关状态[ppp]
对应的空间矢量 V_{ppp}

开关状态［ppp］对应的空间矢量 $\boldsymbol{V}_{\mathrm{ppp}}$ 为

$$\boldsymbol{V}_{\mathrm{ppp}} = \begin{bmatrix} v_\alpha \\ v_\beta \end{bmatrix}_{\mathrm{ppp}} = \boldsymbol{T}_{\mathrm{abc}/\alpha\beta} \begin{bmatrix} v_{\mathrm{ab}} \\ v_{\mathrm{bc}} \\ v_{\mathrm{ca}} \end{bmatrix}_{\mathrm{ppp}} = \sqrt{\frac{2}{3}} \begin{bmatrix} 1 & -\frac{1}{2} & -\frac{1}{2} \\ 0 & \frac{\sqrt{3}}{2} & -\frac{\sqrt{3}}{2} \end{bmatrix} \begin{bmatrix} 0 \\ 0 \\ 0 \end{bmatrix} = \begin{bmatrix} 0 \\ 0 \end{bmatrix} \quad (6-43)$$

因此空间矢量 $\boldsymbol{V}_{\mathrm{ppp}} = \boldsymbol{V}_0 = 0$，位于原点，其模为零，如图 6-14 所示。

逐一计算每一开关状态对应的空间矢量，得到八个空间矢量，如图 6-15 所示，该图称为空间矢量图。其中矢量 $\boldsymbol{V}_{\mathrm{nnn}} = \boldsymbol{V}_0$ 和矢量 $\boldsymbol{V}_{\mathrm{ppp}} = \boldsymbol{V}_0$ 为零矢量，其余六个矢量长度相同，相位互差 60°。

	ρ	$\theta(°)$
V_1[pnn]		30
V_2[ppn]		90
V_3[npn]		150
V_4[npp]	$\sqrt{2}V_{\mathrm{dc}}$	-150
V_5[nnp]		-90
V_6[pnp]		-30
V_0[ppp]	0	0
V_0[nnn]		0

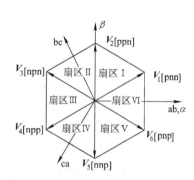

图 6-15　空间矢量图

假定三相参考电压 $\boldsymbol{V}_{\mathrm{ref}}$ 在 abc 坐标系中为 $\begin{bmatrix} v_{\mathrm{ab}} \\ v_{\mathrm{bc}} \\ v_{\mathrm{ca}} \end{bmatrix}_{\mathrm{ref}} = \begin{bmatrix} V_{\mathrm{m}}\sin(\omega t) \\ V_{\mathrm{m}}\sin(\omega t - 120°) \\ V_{\mathrm{m}}\sin(\omega t + 120°) \end{bmatrix}$，其

中 V_{m} 为线电压的幅值。在 $\alpha\beta$ 坐标系中 $\boldsymbol{V}_{\mathrm{ref}}$ 为

$$\boldsymbol{V}_{\mathrm{ref}} = \begin{bmatrix} v_\alpha \\ v_\beta \end{bmatrix}_{\mathrm{ref}} = \sqrt{\frac{2}{3}} \begin{bmatrix} 1 & -\frac{1}{2} & -\frac{1}{2} \\ 0 & \frac{\sqrt{3}}{2} & -\frac{\sqrt{3}}{2} \end{bmatrix} \begin{bmatrix} V_{\mathrm{m}}\sin(\omega t) \\ V_{\mathrm{m}}\sin(\omega t - 120°) \\ V_{\mathrm{m}}\sin(\omega t + 120°) \end{bmatrix} = \sqrt{\frac{3}{2}} V_{\mathrm{m}} e^{\mathrm{j}\theta}$$

$$(6-44)$$

因此参考电压 $\boldsymbol{V}_{\mathrm{ref}}$ 的模为

$$\rho = \sqrt{\frac{3}{2}} V_{\mathrm{m}} \quad (6-45)$$

如图 6-16，空间矢量合成原理如下：

$$\int_0^{T_s} \boldsymbol{V}_{\mathrm{ref}} \mathrm{d}t = \sum_{i=1}^{N} \left(\int_0^{T_i} \boldsymbol{V}_i \mathrm{d}t \right) \quad (6-46)$$

式中，$V_i = \begin{bmatrix} v_{i(\alpha)} \\ v_{i(\beta)} \end{bmatrix}$ 为基本空间矢量，基本空间矢量 V_i 的作用时间 T_i；T_s 为一个

开关周期，$\sum_{i=1}^{N} T_i = T_s$。$V_{ref} = \begin{bmatrix} v_{ref(\alpha)} \\ v_{ref(\beta)} \end{bmatrix}$ 为参考输出空间矢量。图 6-17 表示空间矢

量 α 分量的合成原理。

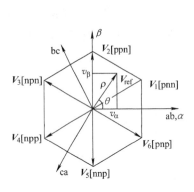

图 6-16　空间矢量合成原理　　　　图 6-17　开关状态矢量合成原理

　　为减少开关动作次数和谐波，一般选择与参考矢量 V_{ref} 临近的基本空间矢量
进行合成，如表 6-4 所示。若参考矢量 V_{ref} 在扇区 I，则 V_{ref} 临近的空间矢量为
V_1 和 V_2。

表 6-4　根据参考矢量的所属扇区确定参与矢量合成的基本空间矢量

V_{ref} 的位置	矢量
扇区 I	V_1 和 V_2
扇区 II	V_2 和 V_3
扇区 III	V_3 和 V_4
扇区 IV	V_4 和 V_5
扇区 V	V_5 和 V_6
扇区 VI	V_6 和 V_1

　　空间矢量合成的计算步骤如下：
　　（1）根据参考矢量的所属扇区选择参与矢量合成的基本空间矢量。
　　（2）计算每个空间矢量的作用时间（占空比）。
　　（3）确定空间矢量序列。
　　下面具体介绍空间矢量 PWM 的计算过程。以参考矢量 V_{ref} 位于扇区 I 为例。
由于参考矢量 V_{ref} 位于扇区 I，因此选择 V_{ref} 临近的基本空间矢量 V_1 和 V_2，零

矢量为 V_0。这样空间矢量合成公式（6-46）变为

$$\int_0^{T_s} V_{\text{ref}} dt = \int_0^{T_1} V_1 dt + \int_{T_1}^{T_1+T_2} V_2 dt + \int_{T_1+T_2}^{T_s} V_0 dt \qquad (6-47)$$

式中，T_1 为基本空间矢量 V_1 在一个开关周期 T_s 中的作用时间；T_2 为基本空间矢量 V_2 在一个开关周期 T_s 中的作用时间；零空间矢量 V_0 在一个开关周期 T_s 中的作用时间为 $T_z = T_s - (T_1 + T_2)$。

假定开关频率比电压型 PWM 变流器交流侧的基波频率高得多，可以近似认为 V_{ref} 在一个开关周期 T_s 中恒定，于是式（6-47）简化为

$$V_{\text{ref}} T_s = V_1 T_1 + V_2 T_2 \qquad (6-48)$$

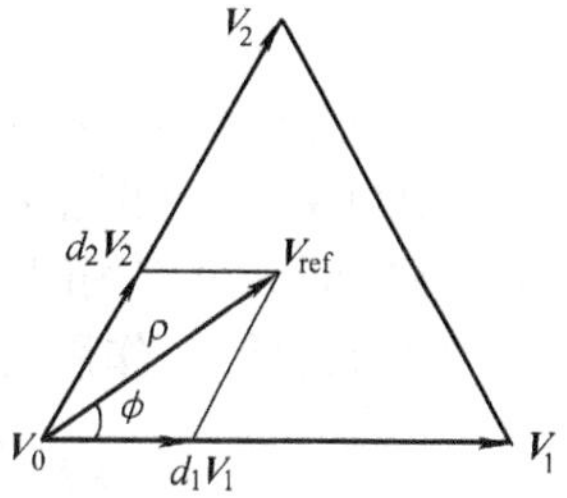

在矢量图 6-18 中，$V_1 = \sqrt{2} V_{\text{dc}} \exp(\text{j}\frac{\pi}{6})$，$V_2 = \sqrt{2}$

$V_{\text{dc}} \exp(\text{j}\frac{\pi}{2})$，$V_{\text{ref}} = \rho \exp(\text{j}\theta)$ 代入式（6-48），得到

$$\rho \exp(\text{j}\theta) T_s = \sqrt{2} V_{\text{dc}} \exp(\text{j}\frac{\pi}{6}) T_1 + \sqrt{2} V_{\text{dc}} \exp(\text{j}\frac{\pi}{2}) T_2$$

方程两边同乘以 $\exp(-\text{j}\frac{\pi}{6})$，得到

$$\rho \exp\left[\text{j}\left(\theta - \frac{\pi}{6}\right)\right] T_s = \sqrt{2} V_{\text{dc}} T_1 + \sqrt{2} V_{\text{dc}} \exp(\text{j}\frac{\pi}{3}) T_2$$

写成直角坐标系形式

图 6-18　参考矢量 V_{ref}
位于扇区 I 向量合成

$$\rho \begin{bmatrix} \cos\phi \\ \sin\phi \end{bmatrix} T_s = \sqrt{2} V_{\text{dc}} \begin{bmatrix} 1 \\ 0 \end{bmatrix} T_1 + \sqrt{2} V_{\text{dc}} \begin{bmatrix} \cos\dfrac{\pi}{3} \\ \sin\dfrac{\pi}{3} \end{bmatrix} T_2$$

式中，$\phi = \theta - \frac{\pi}{6}$。解上面的方程，得到参考矢量 V_{ref} 位于扇区 I 时，空间矢量 V_1 作用的时间 T_1 为

$$T_1 = T_s \sqrt{\frac{2}{3}} \frac{\rho}{V_{\text{dc}}} \sin\left(\frac{\pi}{3} - \phi\right) \qquad (6-49)$$

代入式（6-45），得到

$$T_1 = T_s \frac{V_{\text{m}}}{V_{\text{dc}}} \sin\left(\frac{\pi}{3} - \phi\right) \qquad (6-50)$$

空间矢量 V_1 作用的占空比为

$$d_1 = \frac{T_1}{T_s} = \frac{V_{\text{m}}}{V_{\text{dc}}} \sin\left(\frac{\pi}{3} - \phi\right) \qquad (6-51)$$

空间矢量 V_2 作用的时间 T_2 为

$$T_2 = T_s \sqrt{\frac{2}{3}} \frac{\rho}{V_{\text{dc}}} \sin\phi \qquad (6-52)$$

代入式（6-45），得到

$$T_2 = T_s \frac{V_m}{V_{dc}} \sin\phi \tag{6-53}$$

空间矢量 V_2 作用的占空比为

$$d_2 = \frac{T_2}{T_s} = \frac{V_m}{V_{dc}} \sin\phi \tag{6-54}$$

零空间矢量 V_0 作用的时间

$$T_z = T_s - (T_1 + T_2) \tag{6-55}$$

零空间矢量 V_0 作用的占空比为

$$d_0 = 1 - d_1 - d_2 \tag{6-56}$$

当参考矢量 V_{ref} 位于扇区 k 时，（ $k = 1, 2, 3, \cdots$ 6），则与 V_{ref} 相邻的空间矢量为 V_k 和 V_{k+1}，如图6-19。各空间矢量作用时间的计算方法如下：

空间矢量 V_k 作用时间 T_k 为

$$T_k = T_s \frac{V_m}{V_{dc}} \sin(\frac{\pi}{3} - \phi) \tag{6-57}$$

式中，$\phi = \theta - (k-1) \times \frac{\pi}{3} - \frac{\pi}{6}$，$\phi$ 的变化范围是 $[0, \frac{\pi}{3}]$。

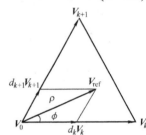

图6-19　参考矢量 V_{ref} 位于扇区 k 矢量合成

空间矢量 V_k 作用的占空比为

$$d_k = \frac{T_k}{T_s} = \frac{V_m}{V_{dc}} \sin(\frac{\pi}{3} - \phi) \tag{6-58}$$

空间矢量 V_{k+1} 作用的时间 T_{k+1} 为

$$T_{k+1} = T_s \frac{V_m}{V_{dc}} \sin\phi \tag{6-59}$$

空间矢量 V_{k+1} 作用的占空比为

$$d_{k+1} = \frac{T_{k+1}}{T_s} = \frac{V_m}{V_{dc}} \sin\phi \tag{6-60}$$

零空间矢量 V_0 作用的时间

$$T_z = T_s - (T_k + T_{k+1}) \tag{6-61}$$

零空间矢量 V_0 作用的占空比为

$$d_0 = 1 - d_k - d_{k+1} \tag{6-62}$$

若定义 PWM 调制比为 $M = \frac{V_m}{V_{dc}}$，则空间矢量 V_k 作用的占空比为

$$d_k = M\sin(\frac{\pi}{3} - \phi) \tag{6-63}$$

空间矢量 V_{k+1} 作用的占空比为

$$d_{k+1} = M\sin\phi \qquad (6-64)$$

零空间矢量 V_0 作用的占空比为

$$d_0 = 1 - d_k - d_{k+1} \qquad (6-65)$$

下面来讨论采用空间矢量调制（SVM）时 PWM 调制比 M 的范围。由于零电压空间矢量 V_0 作用的占空比 d_0 总是大于或等于 0，于是由式（6-65）得到以下不等式：

$$1 - d_k - d_{k+1} \geqslant 0$$

代入式（6-63）和式（6-64），得到

$$1 - M\sin(\frac{\pi}{3} - \phi) - M\sin\phi \geqslant 0$$

经整理

$$M \leqslant \frac{1}{\cos(\frac{\pi}{6} - \phi)} \qquad (6-66)$$

由于 ϕ 的变化范围是 $[0, \frac{\pi}{3}]$，$\dfrac{1}{\cos(\frac{\pi}{6} - \phi)}$ 的变化范围为 $[1, \frac{2}{\sqrt{3}}]$，如图 6-20 所示。因此在整个扇区中均能达到的最大调制比为 $M_{\max} = 1$。由调制比 $M = \dfrac{V_m}{V_{dc}}$，当 $M_{\max} = 1$ 时，则 $V_m = V_{dc}$。于是

$$V_{ref} = \sqrt{\frac{3}{2}} V_m e^{j\theta} = \sqrt{\frac{3}{2}} V_{dc} e^{j\theta} \qquad (6-67)$$

因此参考矢量 V_{ref} 的轨迹是一个半径为 $\sqrt{\dfrac{3}{2}} V_{dc}$ 的圆，它对应逆变器输出最大的三相对称交流电压，如图 6-21 所示。

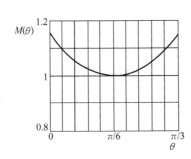

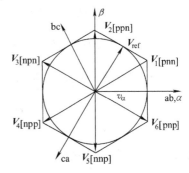

图 6-20　在一个扇区中 PWM 调制比 M
的变化范围

图 6-21　对应最大的三相对称
交流电压参考矢量 V_{ref} 的轨迹

另外，代入 $M = \dfrac{V_{\mathrm{m}}}{V_{\mathrm{dc}}}$ 到不等式（6-66）

$$\frac{V_{\mathrm{m}}}{V_{\mathrm{dc}}} \leqslant \frac{1}{\cos\left(\dfrac{\pi}{6}-\phi\right)} \tag{6-68}$$

两边同乘以 V_{dc}，得到

$$V_{\mathrm{m}} \leqslant \frac{V_{\mathrm{dc}}}{\cos\left(\dfrac{\pi}{6}-\phi\right)} \tag{6-69}$$

不等式两边同乘以 $\sqrt{\dfrac{3}{2}}$，得到参考电压空间矢量的范围

$$\sqrt{\frac{3}{2}}V_{\mathrm{m}} \leqslant \frac{\sqrt{\dfrac{3}{2}}V_{\mathrm{dc}}}{\cos\left(\dfrac{\pi}{6}-\phi\right)} \tag{6-70}$$

由参考电压矢量的模 $\parallel V_{\mathrm{ref}} \parallel = \sqrt{\dfrac{3}{2}}V_{\mathrm{m}}$，基本空间矢量 V_1 的模 $\parallel V_1 \parallel = \sqrt{2}V_{\mathrm{dc}}$，代入上式

$$\parallel V_{\mathrm{ref}} \parallel \leqslant \frac{\dfrac{\sqrt{3}}{2}\parallel V_1 \parallel}{\cos\left(\dfrac{\pi}{6}-\phi\right)} \tag{6-71}$$

参考电压矢量的模的上限为

$$\parallel V_{\mathrm{refm}} \parallel = \frac{\dfrac{\sqrt{3}}{2}\parallel V_1 \parallel}{\cos\left(\dfrac{\pi}{6}-\phi\right)} \tag{6-72}$$

图 6-22 扇区 I 的空间矢量图中，V_1 和 V_2 为基本空间矢量，OAB 为等边三角形。OD 垂直于边 AB，为等边三角形的高，因此 OD 的长度为

$$OD = OB \cdot \cos\frac{\pi}{6} = \parallel V_1 \parallel \cos\frac{\pi}{6} = \frac{\sqrt{3}}{2}\parallel V_1 \parallel \tag{6-73}$$

ODC 为直角三角形，$\angle DOC = \dfrac{\pi}{6}-\phi$，于是直角三角形 ODC 的斜边长度为

$$OC = \frac{OD}{\cos\left(\dfrac{\pi}{6}-\phi\right)} \tag{6-74}$$

将式（6-73）代入上式，得到

$$OC = \frac{\dfrac{\sqrt{3}}{2}\parallel V_1 \parallel}{\cos\left(\dfrac{\pi}{6}-\phi\right)} \tag{6-75}$$

上式与式（6-72）相等，表明 OC 的长度刚好与参考电压矢量上限的模 $\parallel V_{refm} \parallel$ 相同。因此在扇区 I 中，随着 ϕ 从 $0 \sim \dfrac{\pi}{3}$，参考电压矢量的上限 V_{refm} 的轨迹为等边三角形 OAB 的边 AB。

因此，上限输出的空间矢量的轨迹为一个边长为 $\parallel V_1 \parallel = \sqrt{2} V_{dc}$ 的六边形，如图 6-23 所示。

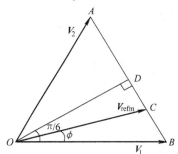

图 6-22　参考电压矢量的上限 V_{refm} 的轨迹

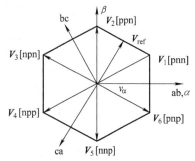

图 6-23　最大输出的空间矢量的轨迹

一个开关周期中空间矢量按分时方式发生作用，在时间上构成一个空间矢量的序列，如图 6-24 所示。空间矢量的序列组织方式有多种，按照空间矢量的序列的对称性分类，可分为对称与非对称空间矢量的序列。按照一个开关周期中换流的相的数目，可分为二相开关换流与三相开关换流。下面介绍空间矢量序列的几种典型的组织方式。为方便，以参考矢量位于扇区 I 为例加以介绍。

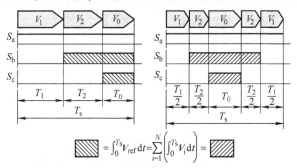

图 6-24　开关状态矢量的序列组织方式

1. SVM1 序列

如图 6-25 所示，在一个开关周期 T_s 中使用二个零空间矢量 V_{nnn}、V_{ppp}。SVM1 序列为非对称序列，每个开关周期有六次开关切换。

2. SVM2 序列

如图 6-26 所示，在一个开关周期 T_s 中使用二个零空间矢量 V_{nnn}、V_{ppp}。SVM2 为对称序列，每个开关周期有六次开关切换。

3. SVM3 序列

如图 6-27 所示，在相邻的开关周期，交替使用零空间矢量 [ppp] 或零空间矢量 [nnn]。在开关周期 T_s 中为非对称。在开关周期中，只有三次开关切换，开关损耗减少了 50%，但引入 $\frac{1}{2T}$ 的谐波分量。

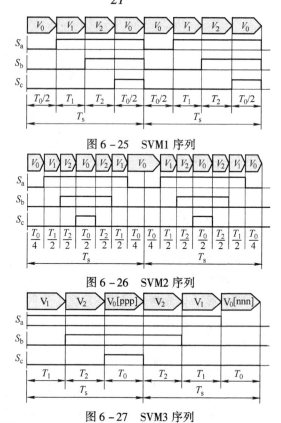

图 6-25　SVM1 序列

图 6-26　SVM2 序列

图 6-27　SVM3 序列

4. SVM4 序列

如图 6-28 所示，在扇区 Ⅰ、Ⅲ、Ⅴ 中采用零矢量 [ppp]；在扇区 Ⅱ、Ⅳ、Ⅵ 中采用零矢量 [nnn]。在每个开关周期中，只采用一种零矢量。每个开关周期开关动作四次，降低了开关损耗。

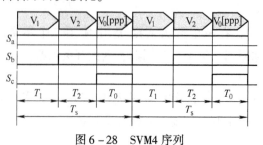

图 6-28　SVM4 序列

5. SVM5 序列

如图 6-29 所示，在扇区 Ⅰ、Ⅲ、Ⅴ 中使用零矢量 [ppp]；在扇区 Ⅱ、Ⅳ、Ⅵ 中使用零矢量 [nnn]。由于序列是对称的，因此降低了谐波。一个开关周期只有四次换流，减少了开关损耗。

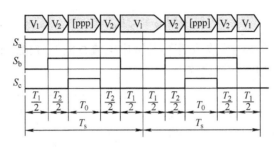

图 6-29　SVM5 序列

6. SVM6 序列

SVM6 是由 SVM4 发展出来的，组织方式与 SVM4 类似，主要区别是零矢量的选择方面，仍以参考矢量位于扇区 Ⅰ 为例加以介绍。零矢量的选择方法如图 6-30 所示。若当前 a 相电流的绝对值最大，那么仍选零矢量 [ppp]；若当前 c 相电流的绝对值最大，那么就选零矢量 [nnn]；若当前 b 相电流的绝对值最大，这时需要进一步比较 a 相与 c 相电流的绝对值。若 a 相电流的绝对值大于 c 相电流的绝对值，则选零矢量 [ppp]；若 c 相电流的绝对值大于 a 相电流的绝对值，则选零矢量 [nnn]。

SVM6 方式比 SVM4 方式可以进一步减少开关损耗，另外，减少开关损耗的效果还与负载功率因数有关。但 SVM6 序列在开关周期 T_s 中为非对称。

下面比较各种空间矢量序列的输出电压的畸变率。电压畸变率定义为

$$THD = \frac{\sqrt{\sum_{n=2}^{\infty} V_n^2}}{V_1}$$

。图 6-31 给出了各种工作方式下线电压的畸变率。

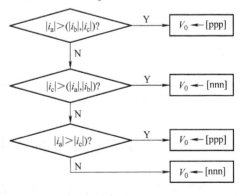

图 6-30　零矢量的选择框图

对于 SVM1、SVM3、SVM4、SVM6 方式：电流纹波峰峰值为

$$I_{pp1} = \frac{2V_{dc}}{3L}(1-M)MT_s \qquad (6-76)$$

对 SVM2、SVM5 方式：电流纹波峰峰值为

$$I_{pp2} = \frac{V_{dc}}{3L}(1 - M)MT_s \qquad (6-77)$$

式中，M 为调制比；L 为负载电感。可见 SVM2、SVM5 方式的输出电流纹波峰峰值为 SVM1、SVM3、SVM4、SVM6 方式的 1/2，即

$$I_{pp2} = \frac{1}{2}I_{pp1} \qquad (6-78)$$

图 6-32 给出各种空间矢量序列的输出电流纹波峰峰值的比较。表 6-5 给出各种空间矢量序列的性能比较。

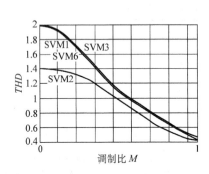

图 6-31　线电压的畸变率 THD 与调制比 M 的关系

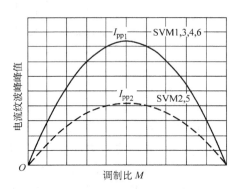

图 6-32　各种空间矢量序列的输出电流纹波峰峰值的比较

表 6-5　几种典型空间矢量序列的性能表

序列	SVM1	SVM2	SVM3	SVM4	SVM5	SVM6
开关周期换流次数	6	6	3	4	4	4
损耗（相对值）	1	1	0.5	2/3	2/3	0.5~0.63[①]
主谐波频率	f_s	f_s	$f_s/2$	f_s	f_s	f_s
THD		最小	最高			
电流纹波峰峰值（相对值）	1	0.5	1	1	0.5	1

① 与负载功率因数有关。

6.3　电流型变流器的空间矢量调制技术

三相电流 $[i_a\ i_b\ i_c]^T$ 经坐标变换，在 $\alpha-\beta$ 坐标系中的空间矢量表示

$$\begin{bmatrix} i_\alpha \\ i_\beta \end{bmatrix} = T_{abc/\alpha\beta} \begin{bmatrix} i_a \\ i_b \\ i_c \end{bmatrix} \qquad (6-79)$$

式中，$T_{abc/\alpha\beta} = \sqrt{\dfrac{2}{3}} \begin{bmatrix} 1 & -\dfrac{1}{2} & -\dfrac{1}{2} \\ 0 & \dfrac{\sqrt{3}}{2} & -\dfrac{\sqrt{3}}{2} \end{bmatrix}$。

表示成极坐标形式为：$\boldsymbol{i} = \rho \cdot e^{j\theta}$，其中模 $\rho = \sqrt{i_\alpha^2 + i_\beta^2}$，相位为 $\theta = \arctan\left(\dfrac{i_\beta}{i_\alpha}\right)$。假定参考电流为三相对称正弦波

$$\begin{bmatrix} i_a \\ i_b \\ i_c \end{bmatrix}_{ref} = \begin{bmatrix} I_m \sin(\omega t) \\ I_m \sin(\omega t - 120°) \\ I_m \sin(\omega t + 120°) \end{bmatrix} \tag{6-80}$$

于是对应的参考矢量为 $\boldsymbol{I}_{ref} = \begin{bmatrix} i_\alpha \\ i_\beta \end{bmatrix}_{ref} = \sqrt{\dfrac{3}{2}} I_m e^{j\theta}$，$\theta = \arctan\left(\dfrac{i_\beta}{i_\alpha}\right) = \omega t$。$\rho = $

$\sqrt{\dfrac{3}{2}} I_m$，其中 I_m 为相电流幅度。三相电流对应空间矢量如图 6-33 所示。

图 6-34 给出了电流型 PWM 变流器的概念图，开关网络部分用两个单刀三位开关表示。单刀三位开关可连通 a 相或 b 相或 c 相。上单刀三位开关状态的定义

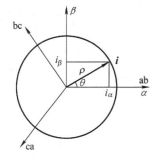

图 6-33　三相电流对应空间矢量
　　　　　的极坐标形式

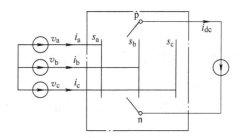

图 6-34　电流型变流器

$$p = \begin{cases} a; & 连通\ a\ 相 \\ b; & 连通\ b\ 相 \\ c; & 连通\ c\ 相 \end{cases}$$

类似地，下单刀三位开关状态的定义

$$n = \begin{cases} a; & 连通\ a\ 相 \\ b; & 连通\ b\ 相 \\ c; & 连通\ c\ 相 \end{cases}$$

在电流型 PWM 变流器中，交、直流侧之间电流或电压的关系依赖于开关状

态，开关状态与交、直流侧电流或电压的关系表示在表 6 - 6 中。

表 6 - 6　交、直流侧电流或电压与开关状态的关系

p	n	开关状态	i_a	i_b	i_c	v_{pn}
a	a	aa	0	0	0	0
a	b	ab	I_{dc}	$-I_{dc}$	0	v_{ab}
a	c	ac	I_{dc}	0	$-I_{dc}$	$-v_{ca}$
b	a	ba	$-I_{dc}$	I_{dc}	0	$-v_{ab}$
b	b	bb	0	0	0	0
b	c	bc	0	I_{dc}	$-I_{dc}$	v_{bc}
c	a	ca	$-I_{dc}$	0	I_{dc}	v_{ca}
c	b	cb	0	$-I_{dc}$	I_{dc}	$-v_{bc}$
c	c	cc	0	0	0	0

开关状态 ［ab］ 对应的空间矢量为

$$\boldsymbol{I}_{ab} = \begin{bmatrix} i_\alpha \\ i_\beta \end{bmatrix}_{ab} = \boldsymbol{T}_{abc/\alpha\beta} \begin{bmatrix} i_a \\ i_b \\ i_c \end{bmatrix}_{ab} = \sqrt{\frac{2}{3}} \begin{bmatrix} 1 & -\frac{1}{2} & -\frac{1}{2} \\ 0 & \frac{\sqrt{3}}{2} & -\frac{\sqrt{3}}{2} \end{bmatrix} \begin{bmatrix} I_{dc} \\ -I_{dc} \\ 0 \end{bmatrix} = \begin{bmatrix} \sqrt{\frac{3}{2}} \cdot I_{dc} \\ -\sqrt{\frac{1}{2}} \cdot I_{dc} \end{bmatrix}$$

$$(6 - 81)$$

极坐标形式为 $\boldsymbol{I}_{ab} = \boldsymbol{I}_1 = \rho \cdot e^{j\theta}$，其中 $\rho = \sqrt{2} I_{dc}$，$\theta = \arctan\left(\dfrac{i_\beta}{i_\alpha}\right) = -30°$。开关状态 ［ab］ 对应的空间矢量如图 6 - 35 所示。

开关状态 ［ac］ 对应的空间矢量为

$$\boldsymbol{I}_{ac} = \begin{bmatrix} i_\alpha \\ i_\beta \end{bmatrix}_{ac} = \boldsymbol{T}_{abc/\alpha\beta} \begin{bmatrix} i_a \\ i_b \\ i_c \end{bmatrix}_{ac} = \sqrt{\frac{2}{3}} \begin{bmatrix} 1 & -\frac{1}{2} & -\frac{1}{2} \\ 0 & \frac{\sqrt{3}}{2} & -\frac{\sqrt{3}}{2} \end{bmatrix} \begin{bmatrix} I_{dc} \\ 0 \\ -I_{dc} \end{bmatrix} = \begin{bmatrix} \sqrt{\frac{3}{2}} I_{dc} \\ \sqrt{\frac{1}{2}} I_{dc} \end{bmatrix}$$

$$(6 - 82)$$

极坐标形式为 $\boldsymbol{I}_{ac} = \boldsymbol{I}_2 = \rho \cdot e^{j\theta}$，其中 $\rho = \sqrt{2} \cdot I_{dc}$，$\theta = \arctan\left(\dfrac{i_\beta}{i_\alpha}\right) = 30°$。开关状态 ［ac］ 对应的空间矢量如图 6 - 36 所示。

九种开关状态对应了九个基本电流空间矢量，其中 $\boldsymbol{I}_1$、$\boldsymbol{I}_2$、$\boldsymbol{I}_3$、$\boldsymbol{I}_4$、$\boldsymbol{I}_5$、$\boldsymbol{I}_6$ 的幅值相等，相位互差 60°，另外三个矢量为零矢量，如图 6 - 37 所示。

电流空间矢量调制方法如下：

（1）选择 $\boldsymbol{I}_{ref}$ 相邻的非零基本电流空间矢量。

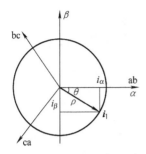

图 6 – 35　开关状态 ［ab］ 对应的
开关状态矢量

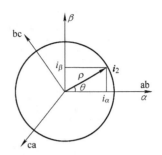

图 6 – 36　开关状态 ［ac］ 对应的
开关状态矢量

	ρ	$\theta(°)$
$I_1[ab]$		−30
$I_2[ac]$		30
$I_3[bc]$		90
$I_4[ba]$	$\sqrt{2}I_{dc}$	150
$I_5[ca]$		−150
$I_6[cb]$		−90
$I_0[aa]$		
$I_0[bb]$	0	0
$I_0[cc]$		

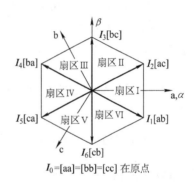

$I_0=[aa]=[bb]=[cc]$ 在原点

图 6 – 37　开关状态电流空间矢量图

（2）计算当前非零基本电流空间矢量的占空比。

（3）确定电流空间矢量序列。

电流空间矢量合成中基本电流空间矢量的选择原则是减少开关次数，同时减少谐波。根据参考电流矢量所处的扇区，选择该扇区相邻的二个非零空间矢量，零矢量选择与 SVM 方式有关。如图 6 – 38 所示。

下面介绍电流空间矢量合作原理。以参考电流矢量落在扇区 I 为例，讨论电流空间矢量合作原理以及基本电流空间矢量占空比的计算方法。在扇区 I 中，参考电流矢量相邻的非零基本电流空间矢量为 I_1、I_2，根据矢量合作原理

$$\int_0^{T_s} \boldsymbol{I}_{ref}dt = \int_0^{T_1} \boldsymbol{I}_1 dt + \int_{T_1}^{T_1+T_2} \boldsymbol{I}_1 dt + \int_{T_1+T_2}^{T_s} \boldsymbol{I}_0 dt \qquad (6 – 83)$$

式中，T_s 为开关周期；T_1 为空间矢量 $\boldsymbol{I}_1$ 的作用时间；T_2 为空间矢量 $\boldsymbol{I}_2$ 的作用时间；零空间矢量 $\boldsymbol{I}_0$ 的作用时间为 $T_z = T_s - T_1 - T_2$。

I_{ref} 的位置	矢量选择
扇区 I	I_1 和 I_2
扇区 II	I_2 和 I_3
扇区 III	I_3 和 I_4
扇区 IV	I_4 和 I_5
扇区 V	I_5 和 I_6
扇区 VI	I_6 和 I_1

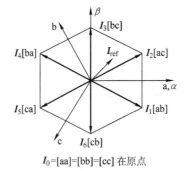

I_0=[aa]=[bb]=[cc] 在原点

图 6 - 38 参考矢量的位置与开关状态矢量的对应关系

由于开关频率 $f_s = 1/T_s$ 比电流型 PWM 变流器输出交流电压的基波频率高得多，近似认为 I_{ref} 在 T_s 期间固定，于是式（6-83）可简化为

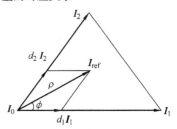

$$I_{ref} T_s = I_1 T_1 + I_2 T_2 \qquad (6-84)$$

在矢量图 6-39 中，$I_1 = \sqrt{2} I_{dc} \exp\left(-j\dfrac{\pi}{6}\right)$，

$I_2 = \sqrt{2} I_{dc} \exp\left(j\dfrac{\pi}{6}\right)$，$I_{ref} = \rho\exp(j\theta)$。代入式

（6-84），得到

图 6 - 39 参考矢量 I_{ref} 位于扇区 I 矢量合成图

$$\rho\exp(j\theta) T_s = \sqrt{2} I_{dc} \exp\left(-j\frac{\pi}{6}\right) T_1 + \sqrt{2} I_{dc} \exp\left(j\frac{\pi}{6}\right) T_2$$

方程两边同乘以 $\exp\left(j\dfrac{\pi}{6}\right)$，得到

$$\rho\exp\left[j\left(\theta+\frac{\pi}{6}\right)\right] T_s = \sqrt{2} I_{dc} T_1 + \sqrt{2} I_{dc} \exp\left(j\frac{\pi}{3}\right) T_2$$

代入 $\phi = \theta + \dfrac{\pi}{6}$

$$\rho\exp(j\phi) T_s = \sqrt{2} I_{dc} T_1 + \sqrt{2} I_{dc} \exp\left(j\frac{\pi}{3}\right) T_2$$

写成直角坐标系形式

$$\rho\begin{bmatrix}\cos\phi \\ \sin\phi\end{bmatrix} T_s = \sqrt{2} I_{dc} \begin{bmatrix}1 \\ 0\end{bmatrix} T_1 + \sqrt{2} I_{dc} \begin{bmatrix}\cos\dfrac{\pi}{3} \\ \sin\dfrac{\pi}{3}\end{bmatrix} T_2 \qquad (6-85)$$

式中，$\phi = \theta + \dfrac{\pi}{6}$。

解式（6-85）得到空间矢量 I_1 作用时间 T_1、空间矢量 I_2 作用时间 T_2、零空间矢量 I_0 作用时间 T_z。空间矢量 I_1 作用的占空比

$$d_1 = \frac{T_1}{T_s} = \frac{2}{\sqrt{3}} \frac{\rho}{\|I_1\|} \sin\left(\frac{\pi}{3} - \phi\right) \qquad (6-86)$$

空间矢量 I_2 作用的占空比

$$d_2 = \frac{T_2}{T_s} = \frac{2}{\sqrt{3}} \frac{\rho}{\parallel I_2 \parallel} \sin\phi \qquad (6-87)$$

零空间矢量 I_0 作用的占空比

$$d_0 = 1 - d_1 - d_2 \qquad (6-88)$$

对某一扇区 k，其中 $k = 1 \sim 6$，该扇区的非零基本空间矢量为 I_k 和 I_{k+1}。空间矢量 I_k 作用的占空比

$$d_k = \frac{T_k}{T_s} = \frac{2}{\sqrt{3}} \frac{\rho}{\parallel I_k \parallel} \sin(\frac{\pi}{3} - \phi) \qquad (6-89)$$

空间矢量 I_{k+1} 作用的占空比

$$d_{k+1} = \frac{T_{k+1}}{T_s} = \frac{2}{\sqrt{3}} \frac{\rho}{\parallel I_{k+1} \parallel} \sin\phi \qquad (6-90)$$

零空间矢量 I_0 作用的占空比

$$d_0 = 1 - d_k - d_{k+1} \qquad (6-91)$$

式中，$\phi = \theta - (k-1) \times \frac{\pi}{3} + \frac{\pi}{6}$。

所有非零基本空间矢量的模相等，且为 $\parallel I_k \parallel = \sqrt{2} I_{dc}$。

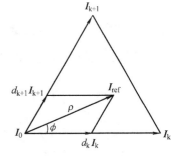

将 $\parallel I_k \parallel = \sqrt{2} I_{dc}$ 和参考电流矢量的模 $\rho = \sqrt{\frac{3}{2}} I_m$ 代入式（6-89）~式（6-91），扇区 k 的二个非零基本空间矢量、零基本空间矢量的占空比可简化为

图 6-40　参考矢量 I_{ref} 位于
扇区 k 矢量合成图

$$d_k = \frac{I_m}{I_{dc}} \sin(\frac{\pi}{3} - \phi) \qquad (6-92)$$

$$d_{k+1} = \frac{I_m}{I_{dc}} \sin\phi \qquad (6-93)$$

$$d_0 = 1 - d_k - d_{k+1} \qquad (6-94)$$

设电流 PWM 调制比 $M = \frac{I_m}{I_{dc}}$，于是

$$d_k = M\sin(\frac{\pi}{3} - \phi) \qquad (6-95)$$

$$d_{k+1} = M\sin\phi \qquad (6-96)$$

$$d_0 = 1 - d_k - d_{k+1} \qquad (6-97)$$

由式（6-95）和式（6-96）推得

$$d_k + d_{k+1} = M\left[\sin(\frac{\pi}{3} - \phi) + \sin\phi \right]$$

$$= M\cos\left(\frac{\pi}{6} - \phi\right)$$

代入电流 PWM 调制比 $M = \dfrac{I_{\mathrm{m}}}{I_{\mathrm{dc}}}$

$$d_k + d_{k+1} = \frac{I_{\mathrm{m}}}{I_{\mathrm{dc}}}\cos\left(\frac{\pi}{6} - \phi\right) \tag{6-98}$$

为获得最大幅值参考电流矢量 $\boldsymbol{I}_{\mathrm{ref}}$，要求 d_k 与 d_{k+1} 之和达到最大值，根据式 (6-97)，令 $d_0 = 0$，即 $d_k + d_{k+1} = 1$。因此

$$I_{\mathrm{m}} = \frac{I_{\mathrm{dc}}}{\cos\left(\dfrac{\pi}{6} - \phi\right)} \tag{6-99}$$

如图 6-41 所示，参考电流矢量 $\boldsymbol{I}_{\mathrm{ref}}$ 的轨迹为边长等于 $\parallel I_1 \parallel = \sqrt{2}I_{\mathrm{dc}}$ 的正六边形。

假设 PWM 调制比为 $M = \dfrac{I_{\mathrm{m}}}{I_{\mathrm{dc}}} = 1$，于是 $I_{\mathrm{m}} = I_{\mathrm{dc}}$。电流参考矢量 $\boldsymbol{I}_{\mathrm{ref}}$ 为 $\boldsymbol{I}_{\mathrm{ref}} = \sqrt{\dfrac{3}{2}}$ $I_{\mathrm{dc}}\mathrm{e}^{\mathrm{j}\theta}$。这时，电流参考矢量 $\boldsymbol{I}_{\mathrm{ref}}$ 的轨迹为一个半径的 $\sqrt{\dfrac{3}{2}}I_{\mathrm{dc}}$ 的圆，它反映了可以合成的最大三相对称正弦电流，如图 6-42 所示。

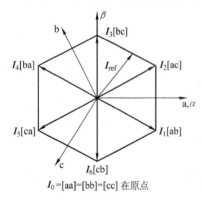

$I_0 =$[aa]=[bb]=[cc] 在原点

图 6-41　最大输出的空间矢量的轨迹

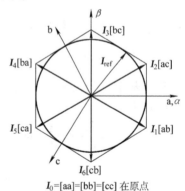

$I_0 =$[aa]=[bb]=[cc] 在原点

图 6-42　最大三相对称正弦电流的参考矢量 $\boldsymbol{I}_{\mathrm{ref}}$ 的轨迹

图 6-43 为一种空间矢量序列的组织方法。零矢量的分配方法为：在扇区 I 或 IV 中选择零矢量 [aa]；在扇区 II 或 V 中选择零矢量 [bb]；在扇区 III 或 VI 中选择零矢量 [cc]。从图中可见，在一个开关周期中有四次开关换流，在一个开关周期中

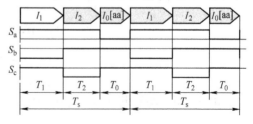

图 6-43　开关状态矢量序列

的开关状态是不对称的。

事实上三相 PWM 变流器除了［aa］、［bb］、［cc］三种零矢量外，还存在其他四种零电流矢量：［aa］［bb］、［aa］［cc］、［bb］［cc］和［aa］［bb］［cc］。即共有七种零电流矢量。

6.4　空间矢量 PWM 调制与其他脉宽调制方法的比较

6.4.1　正弦波脉宽调制（SPWM）

正弦波脉宽调制（SPWM）通过比较正弦波调制信号 $v_a^{ref}(\omega t) = V_m^{ref}\sin(\omega t)$ 与三角波载波信号，$v_{car}(\omega_s t)$ 决定开关的状态，如图 6-44 所示。其中正弦波调制信号频率 $\omega = 2\pi f$，三角波载波信号频率 $\omega_s = 2\pi f_s$。若 $V_a^{ref}(\omega t) > v_{car}(\omega_s t)$ 则 s_{ap} 导通，逆变桥输出电压 $v_a(\omega t) = \dfrac{E}{2}$；若 $v_{ref}(\omega t) \leqslant v_{car}(\omega_s t)$，则 s_{an} 导通，$v_a(\omega t) = -\dfrac{E}{2}$。$v_a(\omega t)$ 为一个正弦波脉宽调制的波形。这时，功率器件的开关频率等于载

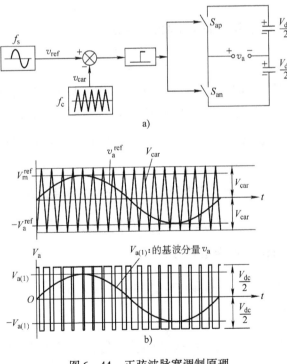

图 6-44　正弦波脉宽调制原理

a）脉宽调制控制概念图　b）脉宽调制信号产生原理

波频率。图 6-45 为三相正弦波脉宽调制原理图。

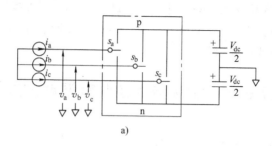

a)

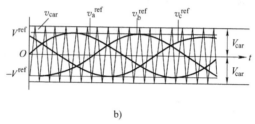

b)

图 6-45　三相 SPWM 变流器及调制原理

a) 三相变流器　b) 三相 SPWM 调制

利用傅里叶级数计算 $v_a(\omega t)$ 的基波电压分量

$$V_{a1} = \frac{V_{dc} V_m^{ref}}{2\ V_{car}} \tag{6-100}$$

式中，V_{dc} 为逆变器直流侧电压；V_{a1} 为 a 相交流电压基波分量的幅值。

设载波频率 $\omega_s = 2\pi f_s$ 比正弦波调制信号频率 $\omega = 2\pi f$ 高得多，在一个开关周期 $T_s = \dfrac{1}{f_s}$ 中可近似假定调制信号 v_a^{ref}、v_b^{ref}、v_c^{ref} 为恒定。采用规则采样方式，得到 PWM 脉冲为对称的，如图 6-46 所示。在图 6-46 中标注出一个开关周期 T_s 中各区间的开关状态。可以求得零电压矢量 [nnn] 的作用时间

$$T_{z[nnn]} = -\frac{T_s}{2V_{car}}(v_a^{ref} - V_{car}) \tag{6-101}$$

求得零电压矢量 [ppp] 的作用时间

$$T_{z[ppp]} = \frac{T_s}{2V_{car}}(v_c^{ref} + V_{car}) \tag{6-102}$$

零电压矢量作用时间为

$$T_z = T_{z[nnn]} + T_{z[ppp]} = -\frac{T_s}{2V_{car}}(v_a^{ref} - V_{car}) + \frac{T_s}{2V_{car}}(v_c^{ref} + V_{car}) \tag{6-103}$$

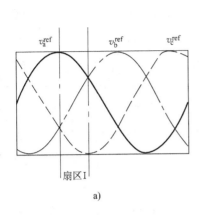

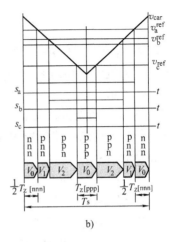

图 6 - 46　规则采样方式

a) 调制信号　b) 当位于扇区 I 时规则采样的情况

6.4.2　空间矢量调制 SVM 方法与 SPWM 调制比较

如图 6 - 47 所示的 SVM2 方法，在扇区 I 空间矢量 V_1 作用的时间为

$$T_1 = T_s \frac{V_m}{V_{dc}} \sin(60° - \phi) \qquad (6 - 104)$$

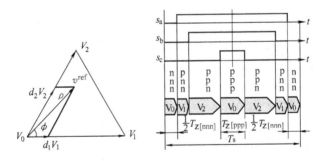

图 6 - 47　SVM2 方法及对应的 PWM 脉冲

空间矢量 V_2 作用时间 T_2 为

$$T_2 = T_s \frac{V_m}{V_{dc}} \sin\phi \qquad (6 - 105)$$

零空间矢量 V_0 作用时间为

$$T_z = T_s - (T_1 + T_2) = T_s - \left[T_s \frac{V_m}{V_{dc}} \sin(60° - \phi)_1 + T_s \frac{V_m}{V_{dc}} \sin\phi \right] \quad (6 - 106)$$

化简

$$T_z = T_s - T_s \frac{V_m}{V_{dc}} \cos(30° - \phi) \tag{6-107}$$

在 SVM2 方法中，当 $M=1$ 时，在一个扇区中零空间矢量的作用时间 T_z 的变化范围如图 6-48 所示。

当采用 SPWM 调制方法的情况，当三相调制信号的幅度达到载波信号的幅值 V_{car} 时，即三相调制信号为

$$v_a^{ref} = V_{car}\sin\theta$$

$$v_b^{ref} = V_{car}\sin(\theta - 120°)$$

$$v_c^{ref} = V_{car}\sin(\theta + 120°)$$

由式（6-103），得到 SPWM 调制时零矢量作用时间为

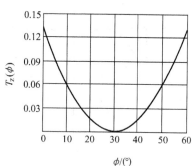

图 6-48 在 SVM2 方法中零空间矢量作用时间 T_z

$$T_z = -\frac{T_s}{2V_{car}}(V_{car}\sin\theta - V_{car}) + \frac{T_s}{2V_{car}}[V_{car}\sin(\theta + 120°) + V_{car}]$$

$$= \frac{T_s}{2}[\sin(\theta + 120°) - \sin\theta + 2] = \frac{T_s}{2}[2 + 2\cos(\theta + 60°)\sin 60°]$$

化简得

$$T_z = \frac{T_s}{2}[2 + \sqrt{3}\cos(\theta + 60°)] \tag{6-108}$$

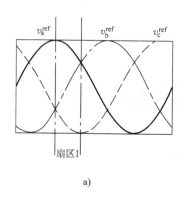

a)

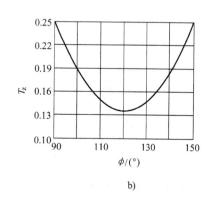

b)

图 6-49 SPWM 方法时在扇区 I 中零矢量作用时间 T_z

a) 扇区 I 的位置 b) 在扇区 I 中零矢量作用时间 T_z

图 6-49 表示 SPWM 调制方法时在一个扇区中零矢量作用时间 T_z 的变化范围。对于 SPWM 调制方法，设 $\theta = 90°$ 时，即参考矢量 $\boldsymbol{v}_{ref}$ 在开关状态电压矢量 $\boldsymbol{V}_1$ 上，由式（6-108）得到零矢量作用时间达到最大值

$$T_z = 0.25T_s \qquad (6-109)$$

这时对应的矢量

$$\boldsymbol{v}_{\text{ref}} = \boldsymbol{V}_1 \frac{T_1}{T_s} = \boldsymbol{V}_1\left(1 - \frac{T_0}{T_s}\right) = \frac{3}{4}\boldsymbol{V} \qquad (6-110)$$

因此 $\boldsymbol{v}_{\text{ref}}$ 轨迹构成的最大圆，即 $\boldsymbol{v}_{\text{ref}}$ 模为

$$\| \boldsymbol{v}_{\text{ref}} \| = \frac{3}{4}\| \boldsymbol{V}_1 \| = \frac{3}{4}\sqrt{2}V_{\text{dc}} = \frac{3}{2\sqrt{2}}V_{\text{dc}} \qquad (6-111)$$

又根据参考电压矢量模 $\| \boldsymbol{v}_{\text{ref}} \|$ 与三相线电压的幅值 V_{m} 之间的关系

$$\| \boldsymbol{v}_{\text{ref}} \| = \sqrt{\frac{3}{2}}V_{\text{m}} \qquad (6-112)$$

因此结合式（6-111）与式（6-112），得到在 SPWM 调制时最大的三相线电压幅值为

$$V_{\text{m}} = \frac{\sqrt{3}}{2}V_{\text{dc}} \qquad (6-113)$$

图 6-50 表示 SPWM 调制情况最大参考电压矢量模 $\| \boldsymbol{v}_{\text{ref}} \|$ 的轨迹为一个半径为 $V_{\text{m}} = \frac{\sqrt{3}}{2}V_{\text{dc}}$ 的圆。

由于空间矢量调制 SVM 方法时，最大的线电压幅值 $V_{\text{m}} = V_{\text{dc}}$，因此

$$\frac{V_{\text{m}}\mid_{\text{SVM}}}{V_{\text{m}}\mid_{\text{SPWM}}} = \frac{V_{\text{dc}}}{\frac{\sqrt{3}}{2}V_{\text{dc}}} = 1.155 \qquad (6-114)$$

SVM 方法的输出电压比 SPWM 方法的情况增加 15.5%。

SPWM 调制情况线电压的幅值为

$$V_{\text{m}} = \frac{\sqrt{3}}{2}V_{\text{dc}} \qquad (6-115)$$

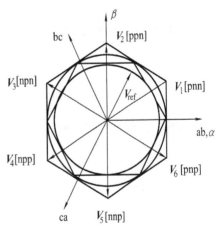

图 6-50　线性调制情况最大参考电压矢量的模 $\| \boldsymbol{v}_{\text{ref}} \|$ 的轨迹

SPWM 调制情况相电压的最大幅值为

$$V_{\text{a}(1)}^{\max} = V_{\text{b}(1)}^{\max} = V_{\text{c}(1)}^{\max} = \frac{V_{\text{m}}}{\sqrt{3}} = \frac{\frac{\sqrt{3}}{2}V_{\text{dc}}}{\sqrt{3}} = \frac{V_{\text{dc}}}{2} \qquad (6-116)$$

SPWM 调制方式，当调制信号幅值小于载波信号，即 $V_{\text{m}}^{\text{ref}} \leqslant V_{\text{car}}$，输出基波幅值与参考电压幅值呈线性关系，因此称为线性调制；当调制信号幅值大于载波信号，即 $V_{\text{m}}^{\text{ref}} > V_{\text{car}}$，输出基波幅值与参考电压幅值呈非线性关系，因此称为过调

制，如图 6 -51 所示。

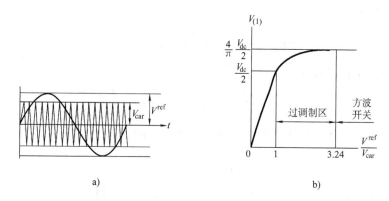

a)　　　　　　　　　　　　　　　　　　b)

图 6 -51　SPWM 的过调制方式

a) 在过调制区调制信号与载波信号的关系　b) 输出基波幅值与参考电压幅值的关系

在过调制区，调制信号幅值大于载波信号幅值，输出基波电压与参考电压呈非线性关系。

线性调制 SPWM 最大输出与方波输出的基波电压之比

$$\frac{V_{(1)}^{\max}\mid_{SPWM}}{V_{(1)}^{\max}\mid_{Sqmare}} = \frac{\dfrac{V_{dc}}{2}}{\dfrac{4}{\pi}\dfrac{V_{dc}}{2}} = \frac{\pi}{4} = 0.785 \tag{6-117}$$

如果在正弦波调制信号加入三次谐波，如下式：

$$v^{ref} = v_{(1)}^{ref} + v_{(3)}^{ref} = V_{(1)}^{ref}\left(\sin\theta + \frac{1}{6}\sin3\theta\right) \tag{6-118}$$

若 v^{ref} 的最大值为 1，于是

$$V_{(1)}^{ref} = \frac{1}{\sqrt{3}/2} = 1.155 \tag{6-119}$$

因此，三次谐波注入法时，最大基波输出电压比 SPWM 方法增加 15.5%，如图 6 -52 所示。

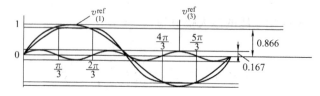

图 6 -52　三次谐波注入法的原理波形

图 6 -53 为在 SVM2 方式时在扇区 I 中一个开关周期的空间矢量序列。在 SVM2 方法中，三相 PWM 脉冲在一个开关周期中是对称的。

下面计算在扇区 I 时三相 PWM 脉冲在一个开关周期中的平均值。a 相 PWM 脉冲在一个开关周期中的平均值

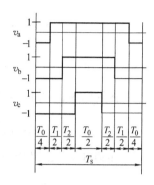

$$\langle v_{\mathrm{a}} \rangle_{T_{\mathrm{s}}} = -\frac{d_0}{2} + d_1 + d_2 + \frac{d_0}{2}$$

$$= \frac{V_{\mathrm{m}}}{V_{\mathrm{dc}}}\sin(60° - \phi) + \frac{V_{\mathrm{m}}}{V_{\mathrm{dc}}}\sin\phi$$

$$= \frac{V_{\mathrm{m}}}{V_{\mathrm{dc}}}\sin(60° + \phi) = \frac{V_{\mathrm{m}}}{V_{\mathrm{dc}}}\sin[60° + (\theta - 30°)]$$

$$= \frac{V_{\mathrm{m}}}{V_{\mathrm{dc}}}\sin(30° + \theta) \quad \theta \in [30°, 90°] \quad (6-120)$$

图 6-53　SVM2 方式的空间矢量组织方式 (扇区 I)

b 相 PWM 脉冲在一个开关周期中的平均值

$$\langle v_{\mathrm{b}} \rangle_{T_{\mathrm{s}}} = -\frac{d_0}{2} - d_1 + d_2 + \frac{d_0}{2}$$

$$= -\frac{V_{\mathrm{m}}}{V_{\mathrm{dc}}}\sin(60° - \phi) + \frac{V_{\mathrm{m}}}{V_{\mathrm{dc}}}\sin\phi$$

$$= \sqrt{3}\frac{V_{\mathrm{m}}}{V_{\mathrm{dc}}}\sin(\phi - 30°) \qquad (6-121)$$

c 相 PWM 脉冲在一个开关周期中的平均值

$$\langle v_{\mathrm{c}} \rangle_{T_{\mathrm{s}}} = -\frac{d_0}{2} - d_1 - d_2 + \frac{d_0}{2}$$

$$= -\frac{V_{\mathrm{m}}}{V_{\mathrm{dc}}}\sin(60° + \phi) \qquad (6-122)$$

类似地，可求出扇区 II a 相 PWM 脉冲在一个开关周期中的平均值

$$\langle v_{\mathrm{a}} \rangle_{T_{\mathrm{s}}} = -\frac{d_0}{2} + d_1 - d_2 + \frac{d_0}{2}$$

$$= \frac{V_{\mathrm{m}}}{V_{\mathrm{dc}}}\sin(60° - \phi) - \frac{V_{\mathrm{m}}}{V_{\mathrm{dc}}}\sin\phi$$

$$= \sqrt{3}\frac{V_{\mathrm{m}}}{V_{\mathrm{dc}}}\sin(30° - \phi)$$

$$= \sqrt{3}\frac{V_{\mathrm{m}}}{V_{\mathrm{dc}}}\sin(60° + \theta) \quad \theta \in [90°, 150°] \quad (6-123)$$

在扇区 III，a 相 PWM 脉冲在一个开关周期中的平均值

$$\langle v_{\mathrm{a}} \rangle_{T_{\mathrm{s}}} = -\frac{d_0}{2} - d_1 - d_2 + \frac{d_0}{2}$$

$$= -\frac{V_{\mathrm{m}}}{V_{\mathrm{dc}}}\sin(60° - \phi) - \frac{V_{\mathrm{m}}}{V_{\mathrm{dc}}}\sin\phi$$

$$= -\frac{V_{\mathrm{m}}}{V_{\mathrm{dc}}}\sin(60° + \phi) = -\frac{V_{\mathrm{m}}}{V_{\mathrm{dc}}}\sin[60° + (\theta - 2 \times 60° - 30°)]$$

$$= \frac{V_{\mathrm{m}}}{V_{\mathrm{dc}}}\cos(\theta) \quad \theta \in [150°, 210°] \tag{6-124}$$

在扇区Ⅳ，a 相 PWM 脉冲在一个开关周期中的平均值

$$\langle v_{\mathrm{a}} \rangle_{T_{\mathrm{s}}} = \frac{V_{\mathrm{m}}}{V_{\mathrm{dc}}}\cos(60° - \theta) \quad \theta \in [210°, 270°] \tag{6-125}$$

在扇区Ⅴ，a 相 PWM 脉冲在一个开关周期中的平均值

$$\langle v_{\mathrm{a}} \rangle_{T_{\mathrm{s}}} = \sqrt{3}\frac{V_{\mathrm{m}}}{V_{\mathrm{dc}}}\sin(60° + \theta) \quad \theta \in [270°, 330°] \tag{6-126}$$

在扇区Ⅵ，a 相 PWM 脉冲在一个开关周期中的平均值

$$\langle v_{\mathrm{a}} \rangle_{T_{\mathrm{s}}} = \frac{V_{\mathrm{m}}}{V_{\mathrm{dc}}}\cos(\theta) \quad \theta \in [330°, 390°] \tag{6-127}$$

合并式（6-120）~式（6-127），得到输出电压基波周期 a 相 PWM 脉冲开关周期平均值 $\langle v_{\mathrm{a}} \rangle_{T_{\mathrm{s}}}$，画出输出电压基波周期的 a 相 PWM 脉冲开关周期平均值 $\langle v_{\mathrm{a}} \rangle_{T_{\mathrm{s}}}$，如图 6-54 所示，这里假定 $M = \frac{V_{\mathrm{m}}}{V_{\mathrm{dc}}} = 1$。假设将 $\langle v_{\mathrm{a}} \rangle_{T_{\mathrm{s}}}$ 作为传统 PWM 调制方法（自然采样法、规则采样法）的 a 相调制信号，则可以产生与空间矢量调制方法 SVM2 的控制效果。

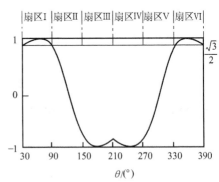

图 6-54　a 相 PWM 脉冲开关周期
平均值 $\langle v_{\mathrm{a}} \rangle_{T_{\mathrm{s}}}$ （$M = 1$）

6.5　本章小结

三相三个标量可以用一个空间矢量表示。当三相三个标量为正弦对称时，对应的空间矢量的轨迹为一个圆。因此设计 SVM 的调制方式应尽量使所对应的空间矢量的轨迹逼近一个圆。本章介绍了若干种 SVM 调制方式及其特点，此外将 SVM 与 SPWM 调制方法进行了比较。

第7章 逆变器的建模与控制

7.1 逆变器的建模

三相逆变器采用三相半桥逆变拓扑，主要由直流侧、逆变桥及输出 L－C 滤波器组成，如图 7－1 所示。在这种电路中，直流母线（电池）中点作为输出的零线，输出为三相四线制，这种三相半桥结构可以很好地与前级三相三电平 PFC 电路结合起来。由于三相之间没有耦合关系，因而控制相对比较简单，单相逆变器的控制方法可以

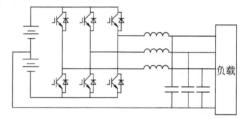

图 7－1　三相半桥逆变器主电路拓扑

直接用在这里。一般采用单电压环或电压电流双环的控制方法。

由于三相半桥电路的每一相都是独立的，相互之间不存在耦合关系，因而可以把三相逆变器看成是三个输出电压相位互差 120°的单相半桥逆变器组合在一起。所以在分析被控对象模型时，可以以单相半桥式电路来分析。单相半桥式电路如图 7－2 所示，图中 E_1、E_2 表示正、负直流母线电压；S_1、S_2 为半导体开关器件；L 为输出 LC 滤波器的滤波电感，r 为其等效串联电阻，C 为 LC 滤波器的滤波电容；R 为负载。

在逆变电路控制模型中，参考正弦波 $V_m\sin(\omega t)$ 和三角波比较得到的脉冲去控制各功率开关器件。由于开关状态是不连续的，分析时我们采用状态空间平均法。状态空间平均法是基于输出频率远小于开关频率的情况下，在一个开关周期内，用变量的平均值代替其瞬时值，从而得到连续状态空间平均模型。

由图 7－2，可以推出输出电压 $V_o(s)$ 和 a、b 两点电压 $V_i(s)$ 之间的传递函数 $G(s)$

$$G(s) = \frac{V_o(s)}{V_i(s)} = \frac{\dfrac{1}{\dfrac{1}{R} + sC}}{\dfrac{1}{\dfrac{1}{R} + sC} + sL + r} = \frac{1}{LCs^2 + \left(\dfrac{L}{R} + rC\right)s + 1 + \dfrac{r}{R}} \tag{7-1}$$

当忽略滤波电感的等效串联电阻 r 时，式（7－1）可以简化为

$$G(s) = \frac{1}{LCs^2 + \dfrac{L}{R}s + 1} \qquad (7-2)$$

双极性 SPWM 调制时，v_i 可以表示为

$$v_i = E(2S - 1) \qquad (7-3)$$

式中，S 为开关函数。

当 S_1（或 VD1）导通时，$S = 1$；当 S_2（或 VD2）导通时，$S = 0$。

显然，由于开关函数 S 的存在，式（7-3）中 v_i 不连续。对式（7-3）求开关周期平均，得到

$$\langle v_i \rangle_{T_s} = E(2\langle S \rangle_{T_s} - 1) \qquad (7-4)$$

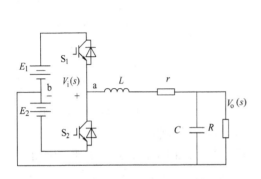

图 7-2　单相半桥式电路

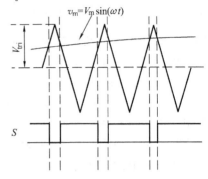

图 7-3　SPWM 调制示意图

这里 $\langle v_i \rangle_{T_s}$ 表示 v_i 的开关周期平均值。而 S 的开关周期平均值

$$\langle S \rangle_{T_s} = D(t) \qquad (7-5)$$

式中，$D(t)$ 为占空比。由图 7-3 得到

$$D = \frac{1}{2}\left(1 + \frac{v_m}{V_{tri}}\right) \qquad (7-6)$$

式中，v_m 为参考正弦波信号；V_{tri} 为三角载波峰值。把式（7-5）和式（7-6）代入式（7-4）有

$$\langle v_i \rangle_{T_s} = E \frac{v_m}{V_{tri}} \qquad (7-7)$$

所以有

$$\frac{\langle v_i \rangle_{T_s}}{v_m} = \frac{E}{V_{tri}} \qquad (7-8)$$

因此，从调制器输入至逆变桥输出的传递函数为

$$K_{pwm} = \frac{V_i(s)}{V_m(s)} = \frac{E}{V_{tri}} \qquad (7-9)$$

从式（7-9）可以看出，在 SPWM 中，载波频率（开关频率）远高于逆变器输出基波频率时，逆变桥部分可以看成是一个比例环节，比例系数即为 K_{pwm}。

结合式（7-1）和式（7-9），可得到调制器输入至逆变器输出的传递函数

$$G_o(s) = \frac{V_o(s)}{V_m(s)} = \frac{V_o(s)}{V_i(s)}\frac{V_i(s)}{V_m(s)} = \frac{1}{LCs^2 + \left(\dfrac{L}{R} + rC\right)s + 1 + \dfrac{r}{R}}\frac{E}{V_{tri}} \qquad (7-10)$$

根据传递函数 $G_o(s)$ 的表达式，可以得到其等效方框图如图 7-4 所示。

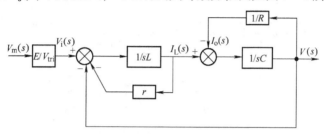

图 7-4　单相逆变器主电路等效框图

7.2　逆变输出滤波器设计

SPWM 逆变器中，逆变器的输出 LC 滤波器主要用来滤除开关频率及其邻近频带的谐波，如图 7-5 所示。考察一个滤波器性能的优劣首先是看它对谐波的抑制能力，具体可以从 *THD* 值来体现，另外需要尽量减小滤波器对逆变器的附加电流应力。电流应力增大，除使器件损耗及线路损耗加大外，另一方面也使功率元件的容量增大。*THD* 值小的要求与滤波器引起的附加电流应力小的要求往往是矛盾的。下面将从分析二阶 LC 滤波器特性着手探讨滤波器的设计方法。

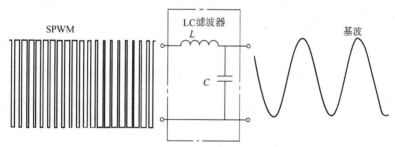

图 7-5　逆变器输出 LC 滤波器作用示意图

在图 7-2 中，忽略电感电阻及线路阻抗，滤波器输出电压相对于逆变桥输出电压的传递函数为

$$G(s) = \frac{V_o(s)}{V_i(s)} = \frac{\dfrac{1}{LC}}{s^2 + \dfrac{1}{RC}s + \dfrac{1}{LC}} = \frac{\omega_n^2}{s^2 + 2\zeta\omega_n s + \omega_n^2} \qquad (7-11)$$

式中，$\omega_n = \dfrac{1}{\sqrt{LC}}$ 为自然振荡角频率，$\omega_n = \dfrac{1}{\tau}$，$\tau = \sqrt{LC}$；$\zeta = \dfrac{1}{2R}\sqrt{\dfrac{L}{C}}$ 为阻尼比。

这是一个典型的二阶振荡系统，频率特性为

$$G(j\omega) = \frac{\omega_n^2}{\omega_n^2 - \omega^2 + j2\zeta\omega_n\omega} = \frac{1}{1 - \left(\dfrac{\omega}{\omega_n}\right)^2 + j2\zeta\dfrac{\omega}{\omega_n}} = A(\omega)e^{j\varphi(\omega)} \qquad (7-12)$$

式中

$$\begin{cases} A(\omega) = \dfrac{1}{\sqrt{\left[1 - \left(\dfrac{\omega}{\omega_n}\right)^2\right]^2 + \left(2\zeta\dfrac{\omega}{\omega_n}\right)^2}} \\[4ex] \varphi(\omega) = -\arctan\left[\dfrac{2\zeta\dfrac{\omega}{\omega_n}}{1 - \left(\dfrac{\omega}{\omega_n}\right)^2}\right] \end{cases}$$

根据式（7-12），可以求得对数幅频特性为

$$L(\omega) = 20\lg A(\omega) = -20\lg\sqrt{\left[1 - \left(\frac{\omega}{\omega_n}\right)^2\right]^2 + \left(2\zeta\frac{\omega}{\omega_n}\right)^2} \qquad (7-13)$$

在 $\omega \ll 1/\tau$ 的低频段，$A(\omega) \approx 1$，$L(\omega) \approx 0$；在 $\omega \gg 1/\tau$ 的高频段，$A(\omega) \approx 1/\tau^2\omega^2$，$L(\omega) \approx -40\lg\tau\omega$。所以，低频段渐近线是一条零分贝的水平线，而高频段渐近线是一条斜率为 -40dB 的直线。该二阶 LC 低通滤波器的频率特性图如图 7-6 所示。这两条线相交处的转折频率为 $\omega_n = 1/\tau$。在转折频率附近，幅频特性与渐近线之间存在一定的误差，其值取决于阻尼比 ζ 的值，阻尼比愈小，则误差愈大。当 $\zeta < 0.707$ 时，在对数幅频特性上出现峰值。

从上面的分析及图 7-6 可以看出，影响滤波效果的参数主要是转折角频率 ω_n 和阻尼比 ζ。选择 SPWM 逆变器的输出 LC 滤波器的转折频率 f_n（其中 $f_n = \dfrac{\omega_n}{2\pi}$）远远低于开关频率 f_s，它对开关频率以及其附近频带的谐波具有明显的抑制作用。在本书中，开关频率 $f_s = 16$kHz，取 LC 滤波器的转折频率为开关频率的 1/10，即

$$f_n = \frac{1}{10}f_s = \frac{1}{10} \times 16\text{kHz} = 1.6\text{kHz} \qquad (7-14)$$

也就是

$$\frac{1}{2\pi\sqrt{LC}} = 1.6\text{kHz} \qquad (7-15)$$

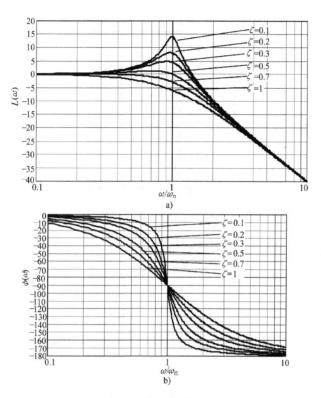

图 7 - 6　二阶 LC 低通滤波器系统的频率特性图

a) 幅频特性　b) 相频特性

从图 7 - 6 中 LC 滤波器幅频特性可以看出，大于转折频率时，幅频特性以 - 40dB 下降。所以取 LC 滤波器的转折频率为开关频率的 1/10 后，开关频率处的谐波通过 LC 滤波器后，有约 - 40dB 的衰减。

如图 7 - 7，当参考给定瞬时值为 v_m 时，根据式（7 - 6），逆变桥输出电压 v_i 的脉宽 t_2 为

$$t_2 = \frac{T_s}{2}(1 + \frac{v_m}{V_{tri}}) \tag{7 - 16}$$

式中，T_s 为开关周期，$T_s = \frac{1}{f_s}$。

在稳定时，若忽略滤波器对逆变器输出基波的影响，输出电压 v_o 可近似为

$$v_o = \frac{v_m}{V_{tri}}E \tag{7 - 17}$$

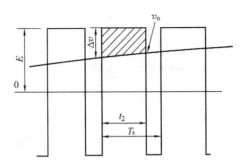

图 7-7 逆变桥输出 v_i 和经滤波后的输出 v_o

在 t_2 时间内流过滤波器电感的脉动电流 Δi_L 为

$$\Delta i_L = \frac{\Delta v}{L} t_2 = \frac{E - v_o}{L} \frac{T_s}{2} (1 + \frac{v_m}{V_{tri}})$$

$$= \frac{E - \frac{v_m}{V_{tri}} E}{L} \frac{T_s}{2} (1 + \frac{v_m}{V_{tri}}) = \frac{ET_s (V_{tri}^2 - v_m^2)}{2LV_{tri}^2} \qquad (7-18)$$

从上式可以看出，当 $v_m = 0$ 时，电流脉动最大。最大电流脉动 ΔI_{Lmax} 可以用下式算得

$$\Delta I_{Lmax} = \frac{ET_s}{2L} = \frac{E}{2Lf_s} \qquad (7-19)$$

式中，E 为直流母线电压，L 为电感值，f_s 为开关频率。

从式 (7-19) 中可以看出，滤波电感上的最大谐波电流 ΔI_{Lmax} 和电感 L 的值成反比。结合式 (7-19) 和式 (7-15)，最后选取滤波电感和电容。

如果取滤波电感 $L = 660\mu H$，滤波电容 $C = 22\mu F$，滤波电感的最大电流脉动 ΔI_{Lmax} 为

$$\Delta I_{max} = \frac{E}{2Lf_s} = \frac{380}{2 \times 660 \times 10^{-6} \times 16000} A \approx 18A \qquad (7-20)$$

LC 滤波器的转折频率为

$$f_n = \frac{1}{2\pi \sqrt{LC}} = 1.32 kHz \qquad (7-21)$$

由于阻尼比 ζ 为

$$\zeta = \frac{1}{2R} \sqrt{\frac{L}{C}} \qquad (7-22)$$

在滤波器 L 和 C 确定后，根据上式画出负载 R 与阻尼比 ζ 的关系，如图 7-8 所示。

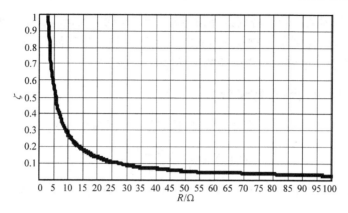

图 7 - 8　负载与阻尼比的关系

7.3　控制参数设计

在数字控制系统中，控制参数的设计有两种常用的途径：一种是先把被控对象进行离散化，然后再设计数字控制参数；另一种是首先在连续时域内设计控制器参数，再把设计的控制器离散化。在本文中采用后面一种途径。

这里介绍电压瞬时值控制方法。另外为了保证输出波形有效值精度，在瞬时值环外面加了一个平均值环来对输出波形的幅值进行调整。这样，内环通过瞬时值控制获得快速的动态性能，保证输出畸变率较低，外环使用输出电压的平均值控制，保证较高的输出精度。

通过 7.1 和 7.2 节对逆变桥和输出 LC 滤波器模型的分析，在忽略电感 L 和电容 C 的寄生电阻后，系统的控制框图如图 7 - 9 所示。图中 $G_1(s)$ 为被控对象，其中 $K_{pwm} = E/V_{tri}$（参见式 7 - 9）为逆变桥的增益，$R/(LCRs^2 + Ls + R)$ 为忽略电感 L、电容 C 的寄生电阻后的 LC 滤波器传递函数。$H_1(s)$ 和 $H_2(s)$ 分别为内环和外环的 PI（比例积分）调节器。输出电压经整流滤波后得到直流量与给定参考信号的有效值进行比较，得到的误差信号经外环调节器后的输出作为内环参考正弦波的幅值，这个幅值乘以单位辐值正弦波后作为内环给定信号。内环给定信号

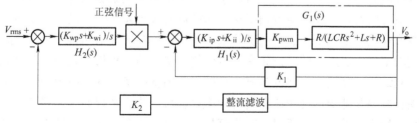

图 7 - 9　逆变系统控制框图

与输出电压瞬时值比较，得到误差信号经内环 PI 调节器运算，得到内环的控制信号。最后这个控制信号被送入 PWM 发生器，与三角载波调制比较后产生的 PWM 信号经驱动电路后对逆变桥的半导体开关进行控制。

7.3.1 瞬时值内环参数设计

从图 7-9 可以看出，内环开环传递函数为（反馈系数 K_1 取 1）：

$$G_1(s) = \frac{K_{\text{pwm}}R}{LCRs^2 + Ls + R} \qquad (7-23)$$

从上式可以看出，被控系统是一个二阶系统。滤波器的转折频率为

$$f_{\text{n}} = \frac{1}{2\pi\sqrt{LC}} \qquad (7-24)$$

内环采用的是 PI 控制器，在设计 PI 控制器的参数时，把 PI 控制器的零点设置在滤波器的转折频率处，这样就有

$$f_{\text{z}} = \frac{K_{\text{ii}}}{2\pi K_{\text{ip}}} = f_{\text{n}} = 1320\text{Hz} \qquad (7-25)$$

式中，K_{ip} 和 K_{ii} 分别为 PI 调节器的比例和积分系数，如图 7-9 所示。

接下来要确定的是补偿后的穿越频率 f_{c}。在图 7-10 中画出了补偿前后幅频特性的示意图。其中曲线 1 为补偿前被控系统的幅频特性，曲线 2 为 PI 控制器的幅频特性，曲线 3 为补偿后的幅频特性。从曲线 3 可以看到，补偿后的

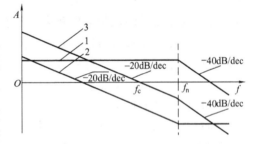

图 7-10 补偿前后幅频特性示意图

幅频特性在低频段以 -20dB/dec 下降，过了滤波器的转折频率 f_{n} 后以 -40dB/dec 下降，保证了对高频段的衰减。

在确定穿越频率 f_{c} 时，如果穿越频率选得比较低，则在低频段的增益比较小，会影响系统的快速跟随性能；如果穿越频率比较靠近滤波器的转折频率，则在低频段可以得到较大的增益，有助于改善系统的快速跟随性能。但另一方面从图 7-6 中可以看到，如果穿越频率靠近滤波器的转折频率，在阻尼比 ζ 小（逆变器空载或轻载）的情况下，转折频率及其邻近频率的增益有可能大于 1，同时如果穿越频率靠近滤波器的转折频率，也会使补偿后的相角裕度太小。从上面分析可以得到结论：穿越频率往低频靠，可以提高系统的稳定性，但会使快速跟随性能变差；如果穿越频率往滤波器转折频率移，可以改善系统的快速跟随性能，但会使系统稳定裕量下降。所以在确定穿越频率时，应在系统稳定性与系统动态响应之间得到一个折衷的方案。这里，选穿越频率为转折频率的 1/10，所以有

$$f_{c} = \frac{1}{10} f_{n} = 132\,\text{Hz} \qquad (7-26)$$

补偿后的内环传递函数为

$$G(s) = \frac{K_{ip}s + K_{ii}}{s} \cdot \frac{K_{pwm}R}{LCRs^2 + Ls + R} \qquad (7-27)$$

由于在穿越频率处，回路增益为 1，再结合式（7-25）得到

$$\begin{cases} \dfrac{K_{ii}}{2\pi K_{ip}} = 1320 \\[3mm] \left| \dfrac{K_{ip}s + K_{ii}}{s} \cdot \dfrac{K_{pwm}R}{LCRs^2 + Ls + R} \right|_{s = j2\pi \times 132} = 1 \end{cases} \qquad (7-28)$$

式中，$R = 15\,\Omega$，$L = 660\,\mu\text{H}$，$C = 22\,\mu\text{F}$，$K_{pwm} = E = 380$（在设计时把三角载波的幅值当成 1）。

由式（7-28）可以解得内环 PI 控制器的参数：$K_{ip} = 2.63 \times 10^{-4}$，$K_{ii} = 2.18$。所设计的内环 PI 控制器如下：

$$H_1(s) = \frac{2.63 \times 10^{-4}s + 2.18}{s} \qquad (7-29)$$

根据上面设计的内环 PI 控制器，可以画出系统补偿前后的波特图，如图 7-11 所示。图 a 中曲线 1 为补偿前被控系统的幅频特性，曲线 2 为 PI 控制器的幅频

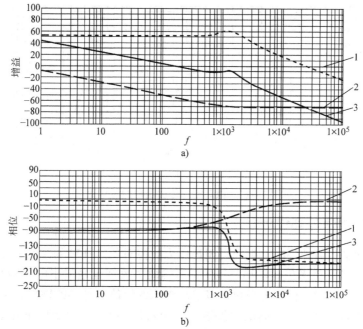

图 7-11 系统补偿前后的波特图

a）幅频特性 b）相频特性

特性，曲线 3 为补偿后的幅频特性。图 b 中曲线 1 为补偿前被控系统的相频特性；曲线 2 为 PI 控制器的相频特性；曲线 3 为补偿后的相频特性。从相频特性曲线 3 可以看出补偿后内环回路函数的相角裕度为 93.6°。

瞬时值内环加入 PI 控制器后的闭环传递函数为

$$G_c(s) = \frac{H_1(s)G_1(s)}{1 + H_1(s)G_1(s)}$$

$$= \frac{K_{pwm}RK_{ip}s + K_{pwm}RK_{ii}}{LCRs^3 + Ls^2 + (R + K_{pwm}RK_{ip})s + K_{pwm}RK_{ii}} \quad (7-30)$$

由此，可以画出补偿后内环闭环传递函数的波特图，如图 7-12 所示。

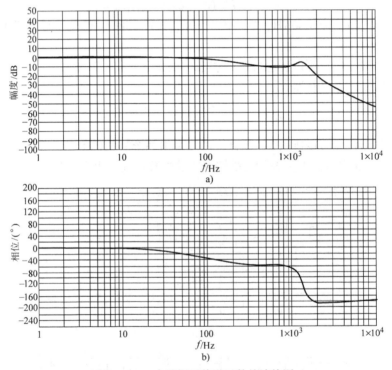

图 7-12　内环闭环传递函数的波特图

7.3.2　平均值外环设计

在设计平均值外环时，把内环闭环作为被控对象。外环的控制框图如图 7-13 所示。外环的参考值是输出电压的参考幅值，反馈量是输出电压的幅值信号，这两个都是直流量。由于外环仅调节输出电压的幅值，外环的输出只是改变内环参考正弦波的幅值。从控制的角度看，被控对象的输入是 50Hz 正弦波的幅值，输出也是 50Hz 正弦波的幅值，实际上被控对象的传递函数就是内环闭环传递函数幅频特性上 50Hz 频率对应的增益。所以可以把图 7-13 中虚线框的部分等效

成一个比例系数 K_w

$$K_w = |G_c(s)|_{s=j2\pi\times50} \approx 0.93 \qquad (7-31)$$

所以可以把外环控制框图由图 7-13 简化成图 7-14。

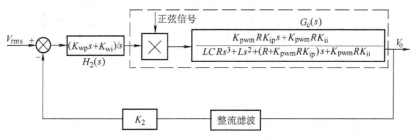

图 7-13 平均值外环控制框图

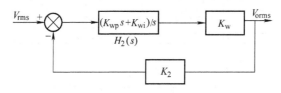

图 7-14 平均值外环控制简化框图

在设计外环控制器时，把外环的反馈系数 K_2 当成 1，即 $K_2 = 1$。外环 PI 控制器零点的频率 f_{wz} 设置在 100Hz，即 $f_{wz} = 100$Hz，穿越频率 f_{wc} 设置在 10Hz，即 $f_{wc} = 10$Hz。所以有

$$\begin{cases} \dfrac{K_{wi}}{K_{wp}} = 2\pi f_{wz} = 200\pi \\[2mm] \left| \dfrac{K_w(K_{wp}s + K_{wi})}{s} \right|_{s=j2\pi f_{wc}} = 1 \end{cases} \qquad (7-32)$$

从上式可以解得 $K_{wp} = 0.107$，$K_{wi} = 67.2$。

外环 PI 控制器如下：

$$H_2(s) = \frac{0.107s + 67.2}{s} \qquad (7-33)$$

图 7-15 给出了外环开环的波特图，其中图 a 为外环开环的幅频特性，图 b 为外环开环的相频特性。

外环闭环的传递函数为

$$\begin{aligned} G_{wc}(s) &= \frac{H_1(s)K_w}{1 + H_1(s)K_w} \\[2mm] &= \frac{K_w K_{wp}s + K_w K_{wi}}{(1 + K_w K_{wp})s + K_w K_{wi}} \end{aligned} \qquad (7-34)$$

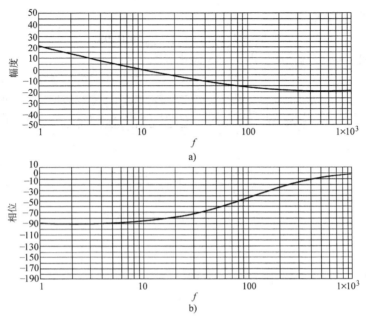

图 7-15　外环开环传递函数波特图

a）幅频特性　b）相频特性

外环闭环传递函数的波特图如图 7-16 所示，其中图 a 为外环闭环的幅频特性，图 b 为外环闭环的相频特性。

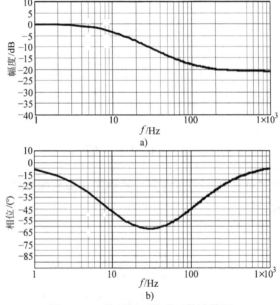

图 7-16　外环闭环传递函数波特图

a）幅频特性　b）相频特性

在控制中，从输出电压得到外环反馈所需要的电压幅值信号有两种方法。一种方法是把输出电压经过整流和低通滤波后得到与电压幅值成正比的直流量。另一种方法是把半个输出电压周期或一个输出电压周期内对输出电压的采样值进行累积，并从累积值中求得输出电压的幅值。第一种方法中，低通滤波器存在着很大的滞后，而第二种方法存在数值累积这段时间滞后。所以这两种方法限制了外环的调节速度。

为了改善外环的调节速度，采用类似滑模的方法，在每个开关周期内都可以获得输出电压的幅值信号。这样在每个开关周期内都可以对电压外环进行一次计算。获得输出电压幅值信号的示意图如图 7 – 17 所示。其原理是：在开关周期 T_{n+1+N} 时（N 为一个输出电压周期内，输出电压的采样点数），把上次开关周期的输出电压累积值 Sum_n 减去开关周期 T_n 的输出电压采样值 V_n，再加上当前开关周期输出电压采样值 V_{n+1+N}，这样就得到了当前开关周期输出电压的累积值。用递推公式表示如下：

$$Sum_{n+1} = Sum_n - V_n + V_{n+1+N} \qquad (7-35)$$

用这个累积值就可以快速计算得到输出电压幅值。

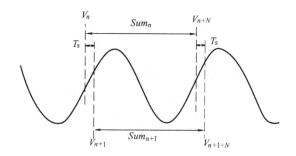

图 7 – 17   获得输出电压的幅值信号的示意图

7.4   模拟控制器的离散化

在上一节中已经设计了连续时间域上 PI 控制器的参数，在这节主要是把连续时间域上的控制器离散化成数字控制所需要的差分方程。把模拟控制器离散化主要有三种方法：冲激响应不变法，阶跃响应不变法，双线性变换法。这里选用了冲激响应不变法得到了数字 PI 调节器。

设 PI 调节器的输出量为 $u(t)$，输入量为 $e(t)$，调节器的比例系数为 K_p，积分时间常数为 T_i，则 PI 调节器的传递函数为

$$\frac{u(s)}{e(s)} = K_p(1 + \frac{1}{T_i s}) \tag{7-36}$$

把式 (7-36) 写成时域方程有

$$u(t) = K_p\Big[e(t) + \frac{1}{T_i}\int_0^t e(t)\,dt\Big] \tag{7-37}$$

对上式进行离散化，即以求和代替积分，采用矩形法进行数值积分，分别得到第 $k-1$ 次和第 k 次采样时刻调节器的输出

$$u(k) = K_p\Big[e(k) + \frac{1}{T_i}\sum_{n=0}^{k} e(n)T_s\Big] \tag{7-38}$$

$$u(k-1) = K_p\Big[e(k-1) + \frac{1}{T_i}\sum_{n=0}^{k-1} e(n)T_s\Big] \tag{7-39}$$

式中，T_s 为调节器的采样周期。

由式 (7-38) 和式 (7-39) 可得两个采样时刻间调节器输出的增量 $\Delta u(k)$

$$\Delta u(k) = u(k) - u(k-1) = K_p[e(k) - e(k-1)] + K_p\frac{T_s}{T_i}e(k) \tag{7-40}$$

也可以写为

$$u(k) = u(k-1) + \Delta u(k)$$

$$= u(k-1) + K_p(1 + \frac{T_s}{T_i})e(k) - K_p e(k-1) \tag{7-41}$$

这样就得到了数字控制所需的 PI 调节器差分方程，可进一步写为

$$u(k) = u(k-1) + a_1 e(k) + a_2 e(k-1) \tag{7-42}$$

式中

$$\begin{cases} a_1 = K_p(1 + \dfrac{T_s}{T_i}) \\ a_2 = -K_p \end{cases} \tag{7-43}$$

上面各式中，各符号意义如下：

$u(k)$：PI 调节器的第 k 次输出值；

$u(k-1)$：PI 调节器的第 $k-1$ 次输出值；

$e(k)$：第 k 次采样时，给定量和反馈量之间的差值；

$e(k-1)$：第 $k-1$ 次采样时，给定量和反馈量之间的差值。

在数字系统中，存在控制延时问题。这主要是数字系统采用离散时刻控制的缘故。假设在第 n 个开关周期采样，计算得到的结果要到下一开关周期才能使用，这就使控制存在一个开关周期的延时。在开关频率 $f_s = 16\mathrm{kHz}$ 时，控制上的延时时间为 $T_d = \dfrac{1}{f_s} = 62.5\mu s$。若用连续域表示，控制延时可以用 $G_d(s) = \mathrm{e}^{-sT_d}$ 来表示。在离散域中以 $G_d(z) = z^{-1}$（延时时间为一个采样周期）表示。

图 7 – 18 中画出了延时环节的波特图，图 a 为延时环节的幅频特性，图 b 为延时环节的相频特性。从图中可以看出，在整个频域内延时环节的增益均为 1，这说明延时环节并不会影响系统的增益。但延时环节引起的相位滞后随着频率的增大而增大。在频率 f 处，所对应的相位滞后为：

$$\varphi_{\mathrm{d}}(f) = f\,T_{\mathrm{d}} \times 360° \tag{7 – 44}$$

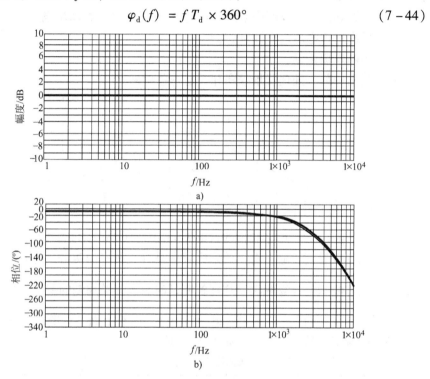

图 7 – 18 延时环节的波特图

a）幅频特性 b）相频特性

延时环节的滞后会使系统的相位裕度变小。从式（7 – 44）中可以看出，如果穿越频率 f_{c} 越高，则延时环节的滞后对相位裕度的影响越大。延时环节的存在会使系统的抗干扰能力下降，严重时会使系统不稳定。

在数字系统中，为了尽量减小控制延时，就要合理分配数字处理器的资源和合理安排各种时序。数字处理器的资源和时序的安排，往往关系到整个控制器的控制效果，有时还决定控制器有没有办法实现的问题。实时性要求最高的是开关周期的定时中断，因为瞬时值内环和平均值外环的计算都是在定时中断里完成的。开关周期的定时中断中，DSP 的时间分配和时序安排如图 7 – 19 所示。

在一个开关周期 T_{s} 内各时间段处理的任务如下：

T_1：中断现场保护；

T_2：A/D 采样；

T_3：三相电压外环计算；

T_4：三相电压内环计算；

T_5：处理内外环计算一些其他任务（如一些数据的处理、保存等），然后查询计数器的周期中断；

T_6：查询到计数器周期中断后，进行 A/D 采样（三相输出电压）；

T_7：再次进行电压内环计算；

T_8：中断现场恢复；

T_9：跳出中断，处理背景程序和其他一些中断。

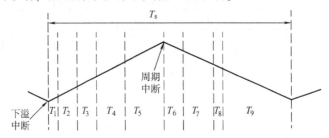

图 7 – 19　开关周期的定时中断中 DSP 的时间分配和时序安排

从上面可以看到，输出电压的采样频率是开关频率的两倍，在一个开关周期内，电压内环实际是计算两次，这样控制延时只有开关周期的一半，即 $T_d = \dfrac{T_s}{2}$。

根据上节设计的模拟控制器和式（7 – 42）以及上面分析的采样时间，就可以得到数字调节器的差分方程，如表 7 – 1 所示。

表 7 – 1　模拟控制器对应的数字差分方程

	模拟方程	T_s	数字差分方程
内环	$\dfrac{2.63 \times 10^{-4}s + 2.18}{s}$	$\dfrac{1}{2f_s}$	$u(k) = u(k-1) + 3.3 \times 10^{-4}e(k) - 2.6 \times 10^{-4}e(k-1)$
外环	$\dfrac{0.107s + 67.2}{s}$	$\dfrac{1}{f_s}$	$u(k) = u(k-1) + 0.111e(k) - 0.107e(k-1)$

差分方程中的系数 a_1、a_2 与控制程序归一化后参数的对应关系如表 7 – 2 所示。控制程序中的参数小数点定在第 15 位（Q15）。表 7 – 2 中，瞬时值控制内环在软件实现时对应参数 a'_1、a'_2，计算方法如下：

$$a'_1 = \frac{a_1 \times 2^{15}}{K_1} \tag{7 – 45}$$

$$a'_2 = \frac{a_2 \times 2^{15}}{K_1} \tag{7 – 46}$$

其中实际系统中，瞬时值控制内环输出电压的反馈系数 $K_1 = \dfrac{1}{512}$，于是可以求得

$$a'_1 = \frac{a_1 \times 2^{15}}{K_1} = 3.3 \times 10^{-4} \times 2^{15} \times 512 = 5537 \qquad (7-47)$$

$$a'_2 = \frac{a_2 \times 2^{15}}{K_1} = -2.6 \times 10^{-4} \times 2^{15} \times 512 = -4362 \qquad (7-48)$$

表 7 - 2 中，有效值外环在软件实现时对应参数 a'_1、a'_2，计算方法如下：

$$a'_1 = a_1 \times 2^{15} = 0.111 \times 2^{15} = 3637 \qquad (7-49)$$

$$a'_2 = a_2 \times 2^{15} = -0.107 \times 2^{15} = -3506 \qquad (7-50)$$

表 7 - 2　差分方程中的参数与对应程序归一化后的参数

	差分方程中的系数		程序中对应参数（Q15）	
	a_1	a_2	a'_1	a'_2
内环	3.3×10^{-4}	-2.6×10^{-4}	5537	-4362
外环	0.111	-0.107	3637	-3506

　　为了对模拟控制器与离散化后的数字控制器进行比较，图 7 - 20 和图 7 - 21 分别给出了上面设计的内外环模拟控制器与数字控制器波特图的比较。其中，图 a 为控制器的幅频特性，图 b 为控制器的相频特性。从这两个比较图中可以看出，模拟控制器与数字控制器的特性吻合得较好。

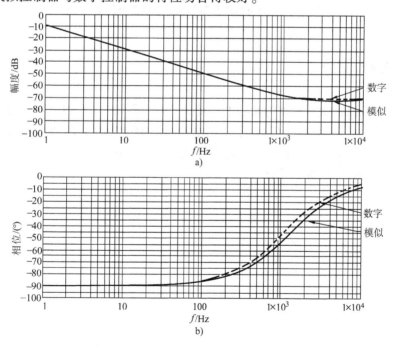

图 7 - 20　内环模拟控制器与数字控制器波特图比较

a）幅频特性　b）相频特性

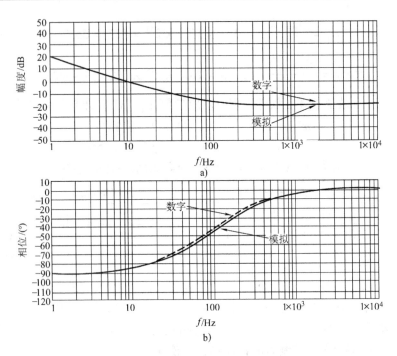

图 7－21　外环模拟控制器与数字控制器波特图比较

a）幅频特性　b）相频特性

7.5　本章小结

　　本章在探讨逆变器模型的基础上，设计了逆变器输出 LC 滤波器的参数。针对逆变器模型，在模拟域上设计了输出电压瞬时值内环和平均值外环控制器参数，最后把连续时间域上的控制器进行离散化，并把离散时间域上的控制器与连续时间域上的控制器进行了比较。

第8章 DC/DC 变换器模块并联系统的动态模型及均流控制

将若干个 DC/DC 变换器模块的输出并联起来构成 DC/DC 变换器模块并联供电系统，如图 8-1 所示。DC/DC 变换器模块并联供电系统有许多优点，可以增加电源的输出功率，实现 $N+1$ 冗余备份功能，提高了系统可靠性。从制造的角度来看，DC/DC 变换器模块成为标准件，可以提高批量、降低成本同时提高可靠性。从应用的角度也变得十分灵活。

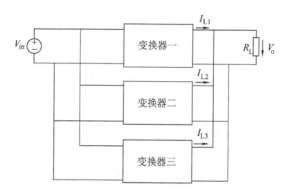

图 8-1　DC/DC 变换器模块并联供电系统

为了使 DC/DC 变换器模块并联供电系统中的各变换器模块承受的电压、电流应力状况一致，即并联供电系统输出的总负载电流必须平均分配到每一个变换器模块，因此需要设计均流控制。

8.1　DC/DC 变换器模块并联均流技术

在模块化电源系统中，各电源模块并联运行，为保证各模块间电应力和热应力的均匀合理分配，以实现电源系统中各模块承受的电流的自动平衡均流，以及当输入电压或负载电流发生变化时，保持各模块输出电压稳定，同时具有较好的瞬态均流特性，需引入有效的负载分配机构或负载分配控制策略，通常称为并联均流技术。

均流方法有以下几种：输出阻抗法、平均电流法、最大电流法、热应力均流法、主从均流法、外加均流控制器法等。下面介绍几种代表性的均流方法。

1. 输出阻抗法

输出阻抗法是通过调节 DC/DC 变换器的输出外特性倾斜度，即输出阻抗，来达到并联模块均流的目的。图 8 - 2 表示一个 DC/DC 变换器的输出特性，$V_o = f(I_o)$。DC/DC 变换器的负载电压 V_o 与负载电流 I_o 的关系可用下式：

$$V_o = V_{omax} - RI_o \qquad (8-1)$$

式中，R 为 DC/DC 变换器的输出阻抗。空载时，模块的输出电压为 V_{omax}。当电流增量为 ΔI 时，DC/DC 变换器输出阻抗上的电压增量为 ΔV，得 $\Delta V/\Delta I = R$，$\Delta V/\Delta I$ 代表 DC/DC 变换器的输出电压调整率。

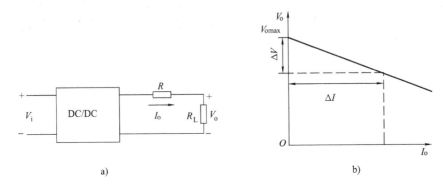

a)　　　　　　　　　　　　　　b)

图 8 - 2　DC/DC 变换器的输出特性

a) 变换器　b) 输出特性

两台 DC/DC 变换器模块并联，如图 8 - 3 所示。

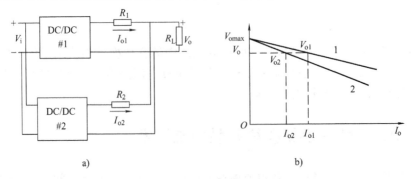

a)　　　　　　　　　　　　　　b)

图 8 - 3　并联 DC/DC 变换器及输出特性

a) 变换器　b) 输出特性

DC/DC 变换器#1 输出特性为

$$V_{o1} = V_{omax} - R_1 I_{o1} \qquad (8-2)$$

DC/DC 变换器#2 输出特性为

$$V_{o2} = V_{omax} - R_2 I_{o2} \qquad (8-3)$$

式中，R_1、R_2 分别为 DC/DC 变换器#1 和#2 的输出阻抗。由于#1 和#2 输出并联，$V_{o1} = V_{o2} = V_o$，于是由式 (8-2)、式 (8-3) 可以得到

$$I_{o1} = \frac{V_{\text{omax}} - V_o}{R_1} \tag{8-4}$$

$$I_{o2} = \frac{V_{\text{omax}} - V_o}{R_2} \tag{8-5}$$

图 8-3b 中直线 1 为变换器#1 输出特性，直线 2 为变换器#2 输出特性。#1 的输出特性斜率小，即输出阻抗小，分担的电流 I_{o1} 大；#2 的输出特性斜率大，即输出阻抗大，分担的电流 I_{o2} 小。因此#1 比#2 分担的电流多。如果能设法将#1 的输出特性斜率调整得接近#2，则可使这两个 DC/DC 变换器的电流分配更加均匀。

输出阻抗法利用 DC/DC 变换器的输出下垂特性实现均流控制，优点是各模块间不需要均流母线的连接，即各模块均流控制独立进行。但是，其负载调整率差，均流精度低。实质上它是以牺牲外特性换取各模块之间的均流。

2. 最大电流法

主从均流法是指定某一模块为主模块，它的输出电流作为均流命令信号；剩余模块作为从模块，其输出电流跟随主模块电流实现均流。这种方法的缺点是一旦主模块故障，就会使整个系统瘫痪，无法实现冗余。为此，出现了最大电流自动均流法。这是一种自动设定主模块和从模块的方法，即在 N 个并联的模块中，输出电流最大的模块将自动成为主模块，而其余的模块则为从模块。最大电流作为指令电流，各从模块根据自身电流与指令电流之间的差值调节各自模块的输出电压，校正负载电流的分配不均匀，实现模块间均流。这种方法又称为自动主从控制法。

图 8-4 给出了最大电流法自动均流的控制示意图。由于二极管的单向导通性，只有输出电流最大的模块的二极管导通，均流母线电压 V_b 才受该模块电压 V_a 的影响。设在正常情况下，各模块输出电流是均匀的，如果某个模块的输出电流突然增大，成为 n 个模块中最大的一个，该模块的 V_i 上升，二极管导通，该模块自动成为主模块，而其他模块则成为从模块。由前所述可知，这时 $V_b = V_{\text{imax}}$，各个从模块的 V_i 与 $V_b(V_{\text{imax}})$ 比较，通过调整放大器调整反馈电压 V_f，自动实现均流。这种方法的均流效果较好，支持热插拔（失效模块不会影响整个系统），而且有现成的均流芯片（UC3907、UC3902 等）可供使用，是目前一种较好的均流方法。

3. 平均电流法

所有模块通过一根均流母线相互连接，每个子模块从母线上获得自身的电流

参考信号，通过控制环的调节实现均流。由于每个模块都只与均流母线发生联系，模块能够在线热插拔，从而实现系统的在线维修。

若将图8-4中a、b两点间的二极管用电阻代替，则均流母线电压V_{AC}成为代表各模块输出电流平均值的电压信号，而各个模块的输出电流都自动跟踪各模块平均输出电流。显然与最大电流自动均流法相比，这种方法不存在主模块，所以各模块的均流情况相同。

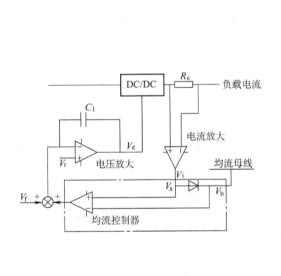

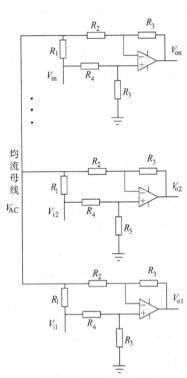

图8-4　最大电流法自动均流原理图　　图8-5　平均电流法自动均流的控制原理图

图8-5中，V_{i1}、V_{i2}至V_{in}为各模块负载电流经检测、放大后的电压信号，V_{AC}为均流母线电压，V_{o1}、V_{o2}至V_{on}为各模块均流控制器的输出电压，则V_{AC}为

$$V_{AC} = k\frac{(V_{i1} + V_{i2} + \cdots + V_{in})}{n} \tag{8-6}$$

若电阻R_1上的电压为零，则表明此时已实现均流；若不为零，则表明模块间的电流分配不均匀。各模块根据均流误差调节均流放大器的输出电压值，从而改变输出电压的值，达到均流的目的。

平均电流法以其简单、实用、均流特性好等优点得到广泛应用。下面重点介绍平均均流法的DC/DC变换器模块并联供电系统。

8.2　平均电流均流法与 DC/DC 变换器模块的动态模型

图 8-6 为带平均电流法均流控制的 DC/DC 变换器模块的框图。每个模块通过均流电阻 r_{cs} 与其他模块并接在均流母线上，模块电流经检测电阻 r_s 将自身电流转换为电压信号 V_{Ii}，此信号与均流电压信号 V_{AC} 比较，所得的误差信号经均流环节调整设定电压信号，从而调节 PWM 控制信号，实现均流。引入均流环节实现负载均流。均流的前提条件是单个模块能够稳定地闭环工作。所以分析模块均流之前，需要先建立单个 DC/DC 变换器电压控制模型，设计能够保证其闭环稳定工作的补偿网络。

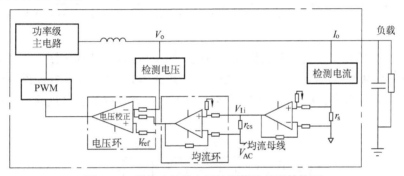

图 8-6　带均流母线电压控制模块并联结构图

假设 DC/DC 变换器模块采用组合双管正激变换器主电路结构，如图 8-7 所示。组合双管正激变换器由两个双管正激变换电路并联得到，它可以等效为一个开关占空比为 d 的 Buck 电路，设每个双管正激变换器的开关占空比为 d_1，于是组合双管正激变换器的占空比为 $d = 2d_1$。图中，r_L 为输出滤波电感等效串联电阻，r_C 为输出滤波电容的等效串联电阻。

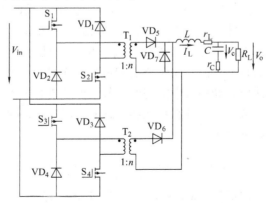

图 8-7　在续流二极管侧并联的组合双管正激变换器

通过电路分析，得到稳态关系式

$$\begin{cases} V_c = V_o \\ I_L = \dfrac{V_o}{R_L} \\ \dfrac{V_o}{V_{in}} = D\,\dfrac{n}{1 + \dfrac{r_L}{R_L}} \end{cases} \qquad (8-7)$$

考虑输出电感的等效串联电阻，输出电压增益与理论值 nD 相比减小了。

运用状态空间平均法对电路建模，导出占空比到输出电压的传递函数

$$G_{vd}(s) = \frac{\hat{v}_o(s)}{\hat{d}(s)} = \frac{nV_{in}R_L(1 + r_c Cs)}{LC(R_L + r_c)s^2 + (L + r_L r_c + r_c R_L + r_L R_L)s + (R_L + r_L)} \qquad (8-8)$$

图 8-8 给出了组合双管正激变换器的输出电压闭环控制框图。$v_{ref}(s)$ 为给定输出电压扰动量，$G_{vd}(s)$ 为 DC/DC 变换器的传递函数，$G_{cv}(s)$ 为补偿网络传递函数，F_v 为分压系数、F_m 为脉宽调制器（PWM）的传递函数，系统的开环传递函数为

$$T_v(s) = F_v F_m G_{cv}(s) G_{vd}(s) \qquad (8-9)$$

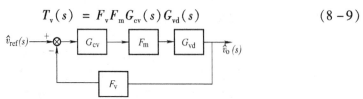

图 8-8　组合双管正激变换器输出电压闭环控制框图

假设组合双管正激变换器的参数为：$V_{in} = 385V$，$V_o = 220V$，$n = 1.19$，$R_L = 25\Omega$，$L = 300\mu H$，$r_L = 0.05\Omega$，$C = 380\mu F$，$r_c = 0.02\Omega$。假设 PWM 的传递函数为常数 $F_m = 1/V_m$，V_m 为锯齿波电压幅值（3.3V）。分压系数 $F_v = 0.0106$。校正前系统开环波特图如图 8-9 所示，其相角裕度为 6.5°，对应穿越频率为 1068.1Hz，系统动态性能较差。另外回路直流增益偏低，稳态精度也较差。为了使系统获得较好的动态性能，同时具有较好的稳态精度，于是引入补偿网络。这里选择超前滞后网络，利用其中的超前环节改善系统的暂态性能，滞后环节保证系统的稳态精度，从而使系统在稳态和暂态方面都有较好的表现。超前滞后环节的传递函数形式如下表示：

$$G_{cv}(s) = K\frac{(\tau_1 s + 1)(\tau_2 s + 1)}{(\tau_3 s + 1)(\tau_4 s + 1)s} \qquad (8-10)$$

补偿网络的具体取值为：$K = 609.12$，$\tau_1 = 4.10 \times 10^{-4}$，$\tau_2 = 7.17 \times 10^{-4}$，$\tau_3 = 5.42 \times 10^{-6}$，$\tau_4 = 4.40 \times 10^{-6}$。引入补偿网络后，系统的开环波特图如图 8-10

所示，相角裕度为 64.9°，穿越频率为 1272.3Hz，由于引入了一个积分环节，因此系统成为无差系统。

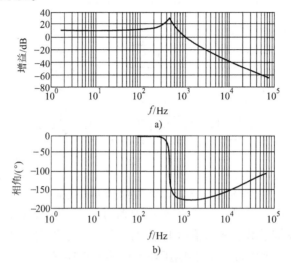

图 8-9 电压模式控制下主电路校正前开环波特图

a）幅频特性 b）相频特性

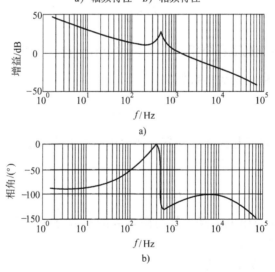

图 8-10 电压模式控制下主电路校正后开环波特图

a）幅频特性 b）相频特性

8.3 平均电流法控制小信号模型

根据单个模块的电压闭环控制模型（图 8-8）可以构建采用平均电流法的

均流控制模型，如图 8 - 11 所示。

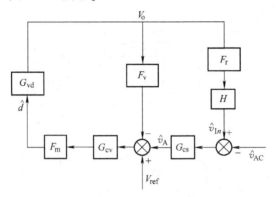

图 8 - 11 充电模块主电路均流控制框图

图中，$\hat{v}_{AC}$ 为均流信号，$\hat{v}_A$ 为均流误差信号，F_m 为 PWM 调制器传递函数，F_V 为输出电压反馈系数，H 为输出电流检测系数，G_{vd} 为占空比到输出电压传递函数，G_{cs} 为均流放大倍数，G_{cv} 为电压环校正环节传递函数，V_{ref} 为输出电压设定量，F_r 为单个模块负载电流转换为电压的传递函数。

$$F_r = \frac{r_s}{Z_L} \qquad (8-11)$$

式中，r_s 是检测电流的取样电阻；Z_L 是模块负载阻抗，$Z_L = \dfrac{R_L(r_C + 1/sC)}{R_L + r_c + 1/sC}$。

第 j 个模块的输出电流信号为

$$V_{Ij} = \frac{r_s}{Z_L} H V_o \qquad (8-12)$$

式中，$r_s H$ 是输出滤波电感电流 I_L 转化成电压信号 V_{Ij} 的系数。

所有并联模块合成的均流信号为

$$v_{AC} = \frac{1}{n} \sum_{j=1}^{n} V_{Ij} \qquad (8-13)$$

式中，V_{Ij} 是各模块输出电流经取样电阻得到的对应电压信号；n 是并联模块数目；v_{AC} 是平均电流信号。

式（8 - 13）写成分式为

$$v_{AC} = \frac{V_{I1} + V_{I2} + \cdots + V_{In}}{n} \qquad (8-14)$$

用小信号描述

$$\hat{v}_{AC} = \frac{(\hat{v}_{I1} + \hat{v}_{I2} + \cdots + \hat{v}_{In})}{n} \qquad (8-15)$$

式中，$\hat{v}_{I1}$、$\hat{v}_{I2}$、$\cdots\hat{v}_{In}$ 代表每个模块输出电流对应的电压信号扰动量。第 n 个模

块的均流控制器输出的电流误差信号为

$$\hat{v}_A = G_{cs}(\hat{v}_{In} - \hat{v}_{AC})$$ （8 - 16）

这里重点考虑第 n 个模块输出电流跟踪平均电流的动态特性，由图 8 - 11 可以得到均流环的开环传递函数

$$T_s = \frac{r_s}{Z_L} \frac{F_m G_{cv} G_{vd}}{1 + F_v F_m G_{cv} G_{vd}} H G_{cs}$$ （8 - 17）

在均流环回路函数中，除均流放大倍数 G_{cs} 外，G_{vd}、G_{cv}、F_m 均已在前一节中确定。设滤波电感电流 I_L 转化成电压信号 V_{lj} 的系数 $r_s H$ 等于 0.24。

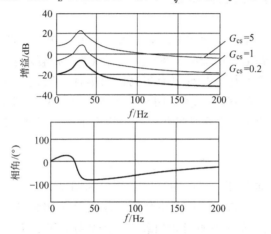

图 8 - 12　均流环传递函数波特图

图 8 - 12 为采用不同的均流控制增益 G_{cs} 时均流环回路传递函数的波特图，将它与图 8 - 10 比较可知，均流环的穿越频率远低于输出电压环的穿越频率，因此二者相互影响小。

从理论上讲，对均流环的设计就是调整均流放大倍数 G_{cs}。加入均流环后，控制系统同时存在电压环和均流环，设计均流环时要避免两个环路的相互影响。

8.4　本章小结

本章介绍典型均流方法和 DC/DC 变换器模块并联供电系统的动态模型，分析了平均电流法的均流控制器参数变化对均流效果的影响。

第 9 章　逆变器并联系统的动态模型及均流控制

9.1　逆变器并联技术概述

随着信息处理技术的迅速发展，对 UPS 的容量、可靠性的要求也越来越高，UPS 并联运行是提高电源系统可靠性和扩大容量的一种有效途径。相对于单机运行的 UPS，多机并联运行的 UPS 具有更高的可靠性。通过改变并联 UPS 模块的数目，可以获得所需的容量；通过 UPS 模块的冗余并联控制技术可以提高系统的可靠性。UPS 模块可以实现标准化，适合规模生产，提高了产品质量、降低了成本。

为实现并联运行，UPS 模块必须满足以下两个条件：

（1）任一模块输出正弦电压的频率、相位和幅度必须与并联工作其他模块一致，否则会导致 UPS 模块之间产生环流，甚至导致 UPS 并联系统的崩溃。

（2）各 UPS 模块输出平均分担负载，否则会导致部分工作模块过载。

早期逆变器并联采用在输出端串联电感的方法来抑制环流，要想达到较好的环流抑制效果，需要使用较大的电感，从而导致逆变器的体积、重量增加，同时输出串联电感上存在较大的电压降，降低了逆变器的输出精度。目前逆变器的并联控制方法主要有：集中控制方式、主从控制方式、分布逻辑控制方式和无互连线控制方式。

9.1.1　集中控制方式

集中控制方式的控制框图如图 9 - 1 所示，该控制方法需要专门设置公共的同步及均流模块，各模块的锁相环电路可以实现输出电压的频率、相位与同步信号一致。通过公共均流模块检测总的输出电流除以模块的并联数目得到各模块输出电流基准。在各个模块通过锁相环使得输出电压之间的相位偏差很小的情况下，可以认为各模块输出电流与电流基准之间的误差是由于各模块输出电压幅值的不一致所引起的，因此，根据输出电流误差修正各模块基准电压的幅值使各模块输出电流相同。集中控制方式结构简单，均流效果较好，但是一旦公共控制电路失效，整个并联系统瘫痪，因此采用集中控制的并联 UPS 系统没有冗余能力。

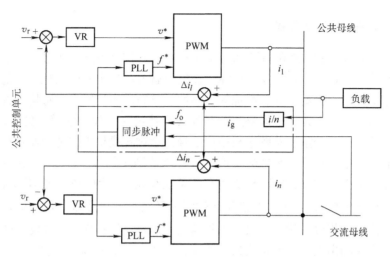

图 9-1 集中控制方式示意图

9.1.2 主从控制方式

主从控制方式将均流控制功能分散到各并联模块中。并联系统包括一个主模块和多个从模块，主模块电压型逆变器采用电压控制，也即控制整个并联逆变器系统的输出电压，因而并联系统的输出电压幅值、频率精度仅取决于主模块。从模块逆变器采用电流控制。主从控制方式通过一定的逻辑规则来确定主模块，如最先启动的一台为主模块或将主模块确定为固定的某台逆变器。一种主从控制方式的控制框图如图 9-2 所示，并联系统中主模块的输出电流作为从模块的电流基准，使得从模块的输出电流 i_s 与主模块的输出电流 i_m 相同。该方法可以很好地实现静态均流。为实现冗余并联，一旦主模块故障，需要通过设计一定的逻辑规则自动选择一个从模块作为新的主模块。

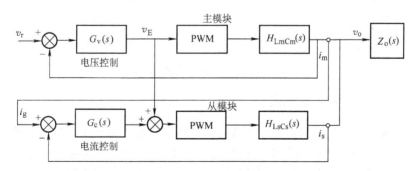

图 9-2 主从控制方式示意图

9.1.3 分布式控制方式

采用分布式控制方式的并联系统中不存在公共控制电路，而且每个模块的地位是平等的，一旦某个模块发生故障，该模块就自动退出并联系统，其他模块仍然可以正常工作，提高了并联系统的可靠性。分布逻辑控制方式将均流控制分散在各个并联模块中，并通过模块间的互连线交换信息，如并联模块的输出电压、电流，有功、无功分量以及频率和相位信号，通过各模块内部的控制器产生各模块公共的基准电压信号、基准电流信号以及相位同步信号。图9-3为一种分布式控制方式的控制框图，并联模块间有两条互连线，分别为公共电压基准信号$\overline{v}_r$和平均反馈电流信号$\overline{i}_f$，各并联模块通过锁相环与公共电压基准信号同步，使得各模块输出电压相位和频率一致，以平均反馈电流$\overline{i}_f$作为各个并联模块的电流参考值，各模块输出电流与参考值的误差调整电压参考值的幅值实现均流。分布式控制方式具有冗余性，因此可靠性高，但是在采用模拟控制时随着并联模块数目的增加，以及互连线距离的增大，互连线信号容易引入干扰。

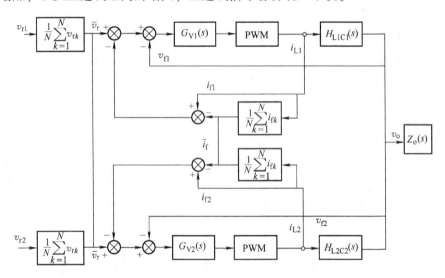

图9-3 分布式控制方式示意图

9.1.4 无互连线控制方式

为了减少并联模块间互连线的数目，近年来出现了无互连线控制方式，如图9-4所示。各模块之间除了输出负载线外，没有其他信号线相互连接。无互连线控制方式基于逆变器输出的下垂特性，当并联系统中各模块的输出相位、幅值偏差较小时，并联系统的有功环流与输出电压相位差有关，而无功环流与输出电压幅值差有关。控制方程为

$$\omega = \omega^* - mP$$

$$E = E^* - nQ$$

式中，ω^* 和 E^* 分别为逆变器空载时的输出角频率和电压；m 和 n 为角频率和幅值的下垂系数。

利用逆变器输出的下垂特性，各模块以自身的有功和无功功率为依据，调整自身输出电压的频率和幅值以达到各台逆变器的均流运行。无互连线控制方式在各并联模块间无互连线，消除了在分布控制方式中由于各模块之间互连线信号受干扰而引起并联系统不能正常工作的问题。并联方式简单，提高了并联系统的可靠性。但是由于逆变器输出特性软化，稳态时会造成逆变器输出电压幅值、频率发生偏离，下垂系数 m 和 n 越大，各模块分担负载的效果越好，但是输出电压幅值和频率的精度越差，需要在逆变器输出电压幅值和频率的精度与功率均分效果之间折衷考虑。

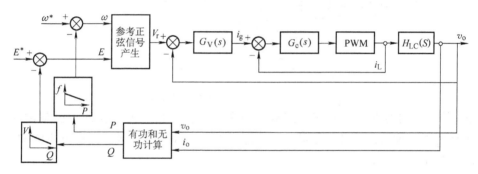

图 9-4 无互连线控制方式示意图

9.2 并联逆变器系统瞬时电流均流法

9.2.1 并联逆变器系统的结构

图 9-5 是一个应用瞬时电流均流法的 n 个逆变器并联系统的框图。第 j 个逆变器的输出通过一个阻抗 $Z_{\mathrm{P}j}$ 连接到负载 Z_{L} 上。每个逆变器具有三个控制回路：内部电流反馈环，电压反馈环，外部均流环。内部电流反馈环和电压反馈环组合使单个逆变器具有较好的动静特性。电压参考值 u_j^* 应当同步以保证各个逆变器输出电压保持同相位。外部均流环用来保证各个逆变器输出负载电流均衡。每个逆变器向均流母线提供自身输出电流的测量值，由均流母线产生一个共用电流参考值 i_{s}。这个参考值 i_{s} 可以是平均输出电流，最大输出电流，或是具有最快时钟频率的逆变器的输出电流。i_{s} 和单个逆变器输出电流 i_j 之间的误差首先

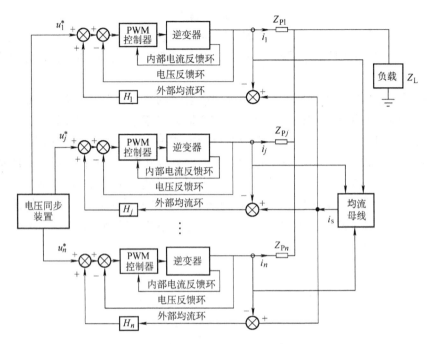

图 9-5 并联 UPS 逆变器系统的构造框图

经过均流控制器 H_j，然后被加到电压参考值中作为相应的逆变器的控制输入。由于 H_j 的高增益，i_s 和 i_j 之间的误差将趋于零，所有逆变器将会输出相同的电流，达到均流的目的。

9.2.2 并联逆变器系统的建模

下面讨论并联逆变器系统的动态模型。先讨论单个逆变器的模型，继而推导出并联逆变器系统动态模型。

如图 9-6 所示，一个典型单相逆变器主要包含一个直流源、一个桥式（全桥或半桥）PWM 逆变器和一个 LC 输出滤波器。桥式逆变器根据调制信号 u_m 将直流输入斩波成为一组脉宽调制脉冲。L_f、R_f 和 C_f 分别为输出滤波器的电感、电阻和电容。图 9-6 中所示的负载可以为阻性、感性、容性、或是非线性任何类型。

由于逆变器的开关频率通常比输出电压基波频率高很多，所以开关过程的动态过程可以忽略。这样，逆变桥可以用一个简单的增益单元来代表，逆变器的增益 M 等于 V_{dc}/V_c，如图 9-7 所示。图中模型包含一个内部电容电流反馈环、一个外部电压反馈环和一个电压前馈环。通过引进电容电流反馈环，以提高动态特性。这里，电压反馈环使用了一个 PI 控制器，由于 PI 控制器会带来一定的相差，我们使用电压前馈环来减少相差并提供对参考值的高精度跟踪。图 9-7 中，

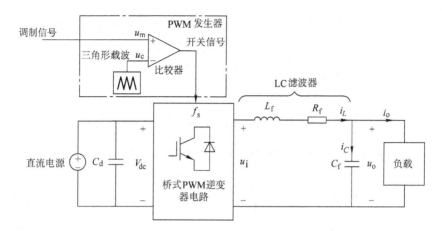

图 9-6　单个逆变器结构框图

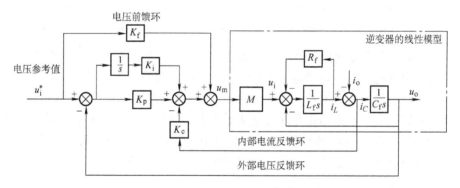

图 9-7　使用多环控制的逆变器的线性模型

K_c 是电容电流反馈环的增益，K_p 和 K_i 是电压反馈环的比例增益和积分增益，K_f 是电压前馈环的增益。

根据戴维南定理，一个逆变器可以用图 9-8 中的等效电路来代表，Gu_i^* 是一个可控电压源，Z 是逆变器的输出阻抗，Z_L 是负载阻抗，Z_p 是连接逆变器输出端到负载的连线阻抗。

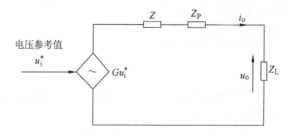

图 9-8　闭环逆变器的戴维南等效电路

由图9-7可以推导出闭环电压增益 G 和输出阻抗 Z 为（$M=1$）

$$G = \frac{u_o}{u_i^*}\bigg|_{i_o=0} = \frac{(K_f + K_p)s + K_i}{C_f L_f s^3 + C_f(R_f + K_c)s^2 + (1 + K_p)s + K_i} \quad (9-1)$$

$$Z = -\frac{u_o}{i_o}\bigg|_{u_i^*=0} = \frac{L_f s^2 + R_f s}{C_f L_f s^3 + C_f(R_f + K_c)s^2 + (1 + K_p)s + K_i} \quad (9-2)$$

图9-9为 G 和 Z 的典型波特图，这里使用的参数列于表9-1中。

表9-1　参数列表

参数	数值	参数	数值	参数	数值
L_f	1mH	R_f	0.2Ω	C_f	$20\mu F$
K_f	1	K_p	4.5	K_i	2780
K_c	6.5				

在并联逆变器系统中，每个逆变器都是一个电压源，如果各个逆变器完全一致，那么负载电流将会自动地平均分配到各个逆变器中。然而在实际电路中，逆变器的参数或多或少有偏差，这些参数偏差最终导致逆变器的输出电流有偏差。因此，可以把参数偏差当作是加于逆变器输出电流的干扰。为了便于分析，如图9-10所示，把所有参数偏差造成的影响集中起来并用一个干扰源 i_d 来代表。这样，均流控制问题就变成了一个抗干扰问题。

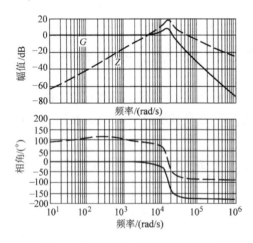

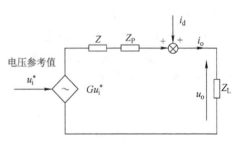

图9-9　闭环增益 G 和等效输出阻抗 Z 的典型波特图　　　　图9-10　加入干扰源的逆变器模型

通过引入一个干扰源来代表所有误差偏离，那么并联 UPS 逆变器系统中各个逆变器就可以看成是一致的。因此就有

$$G_1 = \cdots G_j = \cdots = G_n = G$$

$$Z_1 = \cdots = Z_j = \cdots = Z_n = Z$$

$$Z_{P1} = \cdots = Z_{Pj} = \cdots = Z_{Pn} = Z_P \qquad (9-3)$$

$$u_{i1}^* = \cdots = u_{ij}^* = \cdots = u_{in}^* = u_i^*$$

$$H_1 = \cdots = H_j = \cdots = H_n = H$$

基于式（9-3），图 9-5 和图 9-10 可以整合起来构成一个并联 UPS 逆变器系统的模型，如图 9-11 所示。除了干扰源 i_{dj} 外，所有逆变器都是一致的。

在图 9-11 中，可以得到描述并联逆变器系统的一组方程

$$(i_1 + \cdots + i_j + \cdots + i_n)Z_L = u_o \qquad (9-4)$$

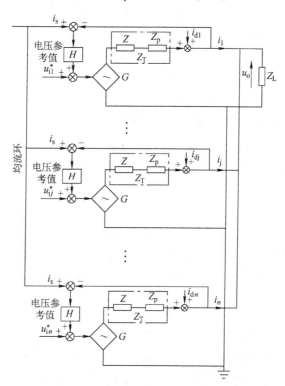

图 9-11　并联 UPS 逆变器系统的模型

$$\begin{cases} G[u_i^* + (i_s - i_1)H] - u_o = (i_1 - i_{d1})Z_T \\ \qquad\qquad\vdots \\ G[u_i^* + (i_s - i_j)H] - u_o = (i_j - i_{dj})Z_T \\ \qquad\qquad\vdots \\ G[u_i^* + (i_s - i_n)H] - u_o = (i_n - i_{dn})Z_T \end{cases} \qquad (9-5)$$

这里 $Z_\mathrm{T} = Z + Z_\mathrm{P}$。

我们讨论的是平均电流均流法，共享信息是平均输出电流。因此

$$i_\mathrm{s} = \frac{\sum\limits_{j=1}^{n} i_j}{n} \tag{9-6}$$

将式（9-5）的各式加在一起，得到

$$nGu_\mathrm{i}^* + \left(ni_\mathrm{s} - \sum_{j=1}^{n} i_j\right)GH - nu_\mathrm{o} = \left(\sum_{j=1}^{n} i_j - \sum_{j=1}^{n} i_{dj}\right)Z_\mathrm{T} \tag{9-7}$$

用式（9-6）来代替 i_s，并将式（9-4）代入式（9-7），得到

$$u_\mathrm{o} = \frac{G}{1 + Z_\mathrm{T}/nZ_\mathrm{L}} u_\mathrm{i}^* + \frac{Z_\mathrm{T}/n}{1 + Z_\mathrm{T}/nZ_\mathrm{L}} \sum_{j=1}^{n} i_{dj} \tag{9-8}$$

将式（9-8）代入式（9-5）中的第 k 个方程，得到

$$i_k = \frac{G/nZ_\mathrm{L}}{1 + Z_\mathrm{T}/nZ_\mathrm{L}} u_\mathrm{i}^* + \frac{1}{n} \frac{(n-1) + Z_\mathrm{T}/Z_\mathrm{L} + GH/nZ_\mathrm{L}}{(1 + Z_\mathrm{T}/nZ_\mathrm{L})(1 + GH/Z_\mathrm{T})} i_{dk} +$$

$$\frac{1}{n} \frac{GH/nZ_\mathrm{L} - 1}{(1 + Z_\mathrm{T}/nZ_\mathrm{L})(1 + GH/Z_\mathrm{T})} \sum_{\substack{j=1 \\ j \neq k}}^{n} i_{dj} \tag{9-9}$$

式（9-8）和式（9-9）展示了系统的电压调节特性和均流特性。系统的稳定性由式（9-8）和式（9-9）分母的根的位置决定。

9.2.3　稳定性分析

下面通过实例讨论并联逆变器系统的稳定性设计。并联逆变器系统中的单个逆变器的结构如图9-7所示。逆变器的直流输入是300V，开关频率为40kHz，额定输出电压的有效值为110V，频率为50Hz，额定输出电流有效值为11A。逆变器的其他参数如表9-1所示。

1. 均流控制器

在式（9-8）和式（9-9）中，很明显系统的稳定性是由分母的根的位置所决定的。因此，系统的稳定条件就变成要求 $(1 + Z_\mathrm{T}/nZ_\mathrm{L})$ 和 $(1 + GH/Z_\mathrm{T})$ 的所有根位于复平面的左半平面。下面讨论均流控制器 H 对系统稳定性的贡献。

在表达式 $(1 + GH/Z_\mathrm{T})$ 中，G 是逆变器的闭环电压增益（均流环开环），Z_T 是单个逆变器的等效输出阻抗（加上导线阻抗），H 是均流环的增益。GH/Z_T 可以被当作均流环的环路增益。图9-12所示为 G/Z_T（虚线）的波特图。需要设计 H 以补偿 GH/Z_T 的波特图。如果选择 H 的传递函数为

$$H = \frac{40(1.6 \times 10^{-4}s + 1)}{(1 \times 10^{-3}s + 1)(1 \times 10^{-5}s + 1)} \tag{9-10}$$

这个控制器有一个零点在994Hz，两个极点在154Hz和15.92kHz。GH/Z_T的波特图也示于图9-12（实线）。增益交越频率是5381Hz，相角裕度是61°。

现在，将具有式（9-10）的传递函数的均流控制器H应用到二个逆变器并联系统。图9-13所示为Z_T/nZ_L的波特图，可以看出（1+Z_T/nZ_L）的所有根都在左半复平面。由于（1+GH/Z_T）和（1+Z_T/nZ_L）的根都在左半复平面，我们可以预见这个逆变器并联系统是稳定的。

从以上分析可以看出，GH/Z_T可以被当作均流环的环路增益。因此，通过检查它的波特图可以评价均流环的稳定性和性能。这里还需注意系统中并联逆变器的数目n没有出现在GH/Z_T中，因此可以说均流环的稳定性与n无关。

2. 阻抗特性

在上一小节中，我们讨论了式（9-9）分母中的（1+GH/Z_T），这一项可以用来指导均流环的设计。相反，在式（9-8）和式（9-9）分母中出现的另一项（1+Z_T/nZ_L）却与均流控制器H无关，而与逆变器的等效输出阻抗、负载阻抗、并联

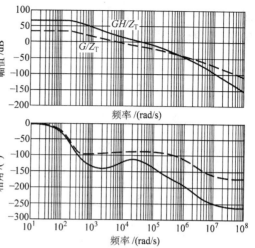

图9-12　G/Z_T和GH/Z_T的波特图

H为式（9-8）所示的传递函数

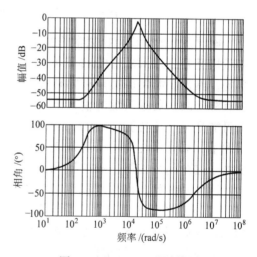

图9-13　Z_T/nZ_L的波特图

两个并联逆变器系统负载为5Ω

逆变器的数目等有关。为了保证系统的稳定性，（1+Z_T/nZ_L）的所有根都应位于左半复平面。我们可以通过检验Z_T/nZ_L的耐奎斯特图和波特图来评价系统的稳定性。对于并联逆变器系统，Z_T/n可以看作电源系统的输出阻抗，Z_L是负载阻抗。这两个阻抗的比值可用来评价并联逆变器稳定性。保证系统稳定性的判据：如果电源系统的输出阻抗在所有频率范围内都远远小于负载系统的输入阻抗，也就是$Z_T/n\ll Z_L$，那么系统是稳定的。或者只要Z_T/nZ_L的耐奎斯特图不

进入图9-14所示的禁止区域内，系统的稳定性可以至少有6dB的幅值裕度和60°的相角裕度得到保证。

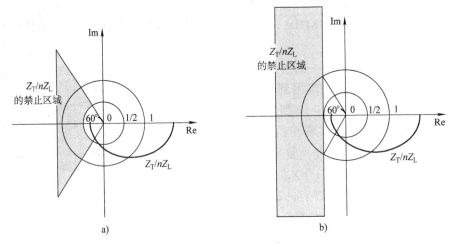

图9-14 Z_T/nZ_L 耐奎斯特图的禁止区域

电源系统的输出阻抗通常非常小，一般情况下 $Z_T/n \ll Z_L$ 的条件是可以满足的。然而，如果负载是有闭环控制的有源负载，负载系统的输入阻抗就有可能是一个负电阻（$-R$）。在这种情况下，电源系统的输出阻抗就有可能大于这个闭环控制负载的输入阻抗（$-R$），系统就会出现不稳定。为了演示 Z_T/nZ_L 在系统稳定性中所扮演的角色，我们将前面的并联逆变器系统中的负载变为一个负电阻（-4Ω）。图9-15所示是 $Z_T/2Z_L$ 和 $Z_T/4Z_L$ 的耐

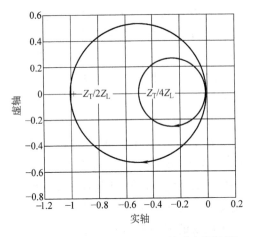

图9-15 $Z_T/2Z_L$ 和 $Z_T/4Z_L$ 的耐奎斯特图

奎斯特图。可以看到 $Z_T/2Z_L$ 的耐奎斯特曲线包围了 -1，而 $Z_T/4Z_L$ 没有。可以预见在 -4Ω 的负载下，两个逆变器并联的系统是不稳定的，而四个逆变器并联系统是稳定的。

3. 电压调整特性

式（9-8）显示了输出电压与电压参考值和干扰源之间的关系。因为式（9-8）中没有出现 H，所以输出电压不受均流控制器的影响。式（9-8）显示了输出电压仅与 G、Z_T 和干扰源 i_d 有关。在稳定并联运行的情况下，GH/Z_T 是稳

定的，并且 $Z_T/n \ll Z_L$，式（9-8）可以被简化为

$$u_o = \frac{G}{1 + Z_T/nZ_L} u_i^* + \frac{Z_T/n}{1 + Z_T/nZ_L} \sum_{j=1}^{n} i_{dj} \approx G u_i^* + \frac{Z_T}{n} i_d \qquad (9-11)$$

为了使输出电压具有尽可能小的静态误差，闭环增益 G 就应该在操作频率内保持常数，并且没有相移。为了得到更好的抗干扰特性和负载特性，等效输出阻抗 Z_T 就应该尽可能小。这些要求是和单个逆变器的设计要求一样的。并且，G 和 Z_T 是在单个逆变器设计的时候就已经决定了。因此，在稳定并联运行的情况下，整个并联系统的电压调整特性是由单个逆变器的电压调整特性所决定的。

GH/Z_T 可以被当作均流环的环路增益来评价均流控制器的稳定性和性能。这里，G 是均流环开环时单个逆变器的电压闭环增益，H 是均流控制器的传递函数，Z_T 是单个逆变器的等效输出阻抗加上从逆变器的输出点到共同连接点的导线阻抗。

Z_T/nZ_L 是并联 UPS 系统的阻抗特性。$(1 + Z_T/nZ_L)$ 的所有根必须位于左半复平面以保证系统的稳定性。一个比较保守的判据是要求 Z_T/n 在所有频率范围内都远远小于 Z_L。

9.3　基于功率控制均流法的并联逆变器控制技术

9.3.1　逆变器并联系统环流特性

逆变电源并联运行的控制要比直流电源的并联控制复杂得多，这是因为逆变电源的并联控制不但要考虑逆变输出电压的幅值相等，而且还要考虑输出电压的频率、相位的同步。如果并联模块的输出之间存在差异，会导致并联模块间存在环流。

实现逆变电源的并联运行，其关键在于并联的逆变电源模块共同均分负载电流，两个逆变电源并联系统的等效电路如图9-16所示。

图中 V_1、V_2 分别为两个逆变电源模块输出 PWM 波形的基波电压，L_1、C_1、

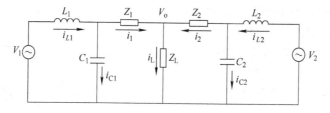

图9-16　两逆变电源并联等效电路

L_2、C_2 分别为两个逆变电源输出滤波器的参数，Z_L 为负载，Z_1、Z_2 分别为二个逆变器输出的引线阻抗。假定 Z_1、Z_2 可以忽略，根据图 9 – 16 可以列出以下方程组：

$$\begin{cases} \dot{V}_1 - sL_1\dot{I}_{L1} = \dot{V}_o \\ \dot{V}_2 - sL_2\dot{I}_{L2} = \dot{V}_o \\ \dot{I}_1 = \dot{I}_{L1} - \dot{I}_{C1} \\ \dot{I}_2 = \dot{I}_{L2} - \dot{I}_{C2} \\ \dot{I}_1 + \dot{I}_2 = \dfrac{\dot{V}_o}{Z_L} \\ \dot{I}_{C1} = \dot{V}_o sC_1 \\ \dot{I}_{C2} = \dot{V}_o sC_2 \end{cases} \qquad (9-12)$$

由上述方程组可以解得

$$\dot{I}_1 = \frac{\dot{V}_1 - \dot{V}_o}{sL_1} - \dot{V}_o sC_1 \qquad (9-13)$$

$$\dot{I}_2 = \frac{\dot{V}_2 - \dot{V}_o}{sL_2} - \dot{V}_o sC_2 \qquad (9-14)$$

由式（9 – 13）和式（9 – 14）相减，可以得到环流

$$I_h = \frac{\dot{I}_1 - \dot{I}_2}{2} = \frac{1}{2}\left[\dot{V}_o(C_2 - C_1)s + \frac{\dot{V}_o}{s}\left(\frac{1}{L_2} - \frac{1}{L_1}\right) + \frac{\dot{V}_1}{sL_1} - \frac{\dot{V}_2}{sL_2}\right] \qquad (9-15)$$

当 $L_1 = L_2 = L$，$C_1 = C_2 = C$ 时，式（9 – 15）简化为

$$I_h = \frac{\dot{I}_1 - \dot{I}_2}{2} = \frac{\dot{V}_1 - \dot{V}_2}{2sL} \qquad (9-16)$$

当 $\dot{V}_1$ 和 $\dot{V}_2$ 相位相同而幅值不同时，电压高的一侧输出的环流分量是感性的，电压低的一侧输出的环流分量是容性的。当 $\dot{V}_1$ 和 $\dot{V}_2$ 幅值相同而相位不同时，相位超前的环流分量为正的有功分量，相位滞后的环流分量为负的有功分量；当 $\dot{V}_1$ 和 $\dot{V}_2$ 相位、幅值都不相同时，环流分量中既有有功分量，又有无功分量。

下面分别分析输出滤波器参数差异对并联系统环流的影响。假定参数为：$L = 660\mu H$，$C = 90\mu F$，$R = 15\Omega$，输出电压有效值为 220V。在 $L_1 = L_2 = L$，$\dot{V}_1 = \dot{V}_2$ 的情况下，保持 $C_1 = C$，C_2 在 $\pm20\%$ 之间变化时引起的环流如图 9 – 17 所示。

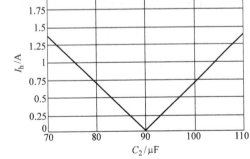

由图 9 – 17 可以看出，并联系统中输出滤波电容参数偏差 20% 时，并联　图 9 – 17　输出滤波电容偏差对环流的影响

系统产生约 1.25A 的环流,占负载电流的 8%,输出滤波电容参数偏差引起的环流主要为无功成分。从图中还可以看出,环流幅值与电容偏差之间基本呈线性关系。

在 $C_1 = C_2 = C$, $V_1 = V_2$ 的情况下,保持 $L_1 = L$, L_2 在 ±20% 之间变化时引起的环流如图 9 – 18 所示。可以看出,并联系统中输出滤波电感参数偏差 20% 时,并联系统产生约 2.15A 的环流,占负载电流的 14%,输出滤波电感参数偏差引起的环流既有有功成分,又有无功成分。还可以看出,环流幅值与电感偏差之间基本呈线性关系。

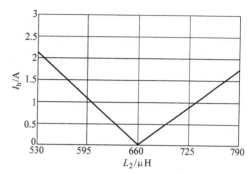

图 9 – 18　输出滤波电感偏差对环流的影响

9.3.2　基于有功功率和无功功率控制的均流法

对于图 9 – 19 所示的采用电压、电流双环控制的逆变器,可以看作带内阻抗的电压源。

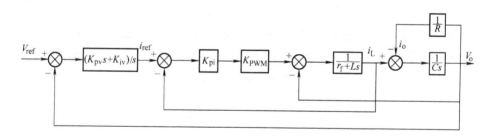

图 9 – 19　双环控制逆变器框图

其输出阻抗可以表示为

$$Z = \frac{V_o}{i_o}\bigg|_{V_{ref}=0} = \frac{Ls^2 + (r_f + K_{pi}K_{pwm})s}{LCs^3 + (rC + K_{pwm}K_{pi}C)s^2 + (1 + K_{pwm}K_{pi}K_{pv})s + K_{pwm}K_{pi}K_{iv}}$$

$$(9 - 17)$$

逆变器空载输出电压表示为

$$V_o = \frac{K_{pwm}K_{pi}K_{pv}s + K_{pwm}K_{pi}K_{iv}}{LCs^3 + (rC + K_{pwm}K_{pi}C)s^2 + (1 + K_{pwm}K_{pi}K_{pv})s + K_{pwm}K_{pi}K_{iv}}V_{ref}$$

$$(9 - 18)$$

因此图 9 – 19 可以等效为图 9 – 20 基于等效输出阻抗的逆变器模型,图中 V_1

为逆变器空载输出电压，Z 为逆变器输出阻抗与负载线阻抗之和，Z_L 为负载，V_o 为负载端电压。

根据上述分析可以得到基于等效输出阻抗的逆变器并联系统，如图 9-21 所示。其中 $V_o\underline{/0}$ 为负载端电压，$V_1\underline{/\phi_1}$、$V_2\underline{/\phi_2}$ 分别为两台逆变器空载输出电压，$Z_1 = R_1 + jX_1$、$Z_2 = R_2 + jX_2$ 分别为逆变器输出阻抗与负载引线阻抗之和，这里认为 Z_1 和 Z_2 主要呈感性，因此忽略 R_1、R_2。

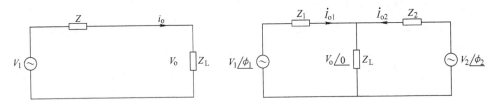

图 9-20　基于等效输出　　　　图 9-21　基于等效输出阻抗的逆变器并联系统
阻抗的逆变器模型

两台逆变器输出电流分别为

$$\dot{I}_{o1} = \frac{\dot{V}_1 - \dot{V}_o}{Z_1} \approx \frac{V_1(\cos\phi_1 + j\sin\phi_1) - V_o}{jX_1} \tag{9-19}$$

$$\dot{I}_{o2} = \frac{\dot{V}_2 - \dot{V}_o}{Z_2} \approx \frac{V_2(\cos\phi_2 + j\sin\phi_2) - V_o}{jX_2} \tag{9-20}$$

令 $X_1 = X_2 = X$，且由于 ϕ_1、ϕ_2 很小，因此 $\sin\phi_1 \approx \phi_1$、$\sin\phi_2 \approx \phi_2$、$\cos\phi_1 = \cos\phi_2 \approx 1$，可求出逆变器 1 和逆变器 2 的输出有功功率和无功功率分别为

$$P_1 = \frac{V_1 V_o \sin\phi_1}{X} \approx \frac{V_1 V_o \phi_1}{X} \tag{9-21}$$

$$P_2 = \frac{V_2 V_o \sin\phi_2}{X} \approx \frac{V_2 V_o \phi_2}{X} \tag{9-22}$$

$$Q_1 = \frac{V_1 V_o \cos\phi_1 - V_o^2}{X} \approx \frac{V_1 V_o - V_o^2}{X} \tag{9-23}$$

$$Q_2 = \frac{V_2 V_o \cos\phi_2 - V_o^2}{X} \approx \frac{V_2 V_o - V_o^2}{X} \tag{9-24}$$

则两台逆变器输出的有功功率和无功功率差为

$$\Delta P = P_1 - P_2 = \frac{V_1 V_o \phi_1}{X} - \frac{V_2 V_o \phi_2}{X} \approx \frac{V_o^2}{X}\Delta\phi \tag{9-25}$$

$$\Delta Q = Q_1 - Q_2 = \frac{V_1 V_o - V_o^2}{X} - \frac{V_2 V_o - V_o^2}{X} \approx \frac{V_o}{X}\Delta V \tag{9-26}$$

由此可见，输出有功功率偏差由两台逆变器输出电压相位差造成，输出无功功率偏差由两台逆变器输出电压幅值偏差造成。也即可以通过调整两台逆变器输

出电压的相位来调节有功功率的偏差，调整两台逆变器输出电压的幅值来调节无功功率的偏差，从而实现逆变器并联均流控制。

基于有功和无功功率并联控制的并联系统框图如图 9－22 所示。

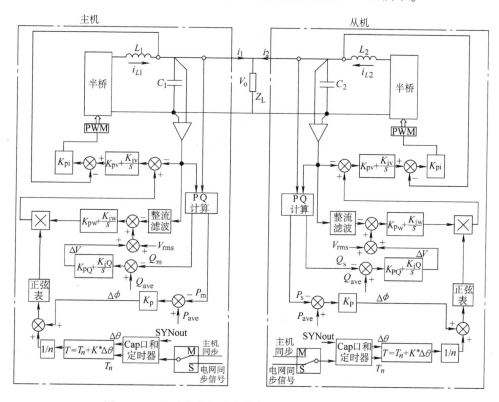

图 9－22　基于有功和无功功率并联控制的并联系统框图

并联系统采用主、从型结构，所有并联从机通过 CAN 通信向主机发送自身输出的有功和无功功率。主机获取所有并联从机输出有功和无功信息后，计算平均有功和无功功率作为各并联模块的有功和无功参考值，各并联模块根据前述基于有功和无功功率的并联控制方法，通过自身输出有功功率与参考值的偏差来调整其逆变输出电压相位，自身输出无功功率和参考值的偏差来调整逆变输出电压幅值，实现均流控制。

基于有功和无功功率的并联控制方法中，对逆变器输出电压相位调节通过调节参考电压的相位来实现。参考电压通过平均值外环计算得到的幅值乘以单位正弦波得到，而调整参考电压的相位是调整单位正弦波的相位。单位正弦波为 DSP 内部预存的一张幅值为 1 的正弦表，在当前逆变器输出完成一个周期后正弦表指针复位，此时根据逆变器输出有功功率与参考值的偏差来决定相位调节的方向（超前还是滞后）和大小 $\Delta\theta$，对正弦表位置指针进行调整，从而实现相位调节，如图 9 – 23 所示。

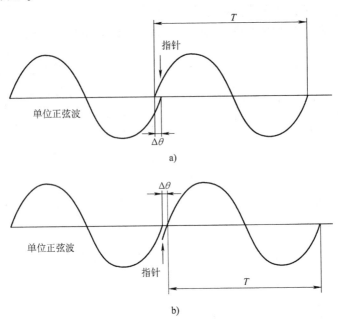

图 9 – 23 并联控制相位调节示意图

a) 相位超前调节 b) 相位滞后调节

基于有功和无功功率的并联控制方法中，对逆变器输出电压幅值调节采用

PI 调节器 $\left(K_{pQ} + \dfrac{K_{iQ}}{s}\right)$，根据式（9 – 26）和图 9 – 22 可以得到逆变器无功功率控

制框图，如图 9 – 24 所示，图中 $Q_o = \dfrac{V_o^2}{X}$，考虑功率计算环节的延时 $T_d = 20\text{ms}$。

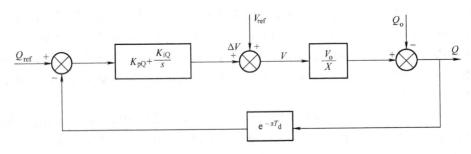

图 9 – 24 逆变器无功控制框图

设 PI 控制器为

$$H_3(s) = \frac{6.098 \times 10^{-4}s + 0.038}{s} \qquad (9-27)$$

补偿后系统开环传递函数为

$$G_Q(s) = \frac{V_o(K_{pQ}s + K_{iQ})}{Xs} e^{-sT_d} \qquad (9-28)$$

由此可以画出补偿后系统开环传递函数的波特图如图9-25所示。

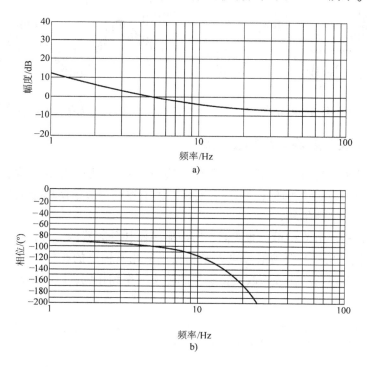

图9-25 无功调节系统补偿后系统开环传递函数波特图
a) 幅频特性 b) 相频特性

9.3.3 有功功率和无功功率的检测

检测有功和无功功率的方法有很多，本书对有功功率、无功功率的检测是基于一个工频周期的电压、电流采样数据，通过累加求平均获得，计算公式如下：

$$P = \frac{1}{N}\sum_{k=1}^{N} v_o(k)i_o(k) \qquad (9-29)$$

$$Q = \frac{1}{N}\sum_{k=1}^{N} v_o(k)i_o\left(k - \frac{N}{4}\right) \qquad (9-30)$$

由式（9-29）、式（9-30）可以看出，对于有功功率的累加可以在定时中断中实时进行，如图9-26所示，由于无功功率的计算需要当前时刻的电压与1/4周期之前时刻的电流相乘，因而需要保存1/4个周期的电流采样数据，如图9-27所示。

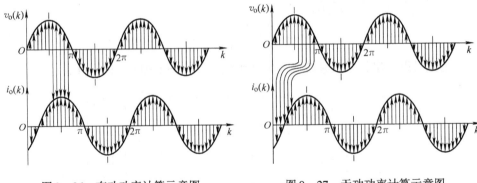

图 9 - 26　有功功率计算示意图　　　　　图 9 - 27　无功功率计算示意图

9.3.4　并联逆变器同步锁相控制

逆变模块并联的一个前提是各并联模块的输出电压的频率和相位必须保持一致，相位同步需要锁相环（PLL）来实现，模拟控制一般采用模拟锁相环，数字控制则采用数字锁相环。

模拟锁相环由鉴相器、滤波器、压控振荡器和分频器四部分组成，如图 9 - 28 所示。同步信号与反馈信号输入鉴相器，鉴相器输出的相位误差信号经过滤波作为压控振荡器的输入来改变振荡器的输出频率和相位，以实现输入与输出的同步。

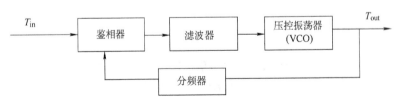

图 9 - 28　模拟锁相环框图

数字控制的逆变器中，并联模块间互连一根同步信号线，由主机根据自身逆变输出向同步信号总线发送 50Hz 的同步方波信号，从机的 DSP 捕获单元在捕获到同步方波信号的每个上升沿到来时，读取定时器的计数值获取旁路电压的频率，并将定时器置零；另外在检测到自身逆变器输出过零时，读取定时器的计数值，该计数值就是逆变输出与同步信号之间的相位差，如图 9 - 29 所示。如果这个值小于半个周期，则逆变器电压相位滞后；反之，则逆变器电压相位超前。

在逆变器输出相位滞后的情况下，第 $n-1$ 个周期检测到逆变器输出相位滞后为 T_d，则改变第 n 个逆变器输出的周期，由原来的 T 变为 $T-T_d$，这样在第 $n+1$ 个周期时，逆变器输出的相位便赶上了旁路电压相位，此时逆变器输出频率跟踪旁路频率实现了同步，如图 9 - 30a 所示。在逆变器输出相位超前为 T_a

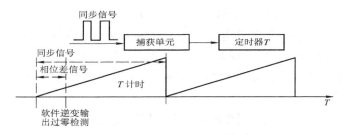

图 9 – 29 同步信号频率和相位差的获取

时，在下个周期改变逆变器输出的周期，由原来的 T 变为 $T + T_a$ 以实现同步，如图 9 – 30b 所示。为避免在相位差较大的情况下引起逆变器输出电压频率剧烈变化，需要限制每个周期相位调节的幅度。

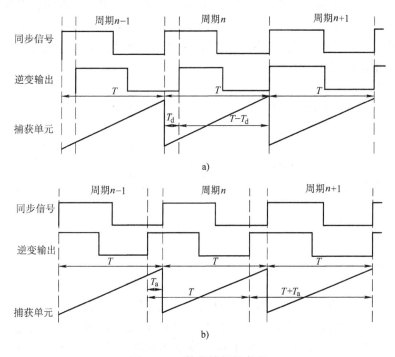

图 9 – 30 数字锁相的实现
a) 逆变器输出相位滞后 b) 逆变器输出相位超前

在模拟锁相电路中，鉴相器的输出量代表了相位与频率两种误差，鉴相器的输出量经过滤波后对压控振荡器的控制是将频率和相位一起进行调整。与模拟锁相相似，数字锁相也必须对频率和相位分别进行调整才能达到锁相的目的。对频率进行跟踪，考虑对 DSP 获取的同步信号频率（周期）进行低通滤波，得到修正后的周期为

$$T'(n) = AT'(n-1) + (1-A)T_o(n) \tag{9-31}$$

式中，$T_o(n)$ 为捕获到的旁路电压上个周期的时间即为滤波器的输入；$T'(n-1)$ 为上个周期频率修正后的周期即为滤波器前次滤波输出；$T'(n)$ 为当前周期频率修正后的周期即为滤波器本次滤波输出；A 为滤波参数 $A = \tau/(T_s + \tau)$，$\tau = RC$ 为时间常数，T_s 为采样周期。

仅考虑频率修正是无法调整相位差实现相位锁定的，因而需要在频率修正的基础上对相位差进行修正，计算公式为

$$T(n) = AT'(n-1) + (1-A)T_o(n) + B\theta(n) \tag{9-32}$$

式中，B 为相位修正系数；$T(n)$ 为频率修正、相位修正后的周期，即数字锁相环输出周期。

同时为了保证逆变器输出电压频率的精度在设计要求的范围内，需要对数字锁相环输出进行限幅，在精度范围内则可以作为逆变器参考正弦波的周期，超出精度范围，则以相应的上下限周期数值作为逆变器参考正弦波的周期。数字同步锁相控制框图如图 9-31 所示。

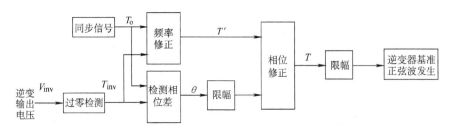

图 9-31 数字同步锁相控制框图

9.4 本章小结

本章首先介绍了逆变器并联均流控制方法的概况，重点介绍了并联逆变器系统瞬时电流均流法和功率均流法。介绍了采用瞬时电流均流法的并联逆变器系统动态模型和稳定性设计问题。关于功率控制均流法，分析了逆变器输出电压幅值、相位误差与逆变器输出的有功功率偏差、无功功率偏差的关系。在此基础上，介绍了基于有功和无功功率并联均流控制技术。

参 考 文 献

1　Robert W Erickson. Fundamentals of power electronics. Kluwer Academic Publishers, 2001

2　Fred Lee. modeling and control. course notes, CPES, Virginia Tech, 2000

3　Borojevic D. modeling and control of 3 – phase PWM converters. Course Notes, CPES, Virginia Tech, 2000

4　陈伯时. 电力拖动自动控制系统. 机械工业出版社, 2000

5　张占松, 蔡宣三. 开关电源的原理与设计. 电子工业出版社, 1998

6　林谓勋. 电力电子技术基础. 北京: 机械工业出版社, 1990

7　张立等. 现代电力电子技术. 北京: 科学出版社, 1992

8　赵良炳. 现代电力电子技术基础. 北京: 清华大学出版社, 1995

9　王兆安, 黄俊. 电力电子技术. 北京: 机械工业出版社, 2000

10　张崇巍, 张兴, PWM 整流器及其控制, 北京: 机械工业出版社, 2003

11　Marty Brown 著. 徐德鸿等译. 开关电源设计指南. 北京: 机械工业出版社, 2004

12　徐德鸿, 马皓. 电力电子装置故障自动诊断. 北京: 科学出版社, 2001

13　L R Lewis, B H Cho, F C Lee, B A Carpenter. Modeling, analysis and design of distributed power system. IEEE PESC92, 1992: 152~159

14　John D Chryssis. High frequency switching power supplies. McGraw – Hill Inc., 1989

15　Andro S Kisiovski, Richard Redl, Nathan O Sokal. Dynamics analysis of switching – mode DC/DC converter. Van Nostrand Reinhold, 1991

16　Middlebrook R D, Cuk S. A general unified approach to modelling switching – converter power stages. IEEE PESC 1976: 18~34

17　Cuk S, Middlebrook R D. A general unified approach to modelling switching DC – TO – DC converters in discontinuous conduction mode. IEEE PESC 1977: 36~57

18　Middlebrook R D. Modelling a Current – Programmed Buck Regulator. IEEE PESC 1987: 3~13

19　Lee F C, Carter R A. Investigations of stability and dynamic performances of switching regulators employing current – injected control. IEEE PESC 1981: 3~16

20　Vorperian V. Simplified analysis of PWM converters using the model of the PWM switch: PartI continuous conduction mode. IEEE Transaction on Aerospace and Electronic Systems, 1990, 26 (2)

21　Vorperian V. Simplified analysis of PWM converters using the model of the PWM switch: Part Ⅱ: discontinuous conduction mode. IEEE Transaction on Aerospace and Electronic Systems, 1990, 26 (2)

22　Lin Changshiarn, Chen ChernLin. Single – wire current – share paralleling of current – mode controlled DC power supplies. IEEE PESC, 1998

23　龚广海, 冯瀚, 徐德鸿. 一种新型的并 – 串型双管正激组合变换器. 电力电子技术, 2002 (2)

24　Chen Gang, Xu Dehong, Lee YimShu. A family of soft – switching phase – shift bidirectional DC – DC converters: synthesis, analysis, and experiment. Power Conversion Conference, 2002. PCC – Osaka 2002

25　Vlatkovic V, Borojevic D. Digital – signal – processor – based control of three – phase space vector modulated converters. Industrial Electronics, IEEE Transactions on, Volume 41, Issue 3, 1994: 326 ~ 332

26　Kim RaeYoung, Choi SeeYoung, Suh InYoung. Instantaneous control of average power for grid tie inverter using single phase D – Q rotating frame with all pass filter. IEEE Industrial Electronics Society 30th Annual Conference, IECON 2004: 274 ~ 279

27　Hiti S, Vlatkovic V, Borojevic D, Lee F C Y. A new control algorithm for three – phase PWM buck rectifier with input displacement factor compensation. IEEE Transactions on Power Electronics, Volume 9, Issue 2, 1994: 173 ~ 180

28　Zargari N R, Joos G. Performance investigation of a current – controlled voltage – regulated PWM rectifier in rotating and stationary frames. IEEE Transactions on Industrial Electronics, Volume 42, Issue 4, 1995: 396 ~ 401

29　Choi JongWoo, Sul SeungKi. Fast current controller in three – phase AC/DC boost converter using – axis crosscoupling. IEEE Transactions On Power Electronics, January 1998, 13 (1) 179

30　Kerkman R J, Rowan T M. Voltage controlled current regulated PWM inverters. IEEE Industry Applications Society Annual Meeting, 1988, Conference Record of the 1988: 381 ~ 387

31　Doncker R W De, Lyons J P. Control of three – phase power supplies for ultra low THD. IEEE Appl. Power Electron. Conf. Dallas, TX, 1991: 10 ~ 15

32　Oleg Wasynczuk, Scott D Sudhoff, Tin D Tran, et al. A voltage control strategy for current – regulated PWM inverters. IEEE Transactions On Power Electronics, 1996, 11 (1)

33　Ooi B T, Salmon J C, Dixon J W. A three – phase controlled current PWM converter with leading power factor. IEEE Trans. Ind. Applicat, 1987, IA – 23: 78 ~ 84

34　Wu R, Dewan S B, Slemon G R. A PWM ac to dc converter with fixed switching frequency. In Conf Rec. IEEE PESC, 1989: 706 ~ 711

35　Dixon J W, Ooi B T, Indirect control of a unity power factor sinusoidal current boost type three – phase rectifier. IEEE Trans. Ind. Electron, 1988, 35 (4): 508 ~ 515

36　Manias S, Ziogas P D. A novel sinewave in ac to dc converter with high – frequency transformer isolation. IEEE Trans. Ind. Electron. , 1985, IE – 32 (4): 430 ~ 438

37　Rowan T M, Kerkman R J. A new synchronous current – regulator and an analysis of current – regulated PWM inverters. IEEE Trans. Ind. Applicar, 1986, IA – 22 (4): 478 ~ 490

38　Kazmierkowski M P, Dzieniakowski M A. Review of current regulation methods for VS – PWM inverters. In Conf Rec. IEEE Isie, 1993: 448 ~ 456

39　熊慧洪，裴云庆，杨旭，王兆安. 采用电感电流内环的 UPS 控制策略研究. 电力电子技术, 2003 (4): 25 ~ 27

40　林征宇，吴建德，何湘宁. 基于 DSP 带同步锁相的逆变器控制. 电力电子技术, 2001 (2)

41　陈仲，徐德鸿. 一种基于 DSP 的高精度谐波检测改进方案设计. 电力电子技术, 2004, 38

(6): 53 ~ 55

42 程永华, 杨成林, 徐德鸿. 基于 DSP 变压变频电源设计. 电力电子技术, 2003 (5): 22 ~ 24

43 Xiao Sun, Chow M H L, Leung F H F, et al. Analogue implementation of a neural network controller for UPS inverter applications. IEEE Transactions on Power Electronics, 2004

44 Chen Zhong, Xu Dehong. Control and design issues of a DSP – based shunt active power filter for utility interface of diode rectifier. IEEE Applied Power Electronics Conference 2004, California, United States, 2004: 197 ~ 203

45 Kawamura A, Yokoyama T. Comparison of five different approaches for real time digital feedback control of PWM inverters. IEEE Industry Applications Society Annual Meeting, 1990. , Conference Record of the 1990, 2: 1005 ~ 1011

46 Zhang Kai, Kang Yong, Xiong Jian, et al. Study on an inverter with pole assignment and repetitive control for UPS applications. Power Electronics and Motion Control Conference, 2000. Proceedings. PIEMC 2000. The Third International, 2000, 2: 15 ~ 18

47 Tzou YingYu, Jung ShihLiang, Yeh Hsin – Chung. Adaptive repetitive control of PWM inverters for very low THD AC – voltage regulation with unknown loads. Power Electronics, IEEE Transactions on, 1999, 14: 973 ~ 981

48 Kawamura A, Hoft R. Instantaneous feedback controlled PWM inverter with adaptive hysteresis. IEEE Transactions on Industry Application, 1984, IA 20 (4): 769 ~ 775

49 Abdel – Rahim N M, Quaicoe J E. Analysis and design of a multiple feedback loop control strategy for single – phase voltage – source UPS inverters. IEEE Transactions on Power Electronics, 1996, 11: 532 ~ 541

50 Ito Y, Kawauchi S. Microprocessor based robust digital control for UPS with three – phase PWM inverter. IEEE Transactions on Power Electronics, 1995, 10: 196 ~ 204

51 Dahono P A, Purwadi A, Qamaruzzaman. An LC filter design method for single – phase PWM inverters. IEEE Power Electronics and Drive Systems, 1995. , Proceedings of 1995 International Conference on, 1995, 2: 571 ~ 576

52 Kawabata T, Higashino S. Parallel operation of voltage source inverter. IEEE Trans. On Industry Applications, 1988, 24 (2): 281 ~ 287

53 Duan S, Meng Y, Xiong J, et al. Parallel operation control technique of voltage source inverters in UPS. Proc. IEEE INTELEC, 1999: 883 ~ 887

54 Lee C S, Kim S, Kim C B, et al. Parallel UPS with a instantaneous current sharing control. IECON Proceedings, 1998: 568 ~ 572

55 Xiao Sun, Lee YimShu, Xu Dehong, Modeling, analysis, and implementation of parallel multi – inverter systems with instantaneous average – current – sharing scheme. IEEE Trans on PE, 2003, 1.18 (3): 844 ~ 856

56 Xiao Sun, Xu Dehong, Frank H F Leung, et al. Design and implementation of a neural – network – controlled UPS. IEEE IECON'99, 1999

57 Xiao Sun, Xu Dehong, Frank H. F. Leung, et al. Neural – network – controlled single – phase UPS inverters with improved transient response and adaptability to various loads. Proceeding of IEEE PEDS'99, Hong Kong, Aug, 1999: 865 ~ 870

58 Xu Dehong, Ohsaki H, Masada E. Synthesizing of optimal PWM wave for current converter. IEEE IECON'96, Taipei, 1996

59 Byun Y B et al. Parallel operation of three – phase UPS inverters by wireless load sharing control. Proc. IEEE INTELEC, 2000, 526 ~ 532

60 Xing Y, Huang L P, Yan Y G. A Decoupling control method for inverters in parallel operation. Power Con, 2002, 2: 1025 ~ 1028

61 Xing Y, Huang L P, Sun S, Yan Y G. Novel control for redundant parallel UPSs with instantaneous current sharing. PCC Osaka, 2002, 3: 959 ~ 963

62 Heinz van der Broeck, Ulrich Boeke. A Simple Method for Parallel Operation of Inverters. INTELEC, 1999: 143 ~ 150

63 姜桂宾，裴云庆，王峰等. SPWM 逆变电源的自动主从并联控制技术. 电工电能新技术，2003 (3)

64 陈息坤，林新春，康勇等. 大功率 UPS 的并联控制技术. 电力电子技术，2002 (4)

65 孙骁，李炎枢，徐德鸿. 并联 UPS 逆变器系统中暂态平均电流均流法的建模. 台湾电子月刊，2003 (2): 114 ~ 132

66 Tabisz W A, Jovanovic M M, Lee F C. Present and future of distributed power systems. APEC' 92, Conference Proceedings 1992. , Seventh Annual, 1992: 11 ~ 18

67 Moussaoui Z, batarseh I, Lee Henry et al. An overview of The control scheme for distributed power system. Southcon/96, Conference Record, 1996: 584 ~ 591

68 Jung Won Kim, Hang Seok Choi, B H Cho. A novel droop method for the converter parallel operation. APEC 2001, Sixteenth Annual IEEE, 2001, 2: 959 ~ 964

69 Mark Jordan. UC3907 load share IC simplifies parallel power supply design. Unitrode Products from Texas Instruments Data Book (PS) U – 129, 2000

70 Yoshida et al. Stabilized power source parallel operation system. US patent 4, 476, 399 Oct. 1984

71 Kenneth T. Small, single wire current sharing paralleling of power supplies. US Patent 4, 717, 833 Jan. 1988

72 Panov Y, Rajagopalan J, Lee F C. Analysis and design of N paralleled DC – DC converters with master – slave current – sharing control. APEC'97 Conference Proceedings 1997, Twelfth Annual, 1997, 1: 436 ~ 442

73 Lin Chang Shiarn, Chen ChernLin. Single – wire current – share paralleling of current – mode controlled DC power supplies. PESC 98 Record. 29th Annual IEEE, 1998, 1: 52 ~ 58

74 Susan Hawasly, Moussaoui Z, Kornetzky P, Batarseh I, et al. Dynamic modeling of parallel connected DC to DC converters using weinberg topologies. Southcon/96, Conference Record, 1996: 599 ~ 609

75 Kohama T, Ninomiya T, Shoyama M, et al. Dynamic analysis of parallel – module converter system

with current balance controllers telecommunications energy conference. INTELEC'94. , 16th International, 1994: 190～195

76 Panov Y, Jovanovic M M. Stability and dynamic performance of current－sharing control for paralleled voltage regulator modules. APEC 2001. Sixteenth Annual IEEE, Volume 2, 2001, 2: 765～771

77 Siri K, Lee C Q. Current distribution control of converters connected in parallel. Industry Applications Society Annual Meeting, 1990 Conference Record of the 1990 IEEE, 1990: 1274～1280

78 Lee C Q, Siri K, Wu T F. Dynamic current distribution controls of a parallel connected converter system. PESC'91 Record. , 22nd Annual IEEE, 1991: 875～881

79 Siri K, Lee C Q, Wu T E. Current distribution control for parallel connected converters. I. Aerospace and Electronic Systems IEEE Transactionson, 1992, 28: 829～840

80 Siri K, Lee C Q, Wu T E. Current distribution control for parallel connected converters. II. Aerospace and Electronic Systems IEEE Transactionson, 1992, 28: 841～851

81 张兴柱. 等效电源平均法与调制型直流及网频交流变换器的模型, 浙江大学硕士学位论文, 1987

82 何平. 高频开关电力操作电源监控技术的研究: ［硕士学位论文］. 杭州: 浙江大学, 2000

83 姜熠. 模块化 DC/DC 变换器控制与动态特性分析: ［硕士学位论文］. 杭州: 浙江大学, 2000

84 孔晓丽. 高频开关智能电力直流屏相关技术的研究: ［硕士学位论文］. 杭州: 浙江大学, 2002

85 冯瀚. 双管正激变换器组合技术的研究: ［博士学位论文］. 杭州: 浙江大学, 2002

86 程永华. 基于 DSP 的 VVVF 电源设计: ［硕士学位论文］. 杭州: 浙江大学, 2003

87 杨成林. 三相逆变器 DSP 控制技术的研究: ［硕士学位论文］. 杭州: 浙江大学, 2004

88 罗玛. DSP 控制三相逆变器并联技术的研究: ［硕士学位论文］. 杭州: 浙江大学, 2005